The Addison-Wesley Signature Series

DRIVING VALUE WITH SPRINT GOALS

HUMBLE PLANS, EXCEPTIONAL RESULTS

MAARTEN DALMIJN

スプリントゴールで価値を駆動しよう

価値探索に焦点を合わせたスクラムの実践

マールテン・ドーメイン 著　藤井　拓 訳

JN196292

丸善出版

本書を両親に捧げる．異なる意見をもち，そして部屋に誰が居合わせようと自分の本音をいっても大丈夫なことを教えてくれた父，Wijnand Ludo Dalmijn 教授，そして根性とあきらめないことの重要性を教えてくれた母，Ineke Dalmijn-Durrer に．

原書まえがき 1

　「圧力のもとでは，あらゆることが流動的になる」．これはオランダの有名な諺である．オランダ人の作家仲間であるマールテン・ドーメイン（Maarten Dalmijn）から，彼の処女作の序文執筆の依頼を受けたことは，私の名誉であり，喜びである．本書は，スクラムのスプリントの状況でのゴール設定に関するものであり，より良いゴールを設定する方法と全員を幸せにする—最も大事なのはあなた自身—より良いチャンスをもつ方法をあなたに示してくれる．自分がゴールを設定することの威力に気づけたとき，私にとってすべてが変わった．

　出版社（Pearson 社）と，2010 年 8 月 31 日までに脱稿すると合意したときにすべてが変わった．数年間にわたり，私は，複雑系の科学，システム思考，アジャイル開発，そしてリーダシップについて学ぶことに忙しく，そしてその途上で，開発マネージャーとしての自分の経験についての blog 記事を書いていた．長期間にわたり，私は，焦りを感じてこず，探求したい何か他のものが常にあった．しかしながら，その出版社が締め切りを主張したときに，私は，突然スコープを切り，余分なものを取り除き，そして焦点を合わせ始めた．それはうまくいった！　8 月 31 日の真夜中の 4 分前，私は送信ボタンを押した（脱稿した）．

　先週，新しい会社の目的を自分のチームと議論したときにすべてが変わった．unFIX モデルの推進役として，私は，その夏の終わりまでに新たなメジャーリリースを確約することを決め，そしてその実現のために自分自身に対する柔軟なスコープを切り出した．そして，チームメンバーに「この新リリースを成功させるために，あなたたちは何をするのか？　会社の目的にどのように貢献するのか？」と尋ねた．メンバーの一人が，「つまり，自分たち自身の目的を再調整しなければならないということですね」と答えた．まったく彼女は正しかった．私は，自分がマネジメントレベルで行うように，人々が自分たち自身に対してゴールを設定することを期待する．

　SF 小説を読者の手に 2024 年 7 月 1 日までに届ける，という具体的なゴールを設定したときにも，すべてが変わった．多くの時間をかけて—あるいは無駄にして—世界の構築を調べ，小説執筆に関する参考書を読み，オンラインコースを視聴し，プロットの構成とキャラクターシートを試し，小説家担当の 30 人の異なる編集者を試した．当然のことながら，その検討のどれも，小説自体の進捗をまったくもたらさなかった．私は，自分自身でも前方以外のあらゆる方向に進んでいるように感じた．それでも，今や私には，スコープ，下書き，そして—最も大事な—納品期日があり，人々がその本を 2024 年の夏に読む可能性が高まってきた[†1]．

　「仕事はその完成に利用できる時間いっぱいになるまで膨張する」は，イギリスの歴史家シリル・ノースコート・パーキンソン（Cyril Northcote Parkinson）の言葉である．この言葉は，記された 1955 年と同じぐらい今日でも正しい．自分たち自身にゴールを設定しなければ，探求する価値のある他のこと，微調整が必要な追加作業，そして少し見栄えを良くするために必要なさらに多くのものごとよって，あまりに容易に私たちは気をとられてしまう．チームが際限なくさまようことを防ぐ最善の方法は，ゴールと，可能であればタイムボックスに合意させることである．いかなるゴールも**割り当て**ようとしないでおこう．その環境が必要とすることのイメージ，あるいは話でただ**触発**し，自分達自身の結論を出してもらおう．考える機会を与えよう，「これが自分たち自身に対して設定した**私たちのゴール**でした．そして，私たちは一緒にそれを実現しました！」と．

　本書を注意深く読もう．入念につくられたゴールの圧力を自分自身に与えて，自分の仕事生活がより流動的になるかを見てみよう．

ヨーガン・アペロ（Jurgen Appelo）

Management 3.0 と *Managing for Happiness* の著者

　追伸　マールテンは，この序文の締め切りが 2023 年 5 月 8 日だと私に告げた．脱稿日を推測してみてほしい．:-)

[†1]　ヨーガン・アペロは，*Glitches of Gods* という SF 小説を 2024 年 6 月に刊行した．なお，注釈はすべて訳者による．

原書まえがき2

　アジャイルとプロダクトマネジメントの交差点でキャリアの大半を費やしたものとして，その交差点の状況が挑戦的であるのと同じぐらい有望であると確実にいうことができる．繊細なダンスであり，それは，柔軟性，戦略的な計画策定，そして価値創造に対するたゆみない注力を適切に混ぜ合わせることを求める．

　マールテン・ドーメイン（Maarten Dalmijn）と私が最初に知り合ったときに，自分たちが似た不満，そして，より重要なことであるが，より良く行いうる方法に対して似たビジョンを共有していることがすぐにはっきりした．私たちは，共通の信条で意気投合した．「ロードマップを見せてくれれば，あなたの組織の機能不全をお見せする！」という信条である．それ以降の私たちのすべての会話を通して真実味を増した言明であった．

　マールテンの新著 *Driving Value with Sprint Goals* は，この共通の信条と，アジャイル・プロダクトの交差領域の航行における彼の広範な経験の集大成の証しである．自分の精神に忠実に，マールテンは明日のデスクにもち出せる具体的な概念を展開しており，その内容に生命を吹き込むような，関係づけられる逸話を豊富に盛り込んでいる．

　そして，関係づけられる逸話についてだが，私たちの中で，自分のバージョンの「ロードマップ地獄」を耐え忍ばなかった人がいるだろうか？　3か月サイクルで繰り返される集中的なロードマップ策定—機能，期限，依存関係であふれるばかり—のマールテンのユーモラスな話は，私たちみんなが直面してきた困苦へのうなずきだけではなく，より良いやり方に向かう雄たけびでもある．

　本書の核となるのは，プロダクトに携わる人たちとアジャイルの熱狂的なファンに向けたガイドである．本書は，プロダクトバックログリファインメントの複雑さ，予測できない世界における計画策定，そして最も大事なことに，本当の価値を提供するプロダクトの作成を分析する．とても人気が高くて入手困難なクッ

キーの魅力，一流のテック企業での変革の話，そして家族の時間を尊重する彼の個人的な考察はすべて，自分自身のプロダクトでどのように価値を築くことができるかへと見事に結びつく．

　この序文をなぜ私が書いているのだろうか？　それは，私が適切に実行されたアジャイルアプローチの威力を信じているからであり，さらに重要なことは，プロダクト管理者の，大きな変化を推し進める能力を信じているからである．マールテンの著書は，実践性と説得力の両方を備えたやり方でそれら二つの世界を結びつけている．戦略とアジャイルさの方向性をそろえることを強調している点は，私自身のアプローチと強く共鳴し，そして本書の洞察が自分自身の仕事において非常に貴重であると読者が気づくことができると確信する．

　最後に，私たち両名が支持するアジャイルプラクティスの精神において，ロードマップは水晶玉ではないと覚えておいてほしい．それは，方向性をそろえ，協働，そして注力のための手段である．正しく使えば，プロダクトが向かう先だけではなく，組織が道を誤っているところも明らかにできる．

　プロダクトとアジャイルに熱心な読者よ，シートベルトを締めよう．挑戦，触発，そして最も重要なことに，価値の駆動へと向かう車に乗ろうとしているのだから．

ヨナ・バストー（Janna Bastow）

ProdPad 社の CEO

はじめに

> 「スクラムの本質は，少人数制のチームである．個々のチームは非常に柔軟で適応力に優れている[1]」

> —スクラムガイド，2017 年 11 月

　以前の版のスクラムガイドのこの 2 センテンスは，私に強く響く．私は，この 2 センテンスがスクラムの本質をまさに表していると思う．スクラムとは，正しいことを行うように人々に委任するものである．スクラムには，実験をすること，発見すること，学ぶこと，柔軟であること，そして必要に応じて自分たちの計画を調整することが含まれる．それは，自分が知らないことを発見するために，自分が知っていることとともに取り組むことである．スクラムとは，一言でいえば，学ぶことである．

　不幸にも，多くのスクラムチームは進んできた道のどこかでこの本質を失くしたように思える．スクラムを実行することは，それ自体が十分ゴールになりうる．人々は，スクラムに厳密に従うことで，不確実性が消え，複雑性に対処するための完璧な手段をもたらすという幻想に魅せられてしまう．スクラムは，障害を克服することを助けるフレームワークになるのではなく，それ自身が克服すべき障害になる．

　プロダクトを築く際に，成功を保証する魔法のレシピはないことを理解することが大事である．あなたが従う，正しいステップはない．あなたが歩む 1 歩ずつが，道を形づくる助けになるのである．進むべき道がないところを進み，踏みならされた道を外れなければならない．

　スクラムは，何を行うべきかをあなたに告げないが，起きていることを見せてくれる助けにはなる．スクラムのように意図的に不完全なフレームワークは，あ

---

†1　2017 年 11 月版のスクラムガイドの日本語訳より引用．

なたの問題の答えを決して教えてくれない．大事なのは，あなたがどのようにスクラムを強化し，自身のものにするかである．スクラムを習得するにつれて，スクラムについてのすべての話は背景へと移るはずである．

スクラム，そしてスクラムを正しく実行する方法について，多くの書籍が刊行されてきた．本書は，そのような書籍の1冊ではない．本書を読み終わった後に，より多くの価値を提供するためにフレームワークを活用する方法を私はあなたに理解してほしい．私は，価値を提供する，より良い方法を見つけるように，どのようにスクラムチームに委任するかをあなたに理解してほしい．スクラムとは，より良くスクラムを実行していくものではない─スクラムとは，価値を提供するスクラムチームの能力を改善していくものである．

スクラムとは，委任されたチームが望まれた成果を生み出すように，具体的なスプリントのアウトプットを駆動していくものである．あなたの努力は，自分の顧客やビジネスに対して違いを生む[†2]という範囲でのみ明らかになる．難しいのは，あなたの努力が違いを生み出すかどうかを突き止めることである．

スプリントゴールを効果的に適用することは，スクラムの技法から価値の提供へと移行するためにきわめて重要である．スプリントゴールにより，多くのスクラムチームに蔓延しすぎている，いわゆるフィーチャー工場[†3]モデルをあなたは後にすることができる．スプリントのアウトプット（outputs）から成果に移る[†4]ことができる．スプリントゴールを適用することで，自分の顧客とビジネスにとって違いをもたらすような成果を生むものへとスプリントのアウトプットを駆動することに，レーザーのように焦点を絞って取り組むことができるのである．

プロダクトは，バラバラの個人によってではなく，共有されたプロダクトビジョンやプロダクトゴールに後押しされた，多くの異なるチームが調和することによって築かれる．謙虚な計画とともに，ゴールの一部として自分の意図を活用することで，みんなが価値を提供するためのより良い方法を見つけることに取り

---

†2　顧客の生活やビジネスのあり方を変えるということ．

†3　「フィーチャーファクトリー」という訳語も用いられている．フィーチャーはプロダクトの特色となる機能や改善のことであり，フィーチャー工場とはフィーチャーを多くつくればプロダクトの価値が高まるという誤った考えに基づいてプロダクトの開発を行うこと．

†4　プロダクトインクリメントというアウトプットではなく，プロダクトにより顧客やビジネスに価値を提供するという成果へと軸足を移せるという意味．

組み，その結果として可能な限り高い価値をもつプロダクトをもたらすことができるのである．

本書は，以下の 4 部で構成されている．

- **第Ⅰ部：なぜゴールが大事なのか？**　ソフトウェア開発において，計画が不完全で，実行で間違い，予測外の結果に至ることが多いのはなぜか？　第Ⅰ部では，これらの特徴を生む根本原因と，それらの生まれる状況を検証する．期待どおりではないと分かった計画に対するどのような種類の反応が自分たちの問題をさらに悪化させるのか？より良い計画を作成し，実行を改善し，望まれる結果に向けてよりすばやく軌道修正できるようにチームに委任するために，私たちはゴールの力をどのように活用できるのだろうか？

- **第Ⅱ部：スプリントゴールは，スクラムの心臓の鼓動である．**　第Ⅱ部では，スクラムが，複雑な仕事に向けてどのように設計され，「摩擦」と，結果としてわれわれの行く手に現れる「驚き」にどのように対処できるのかを探っていく．スプリントゴールがフレームワークに織り込まれていることでスクラムがどのように驚きに対処したり，謙虚な計画で始めることにぴったりと合うものになっているのか．スプリントゴールがなかったり，間違って適用された場合に起きることも検討する．最後に，最も頻繁に実践されているスクラムの二つのスタイルを取り上げて，それらが摩擦に効果的に対応するチームの能力にどのように影響を及ぼすかに踏み込む．

- **第Ⅲ部：スプリントゴールで，価値を駆動する．**　理論をつなぎ合わせるのに，有益なスプリントゴールの具体例が役立つ．スプリントゴールの非常に重要な性質は何であり，どのようにスプリントゴールをみんなに等しく確実に理解されるようにするか？　プロダクトビジョンを前進させる，有益なスプリントゴールをどのように確実に設定するか？　特定の成果を駆動するためにどのアウトプットに注目すべきか？　第Ⅲ部では，価値の提供を駆動し，プロダクトビジョンを現実のものにするのに不可欠な要素を，プロダクト戦略からプロダクトバックログまでにわたり網羅的に検討する．

- **第Ⅳ部：スプリントゴールのよくある障害を克服する．**　多くのスクラムチームは，摩擦を増幅し，無用な驚きをつくり出すアンチパターンに悩まされている．その最も一般的なアンチパターンは何か，それらをどのように解決で

きるか？　スプリントゴールとともに仕事をし始めた際に，最も頻繁に発生する障害にどのように対処するか？　スプリントゴールを採用するようステークホルダーを説得するために，彼らをどのように巻き込むか？　スプリントゴールの設定や価値の提供にステークホルダーにどのように参加してもらうか？　これらの質問は，本書の第Ⅳ部で取り上げている．第Ⅳ部では，あなたのスクラムの実装を拡大させるために備わっていなければならない基本的な事項も取り上げる．最終章では，本書で検討したすべての概念を活用して，フィーチャー工場を打ち負かすようなより良い働き方を生み出す，委任されたチームの構築方法を論ずることで，全体をまとめる．

　本書は，スプリントゴールで価値を駆動することに焦点を合わせているものの，本書中の原則やアイデアのほとんどは，スクラムを使わないチームにも適用できることを強調したい．

　それでは，第1章から始めようではないか．私の子ども時代の話をして，本書のカバーの写真の背後にある意味を説明しよう．

謝　辞

本書は，次に挙げる多くのレビュー者からのフィードバックに大きな恩恵を受けている．

Willem-Jan Ageling, Bas van Amersfoort, Erik de Bos, Gareth Davies, Saulė Aida Dilijonaitė, Nina Fistal, Jonathan Hall, Joana Henkel Lopes, Jenny Herald, Albert Valiente López, Todd Lankford, Florin Manolescu and Sjoerd Nijland.

初めに，公式のレビュー者である Gunther Verheyen と Jonathan Odo に心から感謝する．Gunther は，シンプルさに対する注力と詳細への注意を払ってくれた．Jonathan は，構造から目を離さず，書籍を通じた一線が可能な限り確実に際立つようにしてくれた．

次に，フィードバックをくれて，私がより良く執筆するよう後押ししてくれた，私の記事の常連の読者すべてに感謝する．受けた励ましと批判のすべての言葉は，前進を続け，自分のアイデアがさらに強力になるように磨く助けとなった．

フィアンセの Josine が子どもたちの面倒を見てくれたことで，執筆に集中することができた．彼女にも感謝しきれない．何を書こうか思案して，しばしば上の空で遠くを見つめること3年以上．こんな人間に対処することがどれほど難しかったことか．

息子の Florine と Tibbe には，書籍がらみの空想から瞬時に抜け出させてくれ，地球に連れ戻してくれたことに感謝する．一緒に『アナと雪の女王』パズルをしたり，列車の線路を敷く一時，私は童心に戻ることができた．私は，書くことが好きだが，遊ぶ楽しさに勝るものはない．毎日何が本当に大切かを思い出させてくれた．

編集者 Haze Humbert は，私の出力が時としてケチャップのボトルを絞ること並に予測できなかったときも，忍耐強く，親切であった．ここに感謝する．遅筆に対しても，進み続ける助けとなるよう，打合せにて常に肯定的なエネルギーをもたらしてくれた．マイク・コーン（Mike Cohn）は，彼のシリーズで私の処女作を出すほどに信頼してくれた．彼の鋭い観察にも感謝する．彼の観察が，本書に今ある，より壮大なテーマを先頭にもってくる助けとなった．

最後に，両親の辛抱強さと愛がなければ，本書は決して存在しなかった．あなた方は，私が購入したすべての本を読み終える限り，本を読むための無制限の予算を与えてくれた．そうして育まれた読書好きが，最終的に執筆に対する情熱をもたらした．

両親が執筆意欲に火をつけなければ，本書は，決して現実のものにならなかっただろう．

著者について

　マールテン・ドーメイン（Maarten Dalmijn）は，Dalmijn Consulting 社のコンサルタント，講演者，そしてトレーナーである．彼は，全世界にわたり，チームがフィーチャー工場を打ち負かすことを支援している．アジャイル，スクラム，そしてプロダクト管理についての彼のベストプラクティス記事は何百万もの実践者に読まれている．彼は，価値を提供するより良い方法を見つけることができる委任されたチームを会社が築くことを支援することを専門にしている．

　マールテンは，フォーチュン 500 社や国際的な産業カンファレンスで頻繁に講演を行う．彼は，受賞した多くのスタートアップやスケールアップに従事してきた．マールテンは，メディア上の最大のスクラムの刊行物である *Serious Scrum* のアンバサダーおよび編集者である．

目　　次

なぜゴールが大事なのか？

　ソフトウェア開発において，われわれの計画が不完全で，実行でしくじり，予測外の結果に至ることが多いのはなぜか？　第 I 部において，これらの特徴を生む根本原因と，それらの生まれる状況を私たちは考えていく．期待どおりではないと分かった計画に対する，どのような種類の反応が自分たちの問題をさらに悪化させるのか？　より良い計画を作成し，実行を改善し，望まれた結果に向けてすばやく軌道修正できるようにチームに委任[†1]するために，私たちがゴールの力をどのように活用できるのだろうか？

[†1]　原語は，"empower" であり，権限移譲（delegation）とは異なり，チームの可能性を信じて，特定の責任をチームに任せるというニュアンスである．そのことを表すために，「委任」という訳語を用いた．

第 1 章

不完全な計画，ずさんな実行，そして予測できない結果

> 「良い計画の敵は，完璧な計画を夢見ることである」
> —カール・フォン・クラウゼヴィッツ将軍

　1995 年，12 歳のとき，私は 5 人の同級生とともに古い軍用トラックに目隠しをされて座っていた．トラックは，真夜中にオランダのフリーラント島の未知の目的地へと私たちを運んでいた．永遠と思われた時間の後に，トラックは停車．突然，私たちは放り出され，行動の自由を与えられた．

　私たちの任務は，大人の監督や干渉なしに，自分たちだけで滞在していた農場の家に戻ることだった．私たちには，懐中電灯，知恵，若い脚しかなかった．地図も携帯電話も，水も食料もなかった．その島のどこかであるということ以外に，自分たちの位置に関する手がかりはなかったのである．

　フリーラント島は，おおよそ 40 km^2（10,000 エーカー）の小さな島で人口は約 1,000 人．島の端から端まで自動車で約 15 分．教師とサポートスタッフを含めて，私たちのクラス全体が滞在すると，島の人口は一時的に 4% 増えた．

　私の小学校では，中学へと上がる前に，フリーラント島を訪問することが慣例となっていた．その旅のハイライトが，「置き去り（De Dropping）」と呼ばれる儀式だった．その意味するところは，ランダムな場所に置き去りにされて，農場の家まで戻る道をできるだけ早く見つけるという課題だった．

　私のグループで，それ以前にフリーラント島に来たものはいなかった．その島に私たちが不案内だったことを考えれば，私たちが置き去りにされた場所による差はなかっただろう—どこでも迷子のように感じたことだろう．帰り道を最初に探し当てたグループは賞品がもらえた．「置き去り」は，私たちには通過儀礼のように思えた．何か怖く，未知のものにともに直面することで，自分たち自身の

道を見つけ出せるほど十分に成熟していることを証明しなければならなかった．

　トラックから降ろされるとそこは漆黒の闇で，すべての懐中電灯で同じ方向を照らしても，視界はごく限られていた．進むべき方向を示すランドマークとして見えるものは，灯台だけだった．私たちは，しばらく立ち止まり，「さあ，何をすべきだろう？」と考えた．

　何を行うのが最善かを議論，熟考，分析するのではなく，私たちは一緒に適当な方向に歩き始めた．歩きながら，見晴らしがより良い場所を見つけては，自分たちの位置を認識するために登ることを決めたのだった．私は，先頭を歩いていたことを覚えている．私のペースが一番速かったからだ．このことが，自分もリードするチャンスがほしいと思っていた他のメンバーの反発を招いた．そこで，歩みを遅くして，ほかのメンバーにグループをガイドする機会を譲った．

　私たちが見晴らしの良い場所のてっぺんに着くと，遠くの灯台と，たどることのできるいくつかの道が見えた．私たちは，自分たちに見える一番大きな道に沿って歩くことに決めた．より大きな道であれば町の中心地に連れて行ってくれる可能性が高いと推測した．農場の前に町の中心を訪れていたので，中心を見つけることが農場に戻るための確実な方法だろうと考えたのである．その道をたどっている間に，私たちは見たことのある教会に気づき，そこを目印に，予期したよりも早く農場の家を見つけることができた．

　正確にどれくらいの時間を要したかを思い出せないが，私たちはすばやく自分たちの帰り道を見つけた．1位は逃したが，2位でゴールすることができた．今になって思えば，農場の家に戻るのは，不確実性と複雑性に対処するための課題だったことに気づく．暗闇の中，周囲になじみがなかった私たちに，帰り道を見つけるためのしっかりとした計画や戦略を考え出せるほど十分な情報はなかった．

　ここで，農場の家までの帰り道を見つけるために選択したアプローチから学べることを検討してみよう．

「先立つ霧」に1回に1歩ずつ対処する

　本書のカバーに載っている赤い塔は，私が子どもの頃に遠くから見たフリーラント島の灯台である．灯台に向かう経路の一部は見えるが，経路全体は見えな

い．私たちが，灯台に向かって行きたいと想定してみよう．私たちは，その道を歩き始めることでのみ，とらねばならないすべての歩みを見つけることができる．灯台が見えることが，その道のすべての歩みで私たちを導く助けになる．フリーラント島における当時の私たちの任務が灯台にたどり着くというものであれば，私たちの旅ははるかに容易なものだっただろう．

　ただ，私たちは灯台にたどり着く必要はなく―自分たちが滞在する農場の家にたどり着かねばならなかった．どの方向であれ最初の1歩を踏み出すことでのみ，私たちは帰り道を見つける方法に対するより良い理解とイメージをもち始めることができたのだ．私たちは，歩き始め，観察し，観察したことを考えることで，自分たちの帰り道を見つけるための粗末な計画を初めて立て始めることができた．すべての歩みが，とるべき最善の次の1歩に関するフィードバックをもたらした．

　動き出す前は，私たちは**先立つ霧**（fogs of beforehand）に制限されていた．私たちの知識は，出発前に知りうる情報についても制約されていた．フリーラント島について不案内だったことは，帰り道を見つけるのには不十分な情報しかないことを意味した．私たちは，知っていることが少なすぎて，良い計画を立案することや，決定的な戦略を考案することができなかった．1歩ごとに，私たちが，より多くの情報とより良い理解を得ることで，ゆっくりと先立つ霧が晴れていく．

　私たちの自然な反応は，議論も，熟考も，計画も，分析もせずに，あてずっぽうに歩き始めることだった．まず何歩か歩き，自分たちが見て，学んだことに基づいて自分たちの計画と戦略を調整した．私たちの計画は，自分たちの歩みの途上で，結果的に姿を現してきた，つまり，実行と学習を同時に行っていたのだ．謙虚な計画で取り組み始めて，自分たちの状況への理解が増し，必要なことを見つけるにつれてその計画を調整し，適応した．

　不幸なことに，私の経験では，大人は未知のことに対応する際に逆のアプローチをとることがあまりに多い．私たちは，自分たちが直面している複雑性に気づいているが，それを十分な計画策定，推敲，そして合理的な思考で取り除けると誤って信じている．謙虚な計画策定の逆を行う―つまり，自信過剰な計画策定である．私たちは，実際に知っている以上のことを知っていると信じており，そして自分たちが知らないことを実際よりも重要ではないと信じている．そして，そ

れこそが転落の始まりなのだ．ギリシャ悲劇のように，私たちは計画策定で傲慢になっている．

　この考え方は，学校で教えられたことと完全に整合する．つまり，何かを学び，理解することに十分な時間を費やすことで，あなたはそれを完全に理解し，テストに合格することができるということだ．あなたは，テストを完全に攻略し，満点をとれるだけの情報すべてを意のままに使える．

　現実の世界は大きく異なり，試験に合格するよりも，もっと動的ではるかにやっかいである．合格すべき試験もなければ，あなたが必要な解答を見つけるために学習できる便利な教科書もない．行うべきことも，理由もはっきりしないことが多い．最善の判断を下し，完璧な成績を得るために使える，すべての情報をあなたはもっていない．そのように不確実で複雑な状況で，実行する前にあらゆることを議論し，分析し，話し合い，計画策定するという学術的なアプローチは機能しない．

　十分な情報や理解を欠いている場合には，過剰に思索を行うアプローチは残念な結果を生む．先立つ霧が計画を制限し，開始前の過剰な分析により，それらの計画は空想にとらわれるだろう．つまり，計画は先立つ霧で曇らされるであろう．結果として，その計画は偽りの安心感をもたらすだけでなく，必然的に計画が間違っていると分かったときに調整がより難しいことが分かるだろう．

　私の子ども時代の話は，すべての歩みが道を形づくることと容易に関係づけられるかもしれないが，ソフトウェア開発とどのように結びつくかについては不可解なままかもしれない．私たちがフリーラント島の暗闇を歩いたときに経験した先立つ霧は，ソフトウェア開発にも存在する．その霧があたかも存在しないように行動したり，それについて考え，分析して晴らせると信じるという間違いを犯すことが多い．自分たちが知っていると信じていることに頼りすぎることが，すでに先立つ霧にさいなまれている自分たちの計画に憶測の霧（fog of speculation）を織り込む．その結果として，計画は現実からさらにかけ離れたものになる．

　具体的な例を検討することで，さらにソフトウェア開発における先立つ霧や憶測の霧の影響に気づく方法を探索しよう．

ソフトウェア開発で未知のことに直面する

　ソフトウェア開発になじみがあるならば，おそらく以下のような状況を経験しているだろう．

- プロダクトやフィーチャー[†2]のリリース日が大幅に遅れ，そして時として複数回延期される．
- 間違い，仮定，そして仕事を行うことで得られた新たな洞察により，当初の計画を完全に再立案する必要がある．
- 初めてプロダクトを見たときに，自分たちが期待していたものではなかったので，顧客が不機嫌になる．

　私の経験では，この種の状況が生じる主な理由が二つある．

- ソフトウェアプロダクトをつくることは，主として不確実性と複雑性[†3]に対処する仕事なのである．その本来的な不確実性と複雑性により，仕事を始める前に私たちが思いついた計画に固執すると，愚かな結果を招く．
- 私たちは，不確実性と複雑性に対処しなければならないときに苦労する．統制を得るためにより多くの時間を計画策定と分析に費やすというよくありがちなアプローチを適用しようとする．しかし，それらの方法は，効果がなく，事態をただ悪化させることが多い．

　私たちが不確実性と複雑性に直面したときの通常の反応は，さらに計画策定と分析に注力するというものである．内に向かい，自分たちが知っていることに注目し始める．というのも，そこに解決策が横たわっていると信じているからである．この効果のない振る舞いのありがちな例は，スプリントプランニングに多くの時間を費やすことや，リファインメントで同じプロダクトバックログアイテムに際限なく立ち戻ったりすることである．

---

†2　プロダクトの目玉となる機能，あるいは機能や性能の改善などを意味する．
†3　複雑性とは，これを行えば期待する結果が得られるというような因果関係が容易に分からないこと．

　しかし，その仕事を始める前に私たちが知っていることは最も大事なことなのだろうか？　あるいは，本当は知らないが，知っていると信じている──間違いなことが多い──ことが，最も大事なのだろうか？　そして，間違った仮説と知らないことが大きな影響力をもつならば，その仕事を始める前に私たちがもちうる知識で制限されながら，会議室で話をし，堂々巡りをすることで私たちは必要な知識を得るのだろうか？

　詳細な計画策定を行い，分析により多くの時間を費やすことに効果がないのはなぜか，そしてそれらが事態をさらに悪化させることが多いのはなぜなのか？　簡単そうに思える単純な問題が，複雑すぎて従来のプロジェクト管理手法では管理できないと分かったという話をしたい．この話は，ソフトウェア開発がフリーラント島で帰り道を見つけるミッションに似ていることが多く，その道のすべての歩みがその先にたどる経路を形成するということを説明する．

4桁の数字に閉じ込められる

　「あなたは，退職までの最短経路をとった」プロジェクト管理者のウィルーヤン・エージリング（Willem-Jan Ageling）は，その組織内の重要なプロジェクトへと配置転換された際に，自分の同僚からこの嫌なメッセージをもらった．彼が，オランダで成功している支払い処理会社に入社して数か月のことだった．ウィルーヤンが直面した問題は，一見やさしそうに見えるものだった．

　ウィルーヤンは，顧客識別番号の桁を増やすという任務を与えられた．その時点まで，顧客番号は最大4桁であり，その会社の顧客数は9,999名の限界に近づいていた．顧客数が上限に達するまでにこの問題を修正しなければ，新たな顧客を受け入れられなくなる．

　4桁の顧客番号をつくるという判断は，その20年前に下されたものだった．その判断を下した元の開発者は，その会社でもう働いていなかった．その開発者たちは，自分たちがこれらの4桁の制限に達する時点までには，会社にお金がどっさりあるのでそれを修正することは問題にならないだろうとおそらく考えたのだ．彼らが，自分たちの判断が20年後にどれだけのストレスと頭痛を引き起こすかを知ってさえいれば！

　ウィルーヤンに割り当てられた任務は単純だった．つまり，4桁の制限によって課せられた人為的な上限に突き当たることなく，ビジネスが成長し続けられる

ように，顧客番号を拡張するというものだった．彼は，プロジェクト管理者として働いた多くの年月で習得した従来のプロジェクト管理テクニックでそのプロジェクトを管理した．

プロジェクトが始まると，プロジェクトチームが未知の領域に入るまでは順調だった．つまり，旧データベースから新データベースへと顧客データをレプリケーションするところまでは，だ．これを過去に行った者はおらず，それを成功させるために必要なステップはまったく不明だった．

旧データベースを扱うのは，大変だった．プロジェクトチームが解決策を見つけたと確信するたびに，彼らは新たな問題に突き当たった．プロジェクトチームのメンバーは，私のフリーラント島での旅路と同じように，継続的な発見の旅路を歩んだ．その道のすべての歩みが，とるべき次の歩みを形づくった．ただ，私たち子どもがフリーラント島で行ったほどすばやく彼らは自分たちの方向を変えられなかった．というのも，計画のすべての変更はまず変更諮問委員会（CAB：Change Advisory Board）にかける必要があったからである．

プロジェクトチームが何か知らないことを見つけるたびに，CAB に変更提案を提出するということを意味した．CAB に変更を説明するということは，恥をかき，自分たちの計画が—そしてその延長でウィルーヤン自身が—なぜ失敗したのかを説明するということだ．ウィルーヤンは，これが起きるたびに CAB の激怒に直面しなければならない不運な人間だった．

ウィルーヤンは，CAB ミーティングの常連のゲスト参加者となり，その厳しい試練が彼を悩ませ始めた．誰も意のままにできない計画に対する変更について絶えず問いただされるのは，きわめて苛立たしいことになった．彼は，その計画のさらなる変更をお願いするためにその場に戻ってくることは平気だったが，それらの変更すべてが避けられないことに気づいた．彼は，自分が CAB の前に頻繁に現れることを防ぐためになすすべはないことを理解した．彼が自分の任務をどれほど首尾よく行っても，チームが直面する，知りようがない障害のすべてをうまく回避するような完全な計画を決して立案できない．彼は，チームの行動で障害の存在が明らかになった後にのみ，それらの障害に対処することができた．

不十分であり，制限されていると分かっている現在の情報に基づいて，ウィルーヤンはプロジェクトが当初予期されたよりも多くの月数を要するだろうと考えた．通常は，これがプロジェクトを諦める瞬間なのだろうが，このプロジェクト

については，失敗という選択肢はなかった．その成功がその会社の未来にとって重要だったのである．

　結局，ウィルーヤンは真正面から CAB に立ち向かうことを決意した．彼は，すべての不確実性，リスク，初めて行う事柄のすべてを説明するプレゼンテーションを CAB に対して行った．彼は，その任務を取り巻く，ひどく濃く，広がった霧を CAB に気づかせた．彼のプレゼンテーションによって，その取組みの極度な不確実性と複雑性が全員にとって明らかになった．現在の状況は，非常に不確実で非常に多くの未知の事柄だらけなので，プロジェクトチームが知っていることに基づいて正確な長期計画を作成することは不可能だった．

　CAB は，ウィルーヤンに長期計画の策定を止める許可を与えた．その代わりに，彼は短期の週次計画を—チームが**知っていると信じている**ことではなく，**知っている**ことだけに基づいて—つくることに切り替えた．それで，プロジェクトチームは，自分たちが発見したことと学んだことに基づいて毎週新たな計画を作成した．自信過剰の計画策定を行うのではなく，彼らは謙虚な計画策定に切り替えた．つまり，自分たちが知っていることと予見できることだけに基づく計画策定である．

　自信過剰な長期的な計画策定を止めて，謙虚な計画作成に切り替えたことで，ウィルーヤンの計画は，現実に根差したものになった．その計画は，先立つ霧の存在を考慮し，既知のことだけに基づいて計画を策定することで，憶測の霧を意図的に制限した．仕事を実行し，現実にさらされることで，計画はチームが発見したことに基づいて調整された．

　最終的に，そのプロジェクトは，すべてのリスク，不確実性，そしてチームが初めて取り組んだものにもかかわらず，大成功を収めた．時々，順調に進展し，たまに現場を混乱させるような新たな情報が発見された．それでも，全員がその状況の不確実な性質を認識していたので，ウィルーヤンがすべての変更を説明するために，CAB に問い詰められることはもはやなかった．彼は，プロジェクトのそれらの部分を実際に自分の統制下に置くことに自分のエネルギーを注ぎ，注力することができた．

　このセクションの冒頭の段落で述べたように，ウィルーヤンは，このプロジェクトを引き受けることで，彼はこの会社を去ることになる可能性が高いと同僚にいわれた．そして，実際に，そのプロジェクトは，ウィルーヤンのその会社のプ

ロジェクト管理者としての最後のプロジェクトだった—彼の同僚が予言したように彼が首になったからではなく，プロジェクトが素晴らしい成功を収めて，異なる働き方にウィル–ヤンを開眼させたからだった．そのプロジェクトの後，ウィル–ヤンはプロジェクト管理者として働くのを止めて，スクラムマスターとして自分のキャリアを続けた．

　この話が示すように，CAB が不確実性と複雑性を受け入れることで，初めてプロジェクトが成功に向けてより良い方向に進んだ．プロジェクトは，さらなる計画策定とより良い分析を通じて不確実性と複雑性と戦おうとするのではなく，変化が姿を現すとともにそれらの変化に対応し，すばやく障害を乗り越えることで管理されていた．計画に変更を加えることへの障害は，CAB の変更承認プロセスを止めることで取り除かれた．

　理論的には，顧客番号を拡張することは，些細で簡単な仕事と通常分類されるだろう．しかし，実際には，簡単に思われる変更が，時としてチームがそれをやり遂げる方法に見当がつかないような，非常に困難な取組みになりうる．ウィル–ヤンの話は，手中の問題が簡単そうに見えるにもかかわらず，まず取り組むことなしに，決定的な計画を思いつくことが不可能であることの素晴らしい例である．

　私たちは，フリーラント島の「置き去り」の話をソフトウェア開発の領域へとつなげたが，今度は軍隊の戦闘の歴史に転じよう．この種の計画策定の問題を解決するために軍隊のアプローチから学ぶソフトウェア開発者は多い．

過剰な計画策定と準備がどのように敗北を招きうるか

　1806 年 10 月 14 日に，プロイセン軍は，イエナ（Jena）–（Auerstedt）アウエルシュタットの戦いでフランス軍に完全な敗北を喫した．戦闘が始まったとき，プロイセン軍はフランス軍を数ではるかに上回っていた．アウエルシュタットでは，プロイセン軍はフランス軍の 2 倍の軍勢であったにもかかわらず，フランス軍に強く抵抗することができなかった．

　会戦に備えて，プロイセン軍は，敵のフランス軍を打ち破るための五つの異なる作戦を下書きし，議論し，熟考したが，彼らは統一化された戦闘計画を思いつくのに苦しんだ．もし準備と計画策定により多くの時間を費やしたものがすべての戦いで勝つならば，間違いなくプロイセン軍は勝利を収めたはずだった．

　プロイセン軍が，自分たちの最善の行動指針を熟考し，思案するのに忙殺されている間に，ナポレオンに指揮された敏捷なフランス軍が主導権を握った．計画策定と熟考に費やされたその無駄な時間の間に，プロイセン軍の歩兵は指示と情報にさらされ続け，当然の結果として，彼らは混乱し，行動できなかった．膨れ上がった入念なプロイセン軍の計画は，自軍の重荷となり，ナポレオンの迅速で予見できない決断と作戦行動に対して後手の反応にしかならなかった．戦いが始まる前に，負けていた．戦いの終結時には，フランス軍の戦死者 1 名につきプロイセン軍の死者は少なくとも 3 名に及んだ．

　紙上では簡単に勝利を収めるはずだったものが，苦い，予期しない敗戦となり，プロイセン軍の組織構造の中心部に至るまで震撼させた．その戦いを生き延びたプロイセン人は，自分たちのアプローチが効果的ではないこと，および著しい改革の必要性に気づいた．

　イエナーアウエルシュタットの戦いで生き延びたプロイセン人の一人は，本章の冒頭で「良い計画の敵は，完璧な計画を夢見ることである」を引用した若きカール・フォン・クラウゼヴィッツ（Carl von Clausewitz）であった．計画策定が少なすぎると効果的ではないことは誰でも知っている．しかし，フォン・クラウゼヴィッツの引用は，過剰な計画もどれほど不毛なものになりうるかを完璧に捉えている．彼は，過剰な分析，コミュニケーション，そして計画策定の失敗が，プロイセン軍の敗北に帰着し，自分の戦争捕虜としてフランスでの投獄を招いたことを目の当たりにした．

　フォン・クラウゼヴィッツは，後年プロイセン軍を成功裏に変革することにおいて重要な役割を果たした．そして，プロイセン軍がドイツ軍の一部になった後に，彼らの不確実性と複雑性に対処するうえでの奇抜な教義は，世界で最も効果的なものの一つになった．1870 年の普仏戦争でフランス人とプロイセン人が再び衝突した際には，勝敗が逆転した．ドイツ軍が決定的にフランス軍を打ち破ったのだ．この勝利を可能にするために，ドイツ軍の何が変わったのだろうか？

ドイツ軍から学べることは何だろうか？

　ドイツ軍における革命的な変化を詳述する前に，どのような形であれ，私に戦争を賛美する意図はないことに注意してほしい．私がソフトウェアプロダクトの構築と戦争を対比するのは，プロダクトを構築する複雑な仕事が，あなたが戦闘

中に遭遇するものと同じ課題を共有しているからである．戦闘が始まる前に完璧な計画を作成するための十分な情報も，時間も，理解もあなたには決してない．

しかし，対比はここで終わりだ．ソフトウェアプロダクトを構築することが，戦争の恐ろしさ・惨事に似たものを伴わざるをえないと示唆するのは，無意味で無礼だろう．戦闘では，全員が命がけで戦い，敵を出し抜こうとする．戦争は，混乱して，不確実で，残酷で，そして混沌としている．当初予測したように展開することは滅多にない．問題になっていることゆえに，戦場で戦略と計画を成功裏に実行することは，不確実性と複雑性に対処する究極の課題である．

フォン・クラウゼヴィッツ将軍は，戦場で計画を成功裏に実行し，望まれた結果を生み出すことが非常に難しい理由を説明するために**摩擦**という概念を発明した．以下が，フォン・クラウゼヴィッツの引用であり，あなたが最も単純な仕事に取り組むときに，摩擦があなたの歯車にどのように砂をかけうるかを完全に捉えている．

> 戦争においてあらゆることがとても単純であるが，最も単純なことが難しい．摩擦—私たちが選んだ呼び方だが—は，明らかに簡単なことを非常に難しくする力である．摩擦が，紙上の戦争と本当の戦争を区別する．

フォン・クラウゼヴィッツは，摩擦が無数の些細な出来事が集積したものであるために，摩擦の中心的な特徴は，それがどのように現れるのかを予測するのが困難なことだと論じる．

> このおびただしい数の摩擦は，力学のように，少数の個所までに減ずることはできず，偶然を伴いながらすべての場所にあり，そして測定できない効果をもたらす．それらの効果がただ偶然によるところが大きいものだからである．例えば，天候だ．霧は，タイムリーに敵を見つけたり，発砲すべきときに銃を発砲したり，伝令が司令官に届いたりすることを妨げる．雨は，大部隊の到着を遅らせ，その部隊を 3 時間ではなく 8 時間行軍させ続け，馬がぬかるみにはまることで騎兵隊の突撃を台無しにするなど，さまざまな被害を引き起こしうる．

ほんの少しの霧で，これらの予期せぬ効果すべてを引き起こしうる．しかし，摩擦が起きるのに物理的な霧すら必要ない．摩擦は，すばやく変化する複雑な環

境において，共通のゴールをバラバラな心で実現しようとする際に生じる．そのような環境において，私たちに自由に使える完全な情報は決してない．そしてそれがあったとしても，人々はその情報をまちまちに処理し，異なる結論に至るかもしれない．摩擦のために，計画は不完全なものになり，実行でしくじる．そのことが，私たちの行動や計画の結果を予測できないものとする．

摩擦は，究極的には人間の制限に根差している．人間は，自分の理解力，処理速度，そして個人の先入観で制限されており，そして自分たちの環境，感情，ストレス，そして個人的な興味に影響される．人間の制限に根差す，それら多くの要因すべてが，組み合わさって大量の摩擦を生み出す．

人間は，限られた知識をもち，自分たち自身の意志に従い，バラバラの実行者として行動する．人間は，予測できない出来事に影響を受け，自由に使える不完全な情報をもつ．理解が適切であったとしても，不適切な情報の伝達が混乱を生み出すかもしれない．私たちが完璧に情報を伝達したとしても，個人ごとに解釈，議題，そして優先度が異なり，それが誤解を生んだり，雑音を生み出すかもしれない．環境が予測できないことと，複雑性が一緒に作用することで，雑音を生み出し，確率的影響を生じ，データを得ることまでもが難しくなるかもしれない．

要するに，個人的な興味，不確実性，複雑性，そして感情とストレスの組合せが，一緒に作用することで摩擦を生み出すのである．その状況と環境で，摩擦がどこまで役割を果たし，適切な判断を下す私たちの能力に影響を及ぼすかが決まる．

私は，摩擦を次のように定義する．「摩擦は，驚き[†4]が起きる機会を増やす，あらゆるものである」．

私たちが経験する摩擦がより多くなるほど，私たちはより頻繁に驚きに出会うだろう．有名な数学者でありコンピューター科学者であるクロード・シャノン（Claude Shannon）は，情報と驚きの間のつながりを立証した．ある出来事がより多くの情報を含めば含むほど，その出来事はより驚きがあるものになる．より多くの驚きを見つけることは，望まれた結果を生み出すために，自分たちの計画や行動に組み込まねばならない，より多くの情報を掘り出すことを意味する．

---

†4　原語 surprise には「驚き」と「思いがけない」の意味があるが，後者は文中でたびたび「想定していない」という言葉などで補われているので，「驚き」という訳語を用いた．

The Art of Action という注目すべき書籍のなかで，軍事歴史家であり，コンサルタントであるステファン・バンゲイ（Stephen Bungay）は，私たちがドイツ軍から得ることができる教訓と，ビジネスの世界で摩擦を克服するためにこの教訓を使いこなす方法を究明した．バンゲイは，不確実性と複雑性に対処する軍事原則と同じものを，ビジネスの領域でより良い結果を届けるために適用できると論じている．彼は，摩擦によって増幅され，あなたの計画が成功を達成する妨げとなる三つの主要なギャップを識別した（図 1.1）．

- **知識のギャップ**：私たちが**知りたい**ことと，**実際に**知っていることとの違い．
- **狙いのギャップ**：私たちが人々に行動して**ほしい**ことと，それらの人たちが**実際に**行動することとの違い．
- **効果のギャップ**：私たちが自分たちの行動で達成すると**期待する**ことと，それらの行動が**実際に**達成することとの違い．

これらの不確実性と複雑性の源に対して，私たちは理想的な反応を自然にとることはできない．その主たる問題は，これら三つのギャップに取り組むために私たちが頼る既定の反応が事態を悪化させるだけだということである．通常のアプローチは，先立つ霧の上にそれ自身のもやをつくってしまう．先立つ霧は，憶測の霧が注入されることで，さらに悪化する．

知識のギャップがある場合，私たちは知りたいと思うことよりも少ないことしか知らない．通常，ギャップをなくすためにより多くの時間を計画策定，分析，そして方法の議論に費やしてしまう．このアプローチの問題は，適切な計画を作成するための情報が足りないときに，計画策定や分析をいくら行おうが，未知のことをどこからともなく魔法のように得ることはできないということである．

信号からではなく，雑音から導き出した結論に基づいて行動することは，リスクが高く危険である．信号は，私たちが検出し，行動の基としようとする意味のある情報である．雑音は，下駄占いで天候を予測するのと同じで，私たちがより良い判断をするために使える情報を含まない．

私たちが過剰に分析をすればするほど，雑音がますます自分たちの知識や計画に定着するようになる．結果として，**私たちが知っていると信じている**ことが自

効果のギャップ
私たちが自分たちの行動で達成すると
期待することと，それらの行動が実際
に達成することの違い

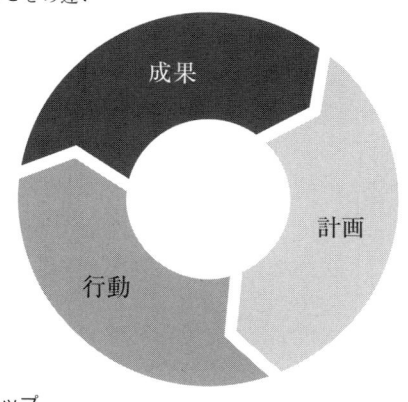

知識のギャップ
私たちが知りたいことと，私たちが
実際に知っていることとの間の違い

狙いのギャップ
私たちが人々に行ってほしいことと，それ
らの人たちが実際に行うことの違い

図 1.1　三つのギャップが摩擦により増えて，それらのギャップが私たちが遭遇すると期待し
うる驚きの数を増す［出典：Stephen Bungay, *The Art of Action*, Nicholas Brealey Publishing,
2010］

分たちの計画に入り込み，私たちの判断を曇らせ，遅らせる，さらなる霧—憶測
の霧—をもたらす．憶測の霧は危険である．というのは，その霧で自分たちが実
際に知っているよりも，多くのことを知っていると私たちは信じ込んでしまうか
らである．私たちが雑音を真実だと信じると，自分たちがもはや憶測しているの
ではないと思い込んでしまう．危険なのは，私たちが雑音を真実だと取り違える
かもしれないことである．憶測は，私たちが**知らない**ことを隠しかねず，自分た
ちの計画を調整することをより難しくする．
　さらに悪いことに，過剰な熟考の重い錨により，動きも鈍くなる．自分たちの
計画で当初思い描いていたものと現実がまったく異なることが分かっても，自信
過剰な計画策定の扱い難い重荷が私たちの応答する能力を押し殺す．現実が注意
深く立案した計画を過去のものにしてしまっても，人々が計画を捨てることは困
難である．結局，あなたはそれらの素晴らしい計画を作成するために時間も認知
的な努力も投じすぎてしまったのだ．それらが間違いなんてことはありうるだろ

うか？　イエナ-アウエルシュタットでフランス軍に不意を突かれたプロイセン軍であれば，そのことについて一言，二言語れたかもしれない．

　狙いのギャップがあるときには，人々は，指示されたこととは異なる行動をとってしまう．自分たちが行うべきことを人々がきっちりと知っていたとしても，それらの人たちは時として間違いを犯してしまう，特にストレスの多い状況においてはなおさらだ．この問題に対する通常の反応は，より多くの指示を出し，推敲により多くの時間を費やすことである．人々が，私たちが期待することと異なる何かを行うならば，私たちはより良い指示を与え，そしてそれらの指示をより頻繁に出す必要がある．これは，マイクロマネジメントとしても知られている．

　より多く，より良い指示というのは，私たちが新たな製品を購入したときに分厚い取扱説明書を受け取るようなものである．その取扱説明書の全ページをわざわざ誰が読むだろうか？　そして，私たちが読んだとしても，私たちはそこに書かれているすべてを理解したり，覚えたりしない．私たちの状況と環境は，非常に速く変化しうるので，大きな知識体系を掘り進むことを必要とする努力は，適切で効果的に対応することを不可能にするだろう．そして，たいてい，その指示は私たちの前の正確な状況をカバーしない．というのは，事前に予測できないからだ．

　効果のギャップがあるときには，私たちの行動は，自分たちが当初期待していたのと異なる結果を生み出す．通常の反応は，私たちのチームが次回は望まれた結果を確実に届けるために，そのチームにメトリックスを課し，統制をよりきつくするというものである．より多くの統制を実装することで，チームが対応できる方法に対する制約や制限が強固になる．その統制に執着することがしばしばゴールになり，チームがすばやく最善の方法で対応する妨げになる．

　顧客サービスのエージェントが私たちを助け出そうとするのではなく，統制と手続きに従うというのは，顧客として私たちみんなが十分すぎるほどおなじみのことだ．顧客サービスのエージェントは，自分たちが従わねばならないルールが実施されているから，私たちを助けられないのである．そのルールに従うことが，顧客にとっての最適な成果を達成することよりも重要になっているのである．

　要するに，私たちが大きな摩擦を経験するときに，私たちは自分たちの計画，

実行，そして結果において間違いなく多くの驚きに出会うだろう．私たちの通常の反応は，計画を策定したり，指示を出したり，あるいはきつい統制を課したりすることにより多くの時間を費やすことだが，それは三つのギャップすべてをさらに悪化させる．

摩擦に対するこれらのアンチパターンは，非常に一般的なので，アジャイル宣言[5]の価値の記述の中心部を占めてさえいる．

摩擦に対処するためにアジャイル宣言が一般的なアンチパターンをどのように網羅するか

2001 年に，ソフトウェア開発の異なるフレームワークの提案者がユタ州スノーバードのスキーリゾートで顔を合わせた．そのグループは，自然発生的に宣言を起草し，自分たちが考案し，精通している別々のアジャイルアプローチに共通するものを要約した．後の 2010 年に協働してスクラムガイドをリリースしたジェフ・サザーランド（Jeff Sutherland）とケン・シュエイバー（Ken Schwaber）もその場にいた．スクラムはアジャイルよりも古く，アジャイルはアジャイル宣言よりも古い．アジャイル宣言の誕生は，これらの異なるアプローチとそれらのアプローチに共通するものに言及するためのラベルがそのときを境にして存在するようになったということだ．

アジャイル宣言は，以下の 4 点の価値の記述を含んでいる．

- 「プロセスやツールよりも個人と対話を」
- 「包括的なドキュメントよりも動くソフトウェアを」
- 「契約交渉よりも顧客との協調を」
- 「計画に従うことよりも変化への対応を」

不幸にも，アジャイル宣言は誤解されることが多い．例えば，人によってはアジャイル宣言の価値を自分たちが包括的なドキュメントをつくるべきではないと解釈するかもしれない．実際の意味はまったく違う．つまり，動くソフトウェア

---

[5]　正式な名称は，「アジャイルソフトウェア開発宣言」である．

は包括的なドキュメントよりも重要だということである．あなたがトレードオフをしなければならない状況にいるならば，右側の項は，左側の項よりも**重要な**のである．しかし，それは私たちが左側の項を完全に無視したり，捨てたりすべきということではない．

　アジャイル宣言は，摩擦に対する一般的なアンチパターンにどう対処するのだろうか？　プロセスとツールは，人々が確実に正しく行動するようにより多く，より良い指示を与えることを既定とするアンチパターンである．包括的なドキュメントは，私たちに情報が足りないときに分析により多くの時間を費やすアンチパターンである．契約交渉は，私たちに情報が足りないときに締結した元の契約に執着するアンチパターンである．計画に従うことは，自分たちの計画と行動が望んだ結果を生み出さないことが分かっているにもかかわらず，その計画に固執するアンチパターンである．

　アジャイル宣言の四つの価値記述すべてを，ステファン・バンゲイによって提案された三つのギャップモデルと直接関係づけることができる．このことは，アジャイルな仕事のやり方のために，摩擦に対処することがいかに重要であるかをはっきり示す．アジャイルになることは，私たちが驚きに対処し，進む道のすべての歩みで見つけ，学んだ新たな情報を組み込んでいくことができるということである．

　私たちが何を行おうとも，自分たちの心の洞窟をさまようことで先立つ霧を決して取り除くことはできない．私たちが不十分な知識に対処できるのは，行動し，1 回に 1 歩ずつ踏み出し，起こることを観察することによってのみである．それにより私たちは，自分たちの計画や心に憶測の霧が入ってくるのを防ぐことができる．自分たちの計画や行動を調整するために，自分たちが発見し，学んだことを組み入れることができるようになる必要があり，そうすることで計画や行動は望まれた結果を生み出すことができる．自分たちが**知らない**ことを見つけるために，自分たちが**実際**に知っていることをもとにして働く必要がある．

　実行し始める前に情報不足や理解が足りないという事実は，私たちの見積もりや仕事が完了する時期の予測に対しても影響する．次章で，自分たちの計画が摩擦にどこまで影響されるかを理解する方法について考えていく．摩擦の量を知ることで，私たちは置かれた状況で最善の結果を生み出すであろう適切な戦略を選ぶことができる．

重要な学び

- ●ソフトウェアプロダクトを構築することは，複雑性と不確実性に対処する課題であることが多い．あなたは，先立つ霧—つまり，その仕事を開始する前に私たちがもつ知識が限られていること—を決して取り除けない．あなたは，行動し，自分が見つけ，学んだことをよく考えることでのみその霧を減らすことができる．

- ●フォン・クラウゼヴィッツ将軍の造語である摩擦の概念は，バンゲイの三つのギャップモデルと相まって，あなたの計画が常に不完全かつ実行に常に問題があり，結果，あなたが自分の行動と計画の結果を決して完全に予測できない理由を教えてくれる．摩擦が大きければ大きいほど，あなたが対処しなければならない驚きに出会う可能性が高くなる．

- ●私たちは，摩擦に対する理想的な対応を自然にはとれない．よくある反応は，憶測の霧をもたらし，その霧が現実を隠し，先立つ霧に対処することをさらに困難にする．

- ●摩擦に対処する最善の方法は，あなたが**実際**に知っていることに基づいて働くことで，自分たちが**知らない**ことを見つけることであり—自分が知っていることがどれほど少なく，どれほど多くのことを見つけ，学ぶことを期待しているかを認める謙虚な計画から出発することである．その後，あなたが自信を得て，自分の目的を達成するために必要なことを見つけ，学ぶにつれて，それらの謙虚な計画を調整することができる．

第 2 章

摩擦が増えれば，驚きも増える

「発見の最大の障害は，無知ではない—知識の幻想なのだ」
—ダニエル・J・ブーアスティン

　前章で，私たちはソフトウェアプロダクトを開発することがどのように主として複雑性と不確実性に対処する課題になるのかを網羅的に検討した．この記述は，完全に正しいわけではない．というのは，ソフトウェアプロダクトの開発は他の要因にも依存しているからだ．とりわけ，仕事を行う環境とその仕事の性質で，私たちが摩擦と先立つ霧に影響される度合いが決まる．

　摩擦は，予測できず，多くの驚きを生む力であるが，それらの驚きが最も簡単なことさえも難しくするかもしれない．摩擦は，望まれた結果を生み出すために計画を作成し，実行するという私たちの能力を妨げる抵抗力のある媒体である．私たちが直面する摩擦が多くなればなるほど，準備と分析にどれほど多くの時間を費やしても，驚きがより多く発生し，私たちの計画や戦略を破壊する運命にある．

　ソフトウェア開発の領域ではまれだが，状況によっては，摩擦がまったくないことがある．私たちは，望まれた結果を生み出すために完全に計画し，すべてのステップを実行することができる．そうでない状況では，摩擦は耐えられないほど存在し，絶えず驚きを生み，その状況を安定させるために私たちは直ちに行動しなければならないことになる．

　それでも，私たちはどのように最善の行動を決めうるのか？　仕事をしている環境がどのような種類かを私たちはどのように知ることができるのか？　摩擦がどこまで驚きを生み，私たちがどの程度まで自分たちの初期の計画を信用できるのかをどのように知ることができるのか？

　クネビンフレームワーク[†1]を通じて，私たちはこのジレンマを明らかにし，こ
れらの質問に回答し始めることができる．クネビンフレームワークを適用するこ
とで，私たちは自分たちの環境を判定し，直面している問題の対処に最も適した
アプローチを決めることができる．

クネビンモデル：自分の状況を認識する

　デイブ・スノーデン（Dave Snowden）は，IBM が自社の知的資本を管理す
る助けとなるように 1999 年にクネビンフレームワークを開発した．クネビンと
は，自分のドメインを確立するために役立つ意味づけのフレームワークであり，
それによりあなたは自分自身の環境に応じた適切な戦略を決断することができ
る．正しく行動する方法は，あなたのドメイン次第で変わる．
　クネビンは，「住まい (habitat)」あるいは「場所」を意味するウェールズの言
葉であるが，「複数の帰属 (belongings) の場所」という意味もある．この言葉
は，自分の現在のあり様に影響を及ぼした多くの異なる過去にあなたが根差して
いるものの，自分自身ではそれらの過去を決して完全に認識できないことを反映

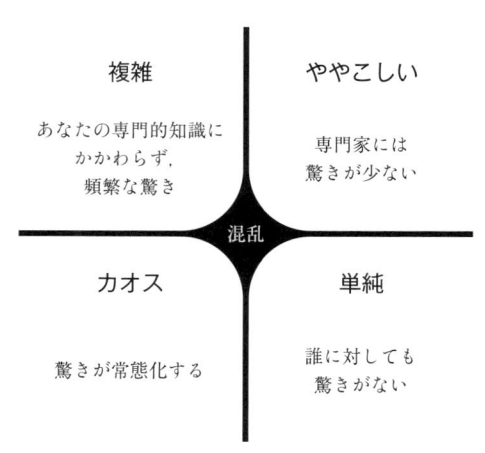

**図 2.1　クネビンの五つのドメイン．あなたの計画，行動，そして結果の予見性に摩擦がどの
　　程度影響するかが驚きの量で表されている**

[†1]　「クネビン」以外に，「カネビン」や「カネヴィン」という訳語を用いる書籍や記事もある．

している．デイブ・スノーデンが，この名前を選んだのは，クネビンの意味が複雑系に似ているからだ．

クネビンモデルは，「ドメイン」と呼ばれる意思決定の文脈を提供する．これらのドメインは，単純 (Clear)，ややこしい (Complicated)，複雑 (Complex)，カオス (Chaotic)，そして混乱 (Confusion) であり，すべて「C」という文字で始まる（図 2.1）．あなたが仕事をしている環境の種類を認識するということは，摩擦がどの程度まで役割を果たすのかを理解するとともに，この認識が行動の正しい道筋を決める助けになるということを意味する．

クネビンのドメインは，意味づけモデルを提供する．クネビンは，あなたが自分の現在の状況を理解し，認識できるようにすることで，自分の環境に対して最も効果的なアプローチを見つけられるようにする．あなたが経験する摩擦は，結果として現れる驚き——あなたが考慮すべき新たな情報をもたらす——の頻度とも相まって，従うべき最善のアプローチを決めるものである．

さまざまな異なるドメインおよび各ドメインにおいて摩擦が担う役割を見ていこう．

単純ドメイン：摩擦がなく，驚きもない

単純ドメインで行動しているときには，反応する最善の方法は明らかである．原因と結果は，誰でも予測し，知ることができて，認識するのにどのような専門性も必要ない．摩擦がないので，先立つ霧も憶測の霧も問題にならない．知識にも，狙いにも，効果にもギャップがなく，その結果として驚きもない．

単純ドメインでは，開始前に知るべきあらゆることを知り，入手できる情報に基づいて行動の最善の進路を決めることができる．あなたが知っていることに基づいて，知り，予測するだけのことである．従うべき意思決定モデルは，「感知し–分類し–反応する」である．

私たちは，○×ゲームを考えることで，その意思決定モデルを説明することができる．○×ゲームでは，あなたはその状況を**感知する**ことができ，起きていることを**分類する**ことができ，そして**反応する**最善の方法は明らかで，明確な専門性は必要ない．あなたは，この状況下でプレイしうるすべての展開を認識し，どの瞬間にも行いうる最善手を知っている．これは，○×ゲームがほとんどの人々にとってすぐに退屈になる理由でもある．二人のプレイヤーがそのゲームを理解

しているときは，誰も勝ちも負けもできず，それは常に引き分けで終わる．

ややこしいドメイン：限られた摩擦と少数の驚き

ややこしいドメインでは，原因と結果の間に関係があるが，その関係は自明ではなく，専門性が必要になる．限られた摩擦があり，知識，狙い，そして効果のギャップは小さいということを意味する．摩擦やその結果となる驚きへの対処は明らかではなく，専門性が必要になる．先立つ霧と憶測の霧は存在するが，十分な専門性があれば，行動の良い進路を系統的に識別できる．ややこしいドメインでは専門家が活躍し，そしてそれらの専門家は，分析や専門性を用いて良い解答に至ることができる．従うべき意思決定モデルは，「感知し−分析し−反応する」である．

チェスのゲームは，ややこしいドメインに分類される．あなたは，行動の最善の進路を判断することができないが，対局相手の手を予測することにより，行動すべき方向性を判断することができる．あなたはその状況を感知することができ，それを適切な専門性で分析することができ，そして反応する良いやり方を判断することができる．ややこしいドメインでは，あなたが知っていることに基づいて知ることや予測することで間に合うことが多い―単純ドメインとの違いは，専門家が必要になり，誰にでも良い解答が明らかではないということである．

複雑なドメイン：摩擦が大きく，頻繁な驚き

複雑なドメインでは，原因と結果の間の関係は，事後的にのみ決定でき，予測できず，創発的な結果を伴う．摩擦の量は多く，私たちは知識，狙い，そして効果において大きなギャップに対峙することになる．私たちは，自分たちの専門性のレベルにかかわらず，それらの到来が見えない多くの驚きに対処しなければならない．それらの驚きは，事後的にしか見つからず，対処できない．

複雑な仕事を行うときは，専門性のレベルにかかわらず，誰であっても，自分の計画の必要なすべてのステップをリストアップするのは不可能である．複数の専門家が行動の最善の進路に対するアドバイスを提供するときには，それらの専門家はお互いに意見が食い違い，異なる観点をもたらすことが多い．

複雑なドメインに分類される問題に対して良い解決策を見つけるためには，新奇なアプローチが必要になる．専門性が十分でも，摩擦を著しく減らすことは不

可能である．存在するギャップを発見するために，実験的なアプローチが求められる．物事を試すことで，起きていることについてさらに学ぶことができる．従うべき意思決定モデルは，「探り－感知し－反応する」である．

　ポーカーゲームは，複雑なドメインに分類される．カードや参加プレイヤーなど，他のものすべてが同じでも，あなたのボディーランゲージや，あなたと他の人たちの賭け方によって，他のプレーヤーの反応が変わる．ゲームを開始する前に確固とした計画や戦略を立てようにも，情報も理解も不足している．

　最善の行動は，ゲーム中にあなたが見つけ，学んだことによって明らかになる．実行し，あなたの選択がどのように展開するかを学ぶことで，最善の戦略が浮かび上がる．状況を調査し，何が起きたかを事後的に感知し，それから思いつく適切なプラクティスとともに反応しなければならない．複雑なドメインでは，知っていることから，あなたが知らないことを見つけること，および自分が学んだことに基づいて反応することへと焦点が移る．

カオスドメイン：圧倒的な摩擦，驚きが定常化する状態

　カオスドメインでは，原因と結果の間の関係は不明確であり，何が起こるかを予測するのは不可能である．圧倒的な摩擦があり，それが驚きが定常化する状態を引き起こし，そしてそれが原因と結果の関係を不明確にする．私たちは，カオスドメインに行き着くことが多い．というのは，私たちは危機的な状況にいるからである．反応する最善の方法は，行動することである．従うべき意思決定モデルは，「行動し－感知し－反応する」である．

　カオスドメインに分類される問題の良い事例は，2008 年の金融危機である．誰も何が待ち受けるかが分からず，予測することは不可能だった．カオスの環境では，私たちは，差し迫っており，重要だと信じることに基づいて行動することを試みるべきである．その後，私たちは自分たちの行動の結果を感知し，新奇なプラクティスを開発することで反応する．カオスドメインにいるときには，私たちは，その状況を安定させ，もっと予測できるドメインに移行するという意図をもってすばやく行動しなければならない．

混乱ドメイン：摩擦の量が不明で，驚きの量も不明

　混乱ドメインにいると，あなたは四つのドメインのどれが当てはまるかが分か

らなくなる．混乱ドメインは，クネビンフレームワークの他のすべてのドメイン
と隣接している．混乱ドメインにいる場合，私たちは，摩擦がどの程度の役割を
果たすのかが分からない．混乱の領域にいることのリスクは，私たちが，自分た
ちの状況に最善のアプローチを選ぶのではなく，個人的な好みに基づいて反応し
がちであることである．

　私たちが混乱ドメインにいるときには，一歩後退して熟考し，そしてどのドメ
インが最もあてはまりそうかを突き止めるべきである．私たちは，状況に応じて
行動し，摩擦が自分たちの計画，行動，結果に与える影響の仕方に基づいて適切
な戦略を決めるべきである．従うべき最も適切な戦略は，摩擦が私たちの計画，
行動，そして結果をどの程度壊すかを知ることによって見えてくる．

ソフトウェアプロダクトの構築は，複雑なことが多い

　第 1 章の冒頭でのフリーラント島の話を覚えているだろうか？　私は，その
話を複雑なドメインで自分の道を探す話として，こっそりと前に置いたのであ
る．それでも，さらに吟味すると，その話は複雑なドメインの本当に良い例だっ
たのだろうか？

　私の「置き去り」グループの全員がフリーラント島で育ち，周囲にすごくなじ
みがあったのだと想像してみよう．私たちは，同じ種類の問題に直面しただろう
か，そして自分たちの帰り道を探すことが同じぐらい大変だっただろうか？　い
や，自分たちの目的地に到着することは全然難しくなかっただろう．農場の家に
帰りつくのは，公園での散歩のようなものだっただろう．

　農場の家の私たちのキャンプに帰る道を探すということは，複雑なように思え
るが，実際にはややこしい問題であった．私たちは，自分たちのグループ内に適
切な専門性がなかったので，決定的な計画をつくれなかった．私たちが出会った
すべての驚きは，自分たちの知識と専門性にほとんど関係するものだった．私た
ちのグループが，フリーラント島の住民がもつような適切な専門性をもっていれ
ば，島のどこであろうと，私たちが置き去りにされた瞬間からのほぼすべての歩
みを予測することが可能だっただろう．そのようなグループであれば，キャンプ
に戻るまでの最善のコースを即座に作図できただろう．

　しかしながら，本書の平均的な読者に，農場の写真を見せた後にフリーラント
島の暗闇の中に置き去りにしたら，まさに私が子どものときに苦労したように，

そこにたどり着くのに苦労するだろう．私たちに専門性が足りないときには，ややこしい問題は複雑な問題のように見える．私たちは，多くの驚きに出会うだろうが，それらは実際の状況によるものというよりも，自分たちのその状況の理解によるものが大きい．クネビンフレームワークを使って仕事をするときには，自分たちの状況を観察する際に私たちがもつ専門性が，その状況から私たちが導き出す結論に影響を及ぼすことを理解することが大事である．

　自分たちの状況について間違った結論を出すと，私たちは間違ったアプローチを選んでしまう．間違ったアプローチを選ぶと，私たちはその状況に効果的に対処するのに苦労する．仮に私たちのグループに数名のフリーラント島の人を加えた後の状況を想像すると，そのグループ全員は家までの道を探す最善の方法に対してまったく異なる観点をもつ．これは，私たちが複雑な問題に直面しているのと似た意味になる．自分たちのグループが適切な専門性をもち合わせていても，私たちは帰り道を探す良い方法に合意できないのである．

　ソフトウェアプロダクトを作成し，発展させ，そして送り出すためには，多くの異なる部門が一緒に働く必要がある．あなたのプロダクトを世に出すために必要な仕事のすべてが，特にそれがエンジニアリング以外の部門を含んでいるとしても，複雑なわけではない．仕事の性質に応じて適切なアプローチを選ぶことが重要である．それをさらに難しくするのは，あなたの状況が変化しうるということ，そしてあなたが行うことすべてが同じドメインに属すのではないということである．

　プロダクトを構築することにおいて，多くの異なる専門化を行い，異なる専門性をもつ人々が一緒に働く必要があるので，あらゆることが複雑ではないだろうということを心に留めてほしい．それでは，異なるドメインをそれぞれ取り上げて，それらのドメインでどのような種類の計画策定アプローチが成功したり，あるいは問題を招くかを見ていこう．

驚きが多いほど，私たちの計画はより謙虚であるべきである

　驚きが多いと予期できればできるほど，仕事を開始する前において私たちの計画はより謙虚であるべきである．謙虚な計画は，開始する前に私たちがどれほど知らないかを認める．自分たちの状況について，より良く理解し，より多くの情報を得るにつれて，私たちは，自分たちの自信や理解の高まりのレベルを反映す

るように計画を調整し見直す．クネビンのさまざまなドメインでは，私たちの計画策定のアプローチはどのようなものになるべきか？

　単純なドメインでは，あなたは知るべきすべてのことを知っており，適切な意思決定を行うための専門的な知識は必要ない．先立つ霧や憶測の霧を引き起こす摩擦がない．行動の正しい進路は明らかである．あなたは，成功に必要なすべての歩みを綿密に計画することができ，驚きを食らわないだろう．私の経験では，あなたがソフトウェアプロダクトを開発しているときに単純なドメインにいることはまれである．

　ややこしいドメインでは，専門家のみが最善の計画を作成するのに必要な知識と専門性を有する．図 2.2 は，ややこしいドメインで働く状況を図に表したものである．

　ややこしいドメインでは，知っていることの方が知らないことよりも多い．先立つ霧を生み出す，限られた摩擦があるが，適切な専門性がそれを救済する助けになりえ，そして専門家による十分な分析が，あなたが憶測の霧で煩わされることを防ぐ助けになりうる．適切なレベルの専門性と準備が，あなたが直面している霧を克服する助けになりうる．専門家は，自分たちが以前見たパターンを思い出し，自分たちの経験および専門性に基づいて，確かな計画で示せるような行動の良い進路を決めることができる．

　専門家に自信がある計画を作成してもらおう（図 2.3）．仕事を開始する前に，専門家に広範な調査，分析，予測，そして計画策定を行ってもらおう．開始前にあなたが知らないことは減るだろうし，いったん仕事を始めても専門家がその到来を見通せなかった驚きが少ないと期待できる．

　複雑なドメインで仕事を行うということは，あなたが大量の摩擦を経験することになるということだ．あなたは，自分が望むほど知らないし，それが知識のギャップをもたらし，あなたの計画は不完全になる．人々は，期待したとおり，あるいはいわれたようには振る舞わず，狙いのギャップを生む．効果のギャップもあり，望んだ結果を生み出すようにあなたの行動を調整しなければ，行動は望んだ結果を生み出さないということになる．

　図 2.4 は，複雑なドメインにおいて働くことを図で表している．

　このドメインで働くということは，知っていることよりも知らないことの方が多いことを意味している．あなたが何を行い，どれほどの専門性をもとうとも，

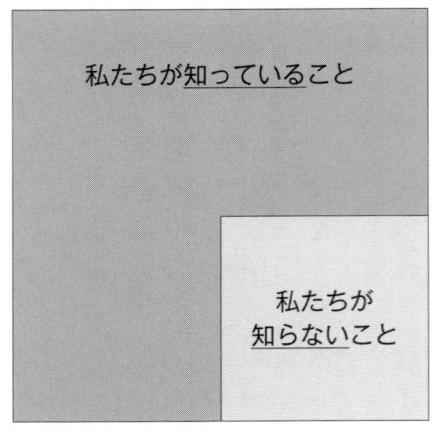

図 2.2　ややこしいドメインでは，知っていることの方が知らないことよりも多い

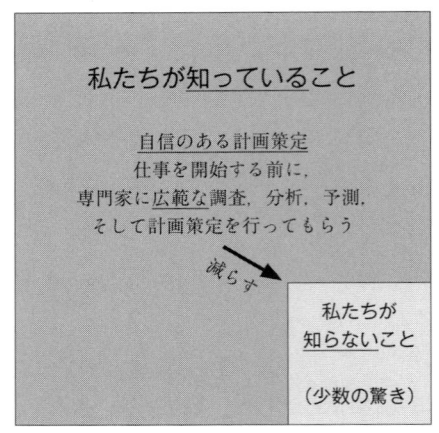

図 2.3　ややこしいドメインでは，知っていることの方が知らないことよりも多く，知らないことのほとんどは適切な専門性と開始前に十分な分析を行うことで見つけたり，減らしたりできる

しばしば驚かされることになる．

　あなたが，複雑なドメインにおいて，ややこしいドメインと同じアプローチに従うことにすると想定してみよう（図 2.5）．あなたが，複雑なドメインにおいてややこしいアプローチに従おうとするとき，専門家はその状況を自分たちが実際に理解しているよりも，より良く理解していると信じているので，誤った意見をいってくるであろう．先立つ霧を認め損ねることで，あなたは憶測の霧で苦しむ．専門家は，自分たちが実際に知っているよりも，多く知っていると信じているので，あなたの計画に雑音と憶測を注入してあなたの選択肢を制限するかもしれない．その結果，あなたの計画は，現実とはよりかけ離れて，あなたの想像に根差したものになる．より多くの時間を予測，準備，計画策定に費やすが，状況を悪化させるだけである．

　本章は，「発見の最大の障害は，無知ではない—知識の幻想なのだ」というダニエル・J・ブーアスティン（Daniel J. Boorstin）の引用で始まった．複雑なドメインにおいてあなたが実際に知っていることを過大に評価すると，あなたが知らないことを見つけて，学ぶことがさらに難しくなる．というのは，憶測の霧があなたを惑わすからである．

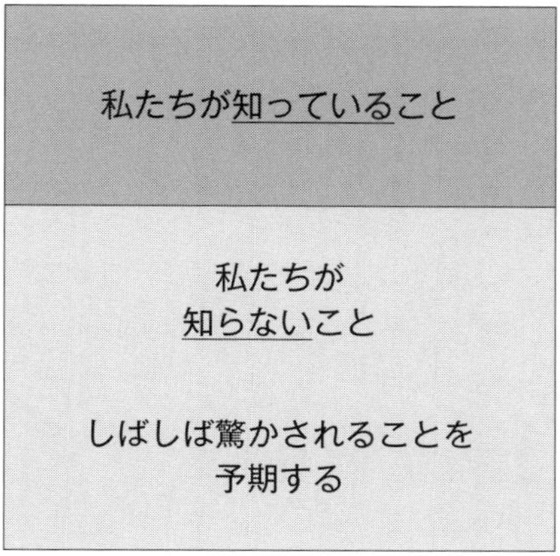

図 2.4　複雑なドメインでは，知らないことの方が知っていることよりも多い

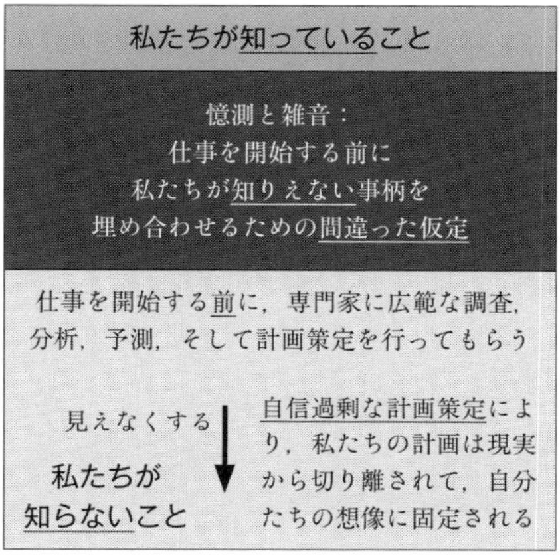

図 2.5　複雑なドメインでは，知らないことの方が知っていることよりも多い．仕事を開始する前に，広範な調査，分析，予測，そして計画策定を専門家に行ってもらうと，あなたは自分の計画に憶測と雑音を注入するだろう

複雑な仕事には謙虚な計画が必要

　複雑なドメインにおいて，あなたは，謙虚な計画から始めなければならない（図 2.6）．謙虚な計画は，その仕事を行う前にあなたが知っていることがどれほど少ないかを認め，予期しないことに対処するための十分な余地を残す．あなたは，自分が実際に直面しているものについてさらなる情報をもたらす，多くの驚きに出会うことを予期できる．謙虚な計画策定は，あなたが計画策定を行うべきではないという意味ではない．それは，あなたが後でより多くの計画策定を行うべきことを意味する．後というのは，その仕事を行う間に必要なことをあなたが見つけ，学んだときである．あなたが知らないことが減るのは，自分が見つけ，学んだことに基づいて計画を検査し，適応すべきときになってからである．

　このように働くことで，あなたは自分の計画に雑音や憶測を注入せずにすむ．フリーラント島の話のように，あなたは，まだ完全な計画を作成するのに十分な情報がないことを認める．あなたがとるすべての歩みは，自分が知らないことの割合を減らす．あなたがとるすべての歩みは，道筋を形づくるために役立つ．

　ここで，あなたは，ややこしいドメインでも謙虚な計画策定を行わないのはな

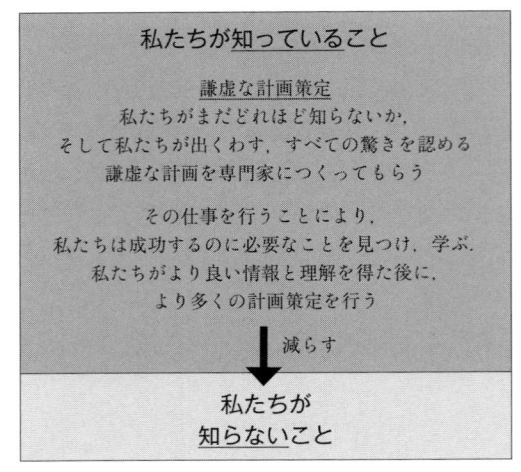

図 2.6　複雑なドメインでは，知らないことの方が知っていることよりも多い．あなたがどれ
ほどまだ知らないかを認める謙虚な計画を作成しよう．その仕事を行うにつれて，あな
たが知らないことは減るだろう．成功するのに必要なことをより多く見つけ，学ぶにつ
れてあなたの計画を更新しよう

ぜだろうと考えているかもしれない．ややこしいドメインで複雑なアプローチに
従うことにした場合，あなたは，摩擦を減らすために専門家の果たしうる役割を
過小評価してしまい，結果として，摩擦に効果的に対処できなくなる．あなた
は，実際にはできるのに，行動の正しい進路が予測できないと信じるかもしれな
い．フリーラント島の「置き去り」の話が良い例である．私たちが専門家——フ
リーラント島をよく知っている人たち——を加えていたら，私たちはきっと農場の
家に一番早く到着していただろう．

　組織に，謙虚な計画策定を行うことを説得するのは難しい．というのは，謙虚
な計画がみんなを不快にするからである．謙虚な計画は，私たちが知っているこ
とがどれほど少ないかを認める．私たちは，あらかじめ知っていることが好きで
あり，謙虚な計画は開始前に私たちがまだ知らない多くのことを痛いほどさらけ
出す．謙虚な計画策定では，私たちは自分たちが予見できることを超えて入念な
計画を作成しない．このことで計画が怠惰で弱いものに見えてしまうかもしれな
いことが大きな課題である．実際には，それらの計画の強みは，その状況の理解
が進むにつれて，それらの計画がより強力になることなのである．謙虚な計画
は，私たちがどれほど知らないかと，何をまだ理解しなければならないのかとい

うことを正確に内省させてくれる．

　それでは，これを自信に満ちた計画策定と対比しよう．この種の計画策定では，私たちの計画は輝かしく思え，上役は私たちがそれらに多くの努力を投じたことを見ることができる．結果として，上役は気が緩み，自信を感じるだろう．私たちの計画が，素晴らしく見えるのは，私たちが非常に多くの労力を投じ，自分たちが行っているであろうことを分かっていなければならないという幻想をつくったからである．

　複雑な仕事の不幸な現実は，その仕事を始める前に自分たちが行わなければならないことのほとんどを私たちが知らないということである．私たちの念入りな計画は，輝いているように見える机上の勝利であり，実際はくわせもので，あらゆることを遅らせてしまうだけである．私たちのリーダーは，それらの計画の心地よさを好む．たとえ輝かしい計画が統制されているという幻想を与えるだけものであり，成功するために行わねばならないことを私たちがまだ知らないということが現実であったとしても，である．

狂気の計画策定サイクル：私たちの計画策定が，自分たちの計画で成功する能力にどのように影響するか

　会社での統制の幻想に対する願望は，スクラムチームが狂気の計画策定サイクルをぐるぐると回る結果をもたらすことが多い．最大の問題の一つは，その仕事を行うチームは自分たちが複雑なドメインに対処していると分かっているのに，リーダーシップチームは自分たちが行っている仕事がややこしいものだと信じることが多いことである．その仕事の性質に対する観点の違いが解決されないかぎり，双方の側に不満をもたらす．というのは，私たちは繰り返し狂気の計画策定サイクルをぐるぐると回る羽目になるからだ（図2.7）．

　狂気の計画策定サイクルは，私たちが複雑性に直面したときに自信過剰な計画を作成するということに根差している．狂気の計画策定サイクルは，以下のように回り始める．

- ●私たちは，自分たちのロードマップ，計画，そしてタイムラインの達成に失敗する．リーダーシップチームは，腹を立てて，計画策定でもっと良い仕事をするように人々に告げる．自分たちの仕事がいつ終了するのかを専門家が

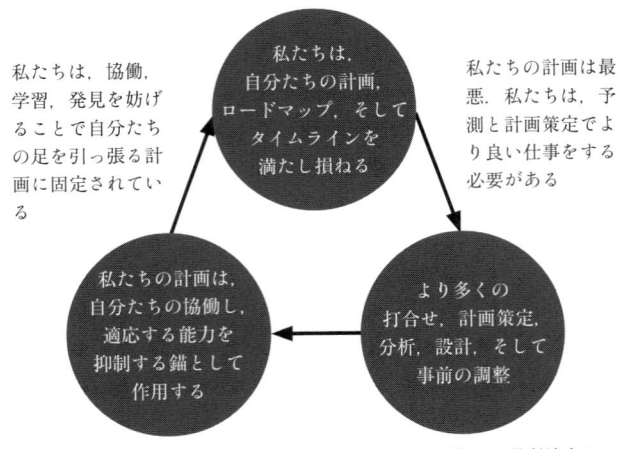

私たちは，雑音と憶測を注入することで自分たちの計画を過剰適合させる．私たちの計画は，現実からかけ離れ，自分たちの想像力に根差すものになる

図 2.7　複雑な仕事をするとき，計画策定のやり方が，自分たちの計画を実現し，計画を守る自分たちの能力に影響を及ぼす．仕事を始める前の計画策定が多いほど，計画がより悪いものになるだけである

　　予測と計画策定できないのであれば，なぜ専門家を雇うためにそれほど多くの金を支払うのか？　計画策定ができないことは，無能と見なされる．その仕事を始める前により多くの時間を計画策定，分析，準備，そして設計に費やすように全員に強要する．

- それらすべての打合せと計画策定セッションの結果として，私たちは自分たちの計画を悪化させる．私たちは，自分たちの計画を過剰適合させ，雑音と憶測を注入する．私たちの計画は，現実からかけ離れ，自分たちの想像力に根差すものになる．私たちは，先立つ霧と憶測の霧の両方に悩まされる．

- 私たちの念入りな計画は，自分たち自身がもつ協働し，適応する能力を抑制する錨として作用する．私たちは，頻繁に驚きに出会い，そしてそれらに対処することが難しいことが分かる．というのは，協働し，適応する能力を抑制する錨として作用する自分たちの計画に私たちは絡めとられているからである．

　　狂気の計画策定サイクルは，自分たちのドメインに応じた適切なアプローチを

選ぶことが重要な理由を説明する．自信過剰な計画は，私たちを失敗へと導き，狂気の計画策定サイクルを繰り返し巡っていくリスクに私たちをさらす．私たちが複雑な仕事をするとき，私たちは謙虚な計画から始めなければならない．つまり仕事を進めた後で，より多くの計画策定をするのである．私たちは，より多くの情報とより良い理解を得たときに自分たちの計画により多くの努力を投じるべきである．その仕事を行う間に，私たちは驚きに出会い，成功するために必要なことを見つける．

　狂気の計画策定サイクルを克服するためには，自分たちが今行っていることが分からないことと，自分たちが将来行っているだろうことが分からないこととの違いを自分たちのリーダーに説明することが大事である．私たちのリーダーは，この二つをごちゃまぜにすることが多い．これは，ややこしいドメインでは，自分たちが将来行っているだろうことが分からないことが，今行っていることが分からないこと，そして専門性が不十分なことをも意味するからである．しかしながら，複雑なドメインでは，自分たちが将来行っているだろうことが分からないことは，あなたの専門性が不十分なことを必ずしも意味しない．複雑なドメインで私たちが予測できないことは，自分たちの開発し，提供する能力とはあまり関係がない．

　複雑な仕事をするときに，気にすべきことは，驚きと予期しないことに対処する能力であり，完璧な計画がないことではない．スクラムを選択することは，私たちが複雑なドメインで主として働いていることを暗黙的に意味している．というのは，スクラムは複雑な問題を解決するためのフレームワークであるからだ．私たちは，第 5 章でスクラムが複雑なドメインにぴったりと適している理由を探究する．スクラムは，その仕事を行うことで自分たちが見つけ，学ぶことに基づいて，計画と行動が創発することを助ける仕事のやり方を支援する．

　さて，間違いがない計画，完全な行動，そして理想的な結果を妨げる驚きと摩擦を引き起こすような種類の環境を識別できるようになったところで，複雑なドメインに現れる摩擦に対する最善の対処として行えることについて話そう．私たちは，謙虚な計画の威力を探究してきた．しかし，仕事を実行する人々がそれらの謙虚な計画を調整し，適応させることができるようにするために，それらの人々に私たちはどのように委任すればいいのだろうか？

　この質問が，次章の主題である．

重要な学び

- 自分が活動しているドメインに対し間違った意思決定モデルを適用することは，あなたが自分自身を積極的に損なうことになる．
- あなたが，適切な専門性を伴っていても，予測ができず，原因と結果は事後的にのみ決められるとき，あなたは複雑なドメインにおり，おそらく頻繁な驚きを伴う多量の摩擦を経験している．
- 複雑なドメインでは，あなたは事前に何がうまくいくかを知ることができず，むしろその場で見出すプラクティスを用いて事を進めて行きながら道筋を見つけなければならない．
- スクラムを行うという決断は，あなたが複雑なドメインで（ほぼ）活動しているという暗黙的な判断とともに行われる．
- あなたが複雑な仕事を行うとき，開始前に自分が知らないことがどれほど多いかを認識し，謙虚な計画で始めなければならない．あなたは，驚きに出会い，自分が知らないことを発見することでもたらされる，より良い理解を得たときに，より多くの時間を計画策定に費やすべきである．

第 3 章

意図をもってリードすることで摩擦に立ち向かう

> 「将校がその状況の自分自身のとらえ方に基づいて行動しなければならない状況は
> 多様である．指令が与えられないときに，彼が指令を待たねばならないならば，
> それは間違っている．そうではなく，彼が自分の上級の司令官の意図の枠組みの
> なかで行動するとき，その行動は最も生産的である」
>
> —ヘルムート・フォン・モルトケ（大モルトケ）

　前章で，摩擦がなぜ重要なのか，不確実性と複雑性に対する通常の反応が効果
的ではない類の状況をどのように認識できるかを網羅的に検討した．私たちは，
今や驚きを引き起こすうえでの摩擦の役割と，それが自分たちの意思決定にど
のように影響を及ぼすかを理解している．素晴らしい！　私たちは，今や自分たち
の状況の意味を理解するための，自由に使える道具をもっているが，そうなので
あれば，私たちは摩擦と，摩擦が自分たちの道に投じる，抗しがたい不意の驚き
にどのようにして最善の対処を行うことができるのか？

　私たちは，すでに複雑な仕事を行うときに自信過剰な計画を作成するのではな
く，謙虚な計画策定をすることの重要性を探究した．また，自分たちの計画がど
のように先立つ霧を認め，憶測の霧の導入を防ぐのかを考察してきた．私たち
は，後でより多くの計画策定を行うべきである．というのは，後であれば，より
良く理解し，自由に使える情報をより多くもっているであろうからである．

　謙虚な計画は，成功するためにはあまりにお粗末であり，私たちがさらに多く
のことを見つけ，学ぶにつれて適応させていかなければならない．私たちはそれ
をどのように行えるのだろうか？　チームにどのように委任すれば，望まれる結
果を生み出すために，チームが自らの計画を調整し，行動を変えることができる
のか？

　この質問に答えるために，軍隊が摩擦や不確実性にどのように対処したのかを

より良く理解するために，軍隊の戦闘の歴史に立ち戻る．私たちは，イエナ-アウエルシュタットの戦いでのフランス軍に対する壊滅的な敗北後のドイツ軍の変革から重要な教訓を引き出すことができる．私たちは，ソフトウェアプロダクトをより良く開発する方法の理解を深めるために，これらの戦場での学びを最終的に活用できる．

計画に従うことの悲劇と，その結果を受けたプロイセン軍とドイツ軍の変革

　プロイセン軍を打ち破った 1806 年のフランス軍は，主に最低限の訓練を受けた市民の徴集兵で構成されていた．軍隊の最高レベルでは，フランス軍の司令官が自分自身の主導権で行動することを期待した．その結果として，次々と行われるすばやい意思決定と行動がプロイセン軍を圧倒し，麻痺させたのである．プロイセン軍は，計画と指示のすべてが頭に詰め込まれており，適切に対応することは不可能だった．その結果，すべての主導権がフランス軍に残り，そしてプロイセン軍のすべての意思決定と行動は遅れることになった．

　準備不足で，数的劣勢で，装備が不十分なフランス軍が，プロイセン軍を壊滅させた．圧倒的な敗戦は，プロイセン軍を震撼させた．というのは，プロイセン軍のおおよそ 3 名の死者につきフランス軍の死者は 1 名だけだったからである．その敗戦の結果として，プロイセン軍は即座の改革が必要なことを悟った．

　1808 年のプロイセン軍改革の第 1 歩が，一般徴兵制を導入し，将校の地位を全員に対して開かれたものにしたことだった．昇進は，社会的な地位や経験年数ではなく，実績で決定された．この変更に加えて，プロイセン軍はある異なる種類の将校を昇進させる決断をした．

　服従し，命令を実行することだけが得意な将校ではなく，プロイセン軍は，適切な条件のもとで，命令を無視できる将校を探し，選別することを決めたのだ．将校は，聡明で断固としており，そして少し反抗的な傾向があるように精選された．

　その当時のある高位のプロイセン軍の将軍の次の発言は，このような考え方を完璧に捉えている．「王は，あなたを参謀将校にした．それは，あなたが服従すべきではないときが分かっているはずだからだ」これを裏付ける事例として挙げ

られるのは，1866 年のケーニヒグレーツ（Königgrätz）の戦いの間，二人の将軍が命令に服従せずに前進するという決断をしたことにより，結局勝利を加速したというものだ．慣例では，これらの将軍は自らの行動に対して罰せられただろうが，プロイセン軍では罰せられなかった．

プロイセン軍にとって，リスクをとり，すばやい判断をすることを罰するのではなく，褒賞を与えるような安全な環境をつくることが不可欠だった．戦闘の真っただ中で，人は，途方もないストレス，プレッシャー，そして不確実性のもとにいながら限られた情報に基づいて行動しなければならない．軍隊で，これは戦争の霧と呼ばれている．戦争の霧に直面して，人は間違いを犯す運命にある．とりわけ，より多くの情報と，その状況へのより良い理解を得た後に自分の行動を判断すれば，間違いを犯したと分かるだろう．

プロイセン軍は，間違った判断を罰することが，積極的でチャンスを狙う意思決定や行動をすぐに絶やしてしまうことに気づいた．主導権を握り，すばやくチャンスを狙った意思決定を可能にすることで摩擦に立ち向かうためには，間違いを許容する必要がある．

しかしながら，このアプローチは新たな問題ももたらした．つまり，別々の連隊や部隊があまりに多くのバラバラで整合がとれていない判断を行うと，戦場におけるどのような会戦も大失敗へと転じるかもしれないのである．全員が，より大きな状勢を無視して，自分勝手に行動しかねないのである．戦場で秩序がなく，手に負えず，方向性がバラバラの混乱を生み出すことなく，どのように独立性と機会を活かす余地を認めることができるのか？

訓令戦術（Auftragstaktik）は，有名なプロイセン軍の元帥であるフォン・モルトケ（von Moltke）によって開発された方法を用いており，この問題を解決するうえで重要だと実証されている．

訓令戦術：やみくもに命令に従うのではなく，意図に服従する

フォン・モルトケの重要な洞察は，あなたが自分の部隊に，敵よりも速くより良い判断をさせたいならば，本章の冒頭の引用で示されたように，それらの部隊は行動する前に完全な情報や指示を決して待つべきではないということである．

常に待ったり，自分たちの行動を制限すると，私たちは，先立つ霧を取り除い

たり，摩擦に効果的に対処できない．先立つ霧に対処し，摩擦により良く対応するために，フォン・モルトケは，行動しないことは許されない間違いであるが，間違った判断や行動は受け入れられるとする文化をつくった．フォン・モルトケが直面した主たる課題は，「凡庸な文化を認めることなく，間違いを許容する文化をどのようにつくるか」ということだった．

　この問題を解決するために非常に重要なことは，与えられた使命の意図―司令官の意図と呼ばれるアイデア―を明示することだけを司令官に許すことであった．司令官の意図は，ある軍事行動の望まれる成果を定めるものである．軍事行動の意図は，その司令官が達成したいこととその理由を説明する．その意図は，複数の部隊に達成すべき共通の目的を与えることにより，それらの部隊を団結させる．例としてイギリス軍の教義では，使命についての司令官の意図を以下のように定めている．

> 意図は，目的と似ている．明確な意図は，部隊の目的をもった活動を引き起こす．その意図は，その司令官が達成したいこととその理由を表し，部隊を団結させる．つまり，それは，意思決定の主要な結果である．それは，効果，目的，そして望まれる成果を用いて通常表現される．

使命についての司令官の意図は，以下の二つの要素で構成される．

- なぜその使命が重要なのか．
- 望まれる成果，あるいは使命の終了状態．

　これらの抽象的な記述をもう少し具体化するために，以下の第二次世界大戦のノルマンディー上陸作戦に対する司令官の意図を見てみよう．

> 地上侵攻部隊が内陸に侵攻できるように，重要な橋，道路の合流地点，そしてその他のノルマンディーの地点を確保する．

　この場合の司令官の意図は，望まれる成果（what）―重要な橋，道路の合流地点，そしてその他のノルマンディーの地点を確保する―と，理由（why）―地

上侵攻部隊が内陸に侵攻できるよう―の両方を含んでいる．使命の**理由**と**望まれる成果**を知ることで，状況がどれほど大きく変わったとしても，地上の部隊は，その使命の元々の意図に合致するように行動できる．意図は，明確な目的を提供することで，期待される成果から計画と行動を分離する．地上部隊に意図を提供することで，その部隊は，新たな情報を組み込み，起きていることをさらに学ぶにつれて意図の精神のもとでより良い判断を下すことができる．

　私たちは，摩擦により良く対処し，三つのギャップを制限するために，意図をどのように活用できるのだろうか？

意図でリードすることにより三つのギャップをなくす

　摩擦によって広がった三つのギャップについて私たちの記憶を呼び起こそう．つまり，知識のギャップ，狙いのギャップ，そして効果のギャップである．あなたが見つけ，学んだことに基づいてこれらの三つのギャップを調整しなければ，それらのギャップがあなたの計画と戦略を成功裏に実行することを妨げる．

　知識のギャップがある場合，あなたは，知りたいと思うことよりも，実際に知っていることが少ない．組織のより上位レベルが意図だけを示すように限定することにより，知識のギャップを最小にできる．意図とは，私たちが達成したいことと理由である．その仕事を行う人々が，その意図を達成する計画を作成する責任を担うようになる．

　このように，最もよく知り，最もよい情報をもつ人々が新たな情報を利用できるようになったり，あるいは現実が変わるにつれて，元々の意図に合致するように自分たちの計画を調整することができる．意図と計画とを明確に分離することで，「計画に従うこと」が「計画の目的を達成すること」よりも大事になることも防がれる．

　狙いのギャップの場合において，人々は期待することと異なる振る舞いをする．上位の意図に対してより詳細なタスクを各層で追加し，その結果として作成した計画を上位に対して説明することを許容することで，狙いのギャップに対処できる．あなたがその作成に積極的に関わる計画は，柵越しに自分に投げられるだけの計画よりも，より容易に覚えられ従える．

　あなたがこのように働くとき，その計画は，その仕事に最も近い人々により作

成され，調整される．このアプローチが，将軍たちが居心地のよい—戦場の現実と隔絶した—自分たちの机でつくり出す計画を部隊が実行することを防ぐ．計画ではなく，意図でリードすることにより，あなたは，ゴールの方向に組織全体をそろえるが，その後，そのゴールを満たすための正しい進路を考えることをその仕事を実行する人たちに委ねるのである．意図が計画の策定を導くときに，それはあなたの計画ではなく，**彼らの計画になる**．

　効果のギャップが影響を及ぼし始めると，あなたの行動は期待された結果を生み出さない．それでも，計画の所有権はその仕事を行う人たちにあるので，その意図に向けて方向を変えるように計画を容易に調整できる．その計画と行動が期待された結果を生み出さないならば，元々の意図の範囲内で計画も行動も調整する完全な自由がある．元々の意図が過去のものになることもありうる．その場合には，計画と行動は，元々の意図の範囲を超えてさえ調整されるかもしれない．

　今や，より多くの情報を探したり，より詳しく指定したり，そしてよりきつい統制を課したりするという通常の反応が，望まれた結果を生み出さない理由が明らかになってきているはずである．方法をゴールに縛り付けることが，変化を妨げる．というのは，その方法があなたの目的に到達するためには効果がないかもしれないからである．ゴールと方法をごちゃまぜにすることにより，私たちは，変化を起こす自由を束縛し，その仕事を行う人たちがゴールを達成するための柔軟性を制限してしまう．

　意図を詳しく述べることにトップからの指示を限定することで，その仕事を行い，最も良い情報をもつ人たちは，望まれる成果を達成するための最善の計画と行動を考案する自由を認められる．その後，計画と行動が，現実に否応なく挑まれ，驚きが見つかるにつれても，彼らは，必要な調整をすることができる．

　トップの意図が謙虚な計画を可能にする．というのは，自分たちが達成しようとしていることと，なぜそれが重要かを全員が知っているので，仕事を行う間に，現実が明らかになるにつれて，それらの人たちが謙虚な計画を調整することができるからである．意図を備えることで，その仕事を行う人々自身が，望まれる結果に向けて前進するために，必要に応じて計画と行動を調整することができる．

　意図によりリードすることは，まったく問題ないし，素晴らしいが，どのように実践すればよいのだろうか？　L・デビッド・マルケ（L. David Marquet）艦

長の指揮のもとでの潜水艦 USS *Santa Fe* の心躍る話[†1]が，これを可能にするために あなたがなしうることについての重要な洞察と理解をもたらす．

船を転回する：潜水艦での意図に基づくリーダーシップ

デビッド・マルケは，突然，予期せずに潜水艦 USS *Santa Fe* の艦長に任命された．その潜水艦には，その年に再び兵役につく水兵が 3 名しかおらず，艦長は退職を決めていた．マルケ艦長は，この挑戦に取り組むために選ばれたが，自分がそれをどのようにやってのけるかがすぐに心配になった．

彼が艦長だった前の潜水艦 USS *Olympia* で，彼が潜水艦のすべての頭脳労働と統制を理解するのに 1 年間を要した．その前年に，彼は，*Santa Fe* とは異なるモデルの潜水艦を引き継ぐために熱心に勉強し働いていた．今や，彼には，*Olympia* に対してもっていた時間よりも少ない時間しかなかった．その潜水艦とその乗組員を 6 か月以内に行動できる準備が整うようにするのが彼の仕事だった．

潜水艦 *Santa Fe* は異なるモデルであり，マルケ艦長になじみがないものだったので，彼は，6 か月以内にその潜水艦とその乗組員の準備が整うようにするのは，きわめて難しいだろうということをすぐに理解した．半年では，その潜水艦がどのように動作し，それをどのように運用すべきかに精通するようになるのには決して十分ではない．

その潜水艦の乗船に際して，マルケ艦長は大きな問題に直面した．*Santa Fe* は，所属する艦隊でパフォーマンスが最低だった．その潜水艦は，海軍のもの笑いの種だと考えられていた．乗組員の維持スコアはひどく，それは乗組員の転職率が高いという意味である．*Santa Fe* は，すべての運用演習でも順位はビリであった．

それでも，マルケ艦長が最も心配だったのは準備時間が足りないことだった．慣例では，潜水艦の艦長の仕事は，他の人たちに命令を与えることで，なすべきことを告げることである．乗組員が行わなければならないことについて正確な命令を与えることは，その潜水艦のすべての部分がどのように機能するかが分かっ

[†1]　この心躍る話の出典は，L・デビッド・マルケ『米海軍で屈指の潜水艦艦長による「最強組織」の作り方』（東洋経済新報社，2014）だと思われる．

たときにのみ，成り立ちうることだった．その潜水艦に精通することが，乗組員に正確な命令を与えるために必要である．この必要条件ゆえに，潜水艦の艦長は，その船に習熟するのに少なくとも1年間は必要になる．すべてがどのように連携して機能するかを知る必要があるのだ．

　その潜水艦の乗組員には，すべての訓練とテストに合格し，運用の準備ができていると思われるようになるまで6か月間しかなかった．艦長は，そのような短い期間で新しい潜水艦に精通することはできない．マルケ艦長には，訓練演習の間に自分を開眼させる馬鹿な間違いを犯すまで，この問題を解くための手がかりはなかった．

　潜水艦の乗組員は，原子炉を停止して，船が電気モーターで動作するという演習を行った．その訓練の目的は，原子炉のバックアップを得て，バッテリーが切れる前に可能な限り早く動作させることであった．マルケ艦長は，潜水艦の速度を上げて，バッテリーの消耗を早めることで，乗組員へのプレッシャーを増やしたいと思った．彼は，デッキの将校に速度を上げるように命令し，その将校は航海士にその命令をそのまま実行するように告げた．潜水艦のスピードは変わらず，艦長以外の全員は何が間違っているかを知っていたが，乗組員全員は静まりかえっていた．

　結局，この潜水艦のモデルは，マルケ艦長がなじんでいた前の潜水艦とは違い，電気モーターに一つのスピードしかないことが分かった．艦長は，デッキの将校に彼がモーターには一つのスピードしかないことを知っていたかを尋ねた．彼は，知っていたことを認めた．艦長は，「君は，自分が不可能だと思っていることをなぜ行ったのか？」と尋ねた．その将校は，「艦長がそうするように私に告げたからです」と答えた．

　この間違いで，艦長がその潜水艦のすべてを知らないときに命令を与え，従うという従来の方法が危険なことをマルケ艦長は悟った．さらに，彼は，限られた準備の時間のために，自分が間違いなく，すべてをまだ知らない艦長になるだろうが，それでも正しい命令を与えてその潜水艦の乗組員をリードしなければならないことを知った．

　それでは，USS *Santa Fe* 上での状況を，三つのギャップモデルのレンズを通して検討してみよう．

- 知識のギャップ：艦長は，乗組員に正しい命令を与えられるほどその潜水艦を知らなかった．
- 狙いのギャップ：潜水艦を十分に知らなければ，艦長が乗組員にやってほしいことは可能でなかったり，あるいは艦長が知らない，より良いやり方が存在するかもしれない．
- 効果のギャップ：潜水艦がどのように動作するのかを把握できていなければ，艦長の命令は，期待している結果を生み出さないかもしれない．というのは，艦長は，他の潜水艦での自分の過去の経験に由来する知識を頼りにしているからである．

　起こったことを分析し，よく考えた後に，マルケ艦長は，自分には根本的に異なるアプローチが必要だと決断した．彼は，すべての複雑さと内部構造を理解することなく，自分が潜水艦の指揮をできる仕事のやり方があるだろうかと思案した．彼は，リーダーシップのアプローチを変えることが，乗組員全体の準備を間に合わせるために自分が唯一試せることだと悟った．

　この恥ずかしい体験のゆえに，艦長は，命令を二度と与えないと乗組員に約束をした．彼の部下は，潜水艦がどのように動作するかを彼よりもよく知っていた．彼らが準備に使える短い時間のもとでは，これが自分たちがすべての試験に合格するための唯一の方法であることは全員分かっていた．命令を待つのではなく，彼の乗組員は，「私は，…するつもりであります」と告げ，そのあとに彼らが行うことの説明を続けることで自分たちが行うことをマルケ艦長に告げた．

　乗組員は，即座に適切な意思決定をする責任を担った．というのは，潜水艦がどのように動作するかについて彼らが優れた知識をもっていたからである．マルケ艦長は，彼らに責任と，行うべき最善のことを決める自由を与えた．要するに，彼らは，もはや命令に従うのではなく，リーダーとして行動しているのである．

　他の潜水艦は，乗組員が潜水艦の艦長の命令に従うという，リーダー・フォロワーモデルに従った．マルケ艦長は，USS *Santa Fe* でリーダー・リーダーモデルを実行したが，そこでは乗組員がリードをとり，自分たちが行うつもりのことをリーダーに告げた．

　従来のリーダー・フォロワーモデルではなく，リーダー・リーダーモデルを実

行することで，マルケ艦長は，6か月以内に USS *Santa Fe* を配備への準備ができるようにした．*Santa Fe* は，検査で米国海軍の他のどの潜水艦よりも良い点数をあげた．やがて，*Santa Fe* の乗組員たちは，その艦隊の他のどの潜水艦の同等の立場の人たちよりも多く，リーダーの地位に昇進した．乗組員が自分たちの仕事が機械の従順な歯車でしかないことを超えて広がることを見るにつれて，乗組員の定着率は向上した．

　命令を与えるのではなく，意図でリードすることで，マルケ艦長は，部下に自律性，習熟，そして目的[†2]を与えた．私たちの達成しようとしている成果（what）と理由（why）の意図を理解することにより，不完全な計画，実行の不備，そして予期できない結果に対処することが可能になる．意図が，最善の情報をもつ人々に権限を移し，それらの人たちに実行に対する責任をもってもらうことを可能にする．

　最も良い理解と情報をもつ人たちに意思決定を留めておくことは，最も権威が高い人に情報を行きつ戻りつさせ，彼らの決断を待つことよりもはるかによい．意図でリードすることで，リーダーが無理に統制することなしに，統制された状態であることが可能になる．

　意図を活用することで統制を止めるためには，あなたがどのような種類の成果を達成しようとしているかを理解することが大事である．成果とそれが重要な理由に焦点を合わすことで，その仕事を行う人たちが望まれる結果を達成するために自分たちの計画と行動を調整することが可能になる．意図は，謙虚な計画から始めることを可能とするが，その計画は，あなたが自分の状況をより良く理解するにつれて密かに成長する．

　今，あなたは，摩擦に立ち向かううえでの意図の重要な役割を理解して，意図を含むゴールをもつ主たる理由が摩擦に立ち向かうことだと信じているかもしれない．それは，誤解である．次章で，私たちは，ゴールがどのようにチームワークを推進するか—プロダクトの成功に対する重要な要素—を見ていく．

---

†2　ダニエル・ピンクが著書『モチベーション 3.0—持続する「やる気！」をいかに引き出すか』（講談社，2010）でナレッジワーカーの内発的モチベーションを高める三つの要因として挙げたもの．

重要な学び

- 複雑な仕事のように，大量の摩擦に遭遇したとき，指示にただ従い，後知恵なしに計画を実行するというのはうまくいかない．多くの驚きがあるだろうし，あなたはそれらに対処できる必要がある．
- 意図は，計画とは別に明確な目的を提供することで，期待される成果から計画と行動を分離する．意図は，計画に従うことよりも，計画の目的を果たすことの方をより重要なものにする．
- 計画と行動を命ずるのではなく，元々の意図に沿って，得られた結果次第で，自分たちの計画と行動を調整する自由を人々に認めることが肝心である．その仕事を行う人たちに，元々の意図に沿って意思決定を委任することで，あなたの計画が常に現実に基づくものであり続けるように確実になる．
- 意図は，その仕事を行い，最も良い情報をもつ人々によって謙虚な計画策定が行えるようにする．最小限の計画で出発し，その仕事を行う人々がさらに自信を得て，その状況のより良い理解を育むにつれて，それらの計画は発展し，調整される．

第 4 章

対立するゴールの話

> 「あなたは，全員の考えを統一することはできないが，共通のゴールで全員を一つ
> にまとめることはできる」
>
> ―ジャック・マー

　スクラムチームが機能し，可能な限り価値の高いプロダクトを提供するため
に，ゴールは不可欠である．私たちがスクラムにおけるプロダクトゴールとス
プリントゴールの具体的な役割を探究する前に，1歩下がり，一般的にゴールがな
ぜ重要であるかを議論しよう．ゴールは，摩擦に立ち向かい，驚きに対処し，そ
して謙虚な計画で始めることに役立つだけに留まらない．

　メンバーがいかなる共通のゴールも共有しないときに，チームに何が起きるの
か？　同じチームに，あなたが共通のゴールをもたらすと何が起きるのか？　私
は，自分の個人的な経験に由来するいくつかの話を共有することで，これらすべ
ての質問に答えていく．

なぜ共通のゴールが重要なのか？

　何年も昔の話だが，自分たちのデジタル転換を助けるために私たちを雇った顧
客向けにソフトウェアプロダクトを構築するデジタル支援会社で私は働いてい
た．ある時点で，その会社は自社内で最も価値のあるプロダクトに私を再度割り
当てた．私が加わったスクラムチームは，大きなオランダの小売業の顧客向けに
既存のeコマースプラットホームをまるごと徹底的につくり直さねばならなかっ
た．私たちは，まったく新しいeコマースプラットホームを構築しなければな
らなかった．私は，その展望をとてもわくわくするものだと思った．という
のは，それ以前にそのような大きくて複雑なプロジェクト―そのプロジェクトを成

功させるためには複数の企業に属す複数のチームが一緒に働く必要があった——に従事したことがなかったからであった.

　その新しいプロジェクトで私が仕事を始めた後に, 私の当初のわくわくはすぐに消えた. 私は, すぐに全チームが途方もないストレスと緊張にさいなまれているのに気づいた. 顧客の従業員も含めて, 全員が一生懸命働いているのに, それでもみじめに思えた. 全員が一生懸命に骨を折って働いたのだが, その顧客は, われわれの会社にとても不満だった. 私は, 顧客からの感謝がないことに戸惑った. というのは, 私たちは自分たちができうる最善を尽くしていたからだった. 私は, 自分たちが素晴らしい仕事をしていると信じていた.

　そのプロジェクトに入って数か月後に起きたことが, 私の目を見開かせ, 自分たちの張りつめた関係の背後にある理由を理解させてくれた. 有名なオランダの新聞が, 私たちの顧客のeコマースプラットホームに, あるフィーチャー群がないことでその顧客を笑いものにしたのだった. 私が想像するに, その次に起きたことは, 顧客の組織の上の方にいる誰か偉い人が, 日曜日の朝に新聞の記事を読み, 怒りが爆発し, コーヒーをこぼしそうになったのではないかと思う.

　スクラムチームが, 翌月曜日の朝にオフィスに着いたとき, 私たちはスプリントの中間にいた. リーダーシップチームは, 私たちのデイリースクラムを中断させて, 私たちが取り掛かっていることを止めて, 私たちの計画を全面的に変えなければなければならないと告げた. それは, 私がキャンセルされたスプリントを目撃した初めてのことであり, 唯一のことだった.

　顧客の会社のマネージャーたちは, 大きくてややこしい機能部分を届けるのに私たちにぴったり2か月の期間があると告げた. 私たちが, それが可能かどうか分からないというと, マネージャーたちは, 仕事をどんどん始めて, それをどうにかするんだと私たちに告げた. 私たちはみな, 圧倒され, 自分たちがそれを実現できるかどうかについて糸口がつかめないように感じた. それでも, 私たちはみな, それに最善を尽くし, その原因に責任をもって取り組みたいと思った.

　私たちは, 来る日も来る日もその顧客と運命共同体であった. 私たちは, 依然としてストレスと仕事のプレッシャーにさいなまれていたにもかかわらず, 私たちの緊張は, 魔法のように一夜で消えた. 私たちはみな, 可能な限り懸命に働き, 挑み甲斐のある期限を満たすために日々賢明な意思決定を行った. 最終的に, 私たちは, 依頼された機能の基本版を届けて, 全員がとても喜び, 誇らしく

思った.

　変わったことは少なかったものの, 私たちの関係は好転した. 私たちは, 人も問題も組織上の違いも, そしてストレスレベルも同じままだった.

　一体何が変わったことで, 私たちの仕事の関係における, この大きな違いが生まれたのだろうか？　私たちの当初の仕事での関係を考察して, この質問に回答しよう.

対立するゴールとともに仕事をする

　デジタル支援会社と顧客は, 対立するゴールをもっていた. デジタル支援会社を雇うことを決断したお金を支払う顧客とデジタル支援会社とがどうして異なる目的をもちうるのか, とあなたは思うかもしれない. 私たちはみんな, 顧客が王様だと知っているのではないだろうか？　それでも, プロジェクトへの資金の供給方法は, 顧客を支援する際にあなたがもつ自由を制限しうる. デジタル支援会社のeコマースプロジェクトは, 顧客と固定予算, 固定スコープの契約に合意することで作成された. デジタル支援会社と顧客が, 当初合意し, 調整できないスコープを納品するのと引き換えに, 固定の金額を受け取るというものだった.

　このアプローチの問題は, 顧客とデジタル支援会社の間にすぐに争いをもたらしたことだった. デジタル支援会社は, その契約を可能な限り尊重しようとした. というのは, そのスコープに入っていること以上のことを行うと, デジタル支援会社のポケットからお金が持出しになるからだった. 契約の固定価格に含まれない, いかなる新たなスコープも, その契約に対するデジタル支援会社の潜在的な利益を減らすのだった.

　さらに悪いことに, あなたがすでに知っているように, ソフトウェアを開発する際に私たちは複雑な仕事を行っていることが多い. 固定価格, 固定スコープの契約は, 私たちが達成しようとしていることについての知識や, 理解が最も少ない時点でサインされる. この不確実性に対抗する無駄な試みで, 私たちは, 自分たちが行うだろうことを, 自分たちが出会い, 解決しなければならない, ありうる障害を想像しつつ, 会議室で語ることに多くの日数を費やす. 結果として, 私たちの計画と見積もりは, 憶測の霧が植えつけられることで, さらにひどいものにさえなる.

しかし，契約を尊重することだけが問題になるのではない．デジタル支援会社では，顧客との関係がきわめて大事である．顧客の獲得は，挑み甲斐があり，競争は激しい．デジタル支援会社がその契約を盾にし続けていたら，その柔軟性のなさが大きな摩擦と緊張を引き起こし，顧客を不満にすることが多い．

あなたが，その契約に指定されているすべてを届けても，顧客が不満なときは，その顧客から後に続くプロジェクトをもらえないだろう．これは，不幸なことである．というのは，後に続くプロジェクトで，私たちは，その状況をより良く理解し，見積もりをより高い精度で作成できるからである．さらに後のプロジェクトで，デジタル支援会社は，その顧客，その顧客の状況，そして技術的な状況のより良い理解から利益を得る．通常，それらの将来のプロジェクトから利益の大半が得られるのである．

顧客との関係に長期的な観点を採用することで，契約で定められた条件が，デジタル支援会社によって常に変更できないものではないと見なされるようになる．デジタル支援会社は，その関係を維持し，その顧客を満足させ続けつつ，可能な限り計画を尊重しようとする．その契約を尊重しながら，顧客を喜ばせることは，きわどい綱渡りである．

同時に，顧客は，その契約に含まれていなかったことをスコープに入れようとすることが多いだろう．というのは，顧客はそれらのことが当たり前のことであり，必要だと信じるからである．その主張は，シンプルである．つまり，その顧客は，デジタル支援会社のスタッフがプロであるから雇ったのであり，それらのプロは，これらの重要な詳細を見落とすべきではなかったというものである．結果として，元の契約のスコープ外だったものが拾い上げられることが多い．

要約すると，この種の関係の主たる問題は，私たちが対立するゴールとともに一緒に仕事をしているということである．デジタル支援会社は，顧客を満足させ続けながら，契約を尊重したいと考える．顧客は，契約が価値の提供に沿う範囲で契約を尊重したいと考える．デジタル支援会社は予期しない変更を積極的に避けようとするが，一方で顧客は，新たな学びや理解により提供される価値がより良くなるならば，それらの学びや理解を組み込むことを歓迎し受け入れる．

この例において，一つのことを変えることで，デジタル支援会社と顧客は一緒に効果的に働けるようになる．それは，共通のゴールを導入することである．私たちが 2 か月以内に複雑な機能部分を届けなければならないという事実が，私

たちを一つにまとめ，絆をつくった．それ以外に変わったことはなかった．その他すべての問題はそのまま残っていたが，突如私たちは，みな一緒に塹壕にいて，より大きな同じゴールに向けて働いていた．共通のゴールがチームワークを可能にしたのである．

　ロードマップは，共有されたゴールがないことが直ちに明るみに出る場所であることが多い．多くのチームで対立するゴールをもちつつ，協働する必要があったときに起きたことについての別の話を私に語らせてほしい．

ロードマップ地獄で生き残る

　私は，数百万ドル規模のeコマース会社でプロダクトオーナーとして働いていた．3か月ごとに，私は，自分のロードマップを議論するために1日中会議室で座っていることを強いられていた．そのロードマップには，高いレベルのフィーチャーすべてに対する期限を含まねばならなかった．私たちは，他のチームに対する依存性をすべて図示し，ロードマップ上のすべてのフィーチャーをビジネスケース[†1]で裏づけし，完璧に思えるまで仕上げた．

　より入念なルールや詳細によって良いロードマップが生み出されるのであれば，私たちは明らかにロードマップ作成の名人といえた．そのように注意深く念入りにつくられ，注意深く組織化されたプロセスと素晴らしい計画がそろえば，私たちが傑出した結果を届けただろうと思うかもしれないが，それは思い違いだった．実際には，その反対だった．私が働いたなかでは，この会社はプロダクトの提供が最も下手だった．私たちの会社は，プロイセン軍のようだった．つまり，私たちの計画は，紙上では素晴らしく見えたが，現実に直面するとすぐに瓦解したのだ．

　その会社は，自社のチームをお互いに依存しあうビジネス領域（ドメイン）ごとに分割した．各ドメインにドメインオーナーがおり，それらのドメインオーナーが自分のドメインを個人の領地のように支配した．それらのドメインオーナーにとって，繁栄するビジネス領域をもつことが，その会社の全体的なゴールが成功することよりも大事だった．

[†1]　期待されるビジネス的な成果を記述したもの．

　私たちがロードマップ上で行われた約束を届けるために働くにつれて，私たちは他のチームの助けが必要な局面に出くわした．私たちは，他のドメインのチームの助けを決して得られないだろうから，本能的にまず助けを求めないようになっていた．受け入れられないだろうと分かっている助けを求めるという不必要な欲求不満で自分たち自身を悩ます理由などあるだろうか？

　私たちの依頼が何か月も前に調整され，伝えられていない限り，他のチームは，他の優先事項の方を選んでその依頼を却下するだろう．その会社の中で，他のドメインの誰かを助けないことは，自分自身のドメインを引き立たせたいのであれば，堅実な処置だと思われた．結果として，私のドメインで，私たちは，他のチームの助けなしに生き残るために，自分たちの大半の時間を見苦しい次善策を考えるために費やした．

　こうした非生産的な振る舞いが起きるのは，各ドメインの業績が別々にレビューされているからだった．すべてのドメインは，そのドメインのロードマップに示された結果をどれほど提供できたかで審査される．ドメインをロードマップどおりに提供できないことは，そのドメインに対する大きな問題となり，ドメインオーナーの権力の削減を招きかねなかった．そのため，自分のドメインのロードマップにリスクをもたらすならば，お互いに助け合わないというのが自然な姿勢になった．

　要は，すべてのドメインが，その会社にとって最も価値のあることを無視しつつ，お互いに競い合っていた．ドメインの局所最適化に達することの方が，その会社の全体最適化を達成するよりも重要だった．

　私は，すべてのチームが経験している，その問題を解決するために以下の二つの変更が必要だったと信じている．

- チームは，ビジネス領域ごとに編成されるべきではなく，それらのチームの顧客への価値の提供の仕方により密接に沿うように編成されるべきである．そうすることで，結果として，依存性がより少なくなり，自分たちがもたらす価値をチームがより良く理解するようになる．チームが，このように編成されたのは，その会社の構造が歴史的にこれらのビジネス領域を含んでいたからである．
- チームレベルのロードマップは，すべてのチームが集結できる全体的なロー

ドマップに置き換わるべきである．複数の競合する優先度をもつのではなく，全チームが同じ優先度を共有する．

　競合するドメインの問題を解決することは，リーダーが自分たちの権力を手放す気があれば簡単だろう．ドメイン中心のアプローチを取り除き，全チームが責任をもつ単一のロードマップをつくり出すことにより，対立するゴールはもはや存在しない．チームは，共有された目的を達成するために思いのままに協働するだろう．

　この会社のロードマップ策定の不適切なアプローチにもかかわらず，成功するための努力をしたことで，W・エドワーズ・デミング（W. Edwards Deming）が述べた「悪いシステムは，良い人を毎回負かすだろう」という言葉のもつ意味に対する理解を私は深めた．

　さて，共通のゴールをもたなかったり，あるいは対立するゴールをもつことに付随する問題を理解したところで，共通のゴールがなぜチームワークを可能にするかを語ろうではないか．

共通のゴールでどのようにチームワークが可能になるか？

　チームは，共通のゴールを達成するために一緒に働く個人の集団である．もし個人の集団が共通のゴールを共有しなければ，あなたがもつのは，人々の集団にすぎず，チームではない．共通のゴールに向かって一緒に働くことで，チームワークが可能になり，個人の集団がチームになる．

　共通のゴールがないときに起こることについて，もう一つの具体例がある．以前，私は，オランダのスタートアップでプロダクトオーナーとして 6 か月間バルセロナで働いた．私は，バルセロナで働いている全チームにスクラムを導入した．それ以前に全チームはスクラムを進めていたが，そのアプローチでは経験がないチームが十分な体制をつくれなかったのだ．

　スクラムは，大きく成功し，バルセロナ事業所での結果を受けて，全社に展開された．しかしながら，ある特定のチームでスクラムを機能させられなかった．チームは，複数の環境（C#, PHP, JavaScript）が混ざった中で働く開発者を含んでおり，全員が各々自分の専門分野をもっていた．

すべての個人が，自分たち自身の個別のプロジェクトに従事していた．それらの開発者で唯一共通していたのは，同じ API（アプリケーション・プログラミング・インターフェース）で通信しなければならなかったということであった．私たちがデイリースクラムを行うと，全チームメンバーが自分の個別のプロジェクトについて論じた．というのは，それらのメンバーで共通していることが少なかったからである．一人のチームメンバーが最新の状況を述べていると，ボディーランゲージに基づいて，他のメンバーがボーッとしているのが分かった．結果として，チームワークはまったく生まれず，スクラムは，価値を付け加えない不要なオーバーヘッドになった．スクラムは，共通のゴールなしには機能しない—というのは，チームワークが生まれ得ないからである—そしてスクラムはチームで始まる．

この話は，スクラムが適切に機能するために共通のゴールをもつことがいかに大事であるかを物語る．共通のゴールがなければ，そのメンバーが何かを達成するために一緒に働くというスクラムチームはありえない．共有されたゴールは，チームワークを飛び立たせるものであり，そしてスクラムにおける共通のゴールはスプリントゴールと呼ばれる．

あなたが，サッカーチームのコーチだと想像する．あなたは，チームメンバーにそれぞれ異なるゴール（目標）—ゴールによっては，お互いに対立するものだったり，チームメンバー間で競争を招くものさえある—を与えるとする．そのようなサッカーチームが素晴らしいチームワークを見せることが可能だと思えるだろうか？　もし納得がいかないのなら，素晴らしいチームワークが発揮された場面を考えてみてほしい．素晴らしいチームワークの根底に，共通のゴールがあったはずだ．

本書第Ⅱ部では，チームワークを可能にし，摩擦に効果的に対処するためにゴールが果たす重要な役割を理解することで，第Ⅰ部で論じたことがどのようにスクラムとスプリントゴールの切り離せない一部になっているかを探っていく．また，自分たちの進路で否応なくやってくる摩擦や驚きにスクラムフレームワークが対処することを支えるために，スプリントゴールがどのようにスクラムの心臓を鼓動し続けさせるものであるかも示す．これは，強い主張のように思えるかもしれないが，第Ⅱ部の読後に，それが誇張ではないと確信してもらえることを望む．

重要な学び

- あなたが対立するゴールをもつときに，チームワークは不可能である．あなたは，お互いを異なる方向に引っ張ることになる．
- 対立するゴールではなく，共通のゴールをもつことが，チームの有効性に雲泥の差をつくりうる．部署の間で目的がそろっている度合いで，組織の力学とチームの間の相互作用ががらっと変わりうる．
- 一つのスクラムチームのメンバーが対立するゴールをもつと，スクラムの実装は，うわべだけで中身がなく，その有効性が制限されるようになる．そのチームは，スクラム**チーム**と呼ばれるが，チームが一緒に効果的に仕事をするためには共通のゴールが必要になる．

第 I 部全体の学び

本書の第 I 部を締めくくるために，四つの章の主な学びを以下に要約しよう．

- ソフトウェア開発は，複雑なことが多い．複雑な仕事を行う場合，あなたは著しい量の摩擦に直面し，それらの摩擦が計画を不完全なものにし，実行をしくじらせ，そして結果を予測できなくする．要するに，あなたは，多くの驚きに対処しなければならない．
- 私たちの摩擦に対する通常の反応は不適切であり，さらに多くの摩擦を生み出す．そして，その摩擦が錨として作用して，私たちの進行を妨げ，自分たちが見つけて学んだことに反応する能力を押し殺す．
- 複雑なドメインにおいて，私たちは，自分たちがとるすべてのステップを予測できず，専門性を多く備えていてもこの問題を克服する助けになりえない．自分たちが望む成果は，創発的であり，私たちは通常それを最初から正しくはできない．
- 私たちは，1回に1歩ずつ進まねばならず，そして自分たちのすべての歩みが道筋を形づくる．私たちは，実行と学習を同時に行わなければならない．私たちは，自分たちが確実に知っていることとともに働き，自分たちが知ら

ないことを理解しなければならない．私たちは，自分たちの理解が増すにつれて成長する謙虚な計画で始めなければならない．

● 仕事を行うチームは，意図を備えているときにのみ，望まれる結果を生み出すために自分たちの計画と判断を調整することができる．意図は，達成したい成果と，それが重要な理由で表される．

● 意図を理解しなければ，各チームが行いうるのは，指示に従うことである．自チームの一部ではない他チームに依存することなく，即座に判断することはできない．

● チームワークを発揮するためにはゴールが必要であり，そして共通のゴールをもつことなしに，望まれる結果を達成するために計画や行動をすばやく調整することは不可能である．

スプリントゴールは，スクラムの心臓の鼓動である

　第II部では，スクラムが，複雑な仕事に向けてどのように設計され，「摩擦」と，結果としてわれわれの行く手に現れる「驚き」にどのように対処できるのかを探っていく．スプリントゴールがフレームワークに織り込まれていることでスクラムがどのように驚きに対処したり，謙虚な計画で始めることにぴったりと合うものになっているのか．われわれは，スプリントゴールがなかったり，間違って適用された場合に起きることも検討する．最後に，最も頻繁に実践されているスクラムの二つのスタイルを取り上げて，それらが摩擦に効果的に対応するチームの能力にどのような影響を及ぼすかに踏み込む．

第 5 章

超軽量なスクラムの紹介

「あなたは階段全体を見る必要はない，ただ1段踏み出すだけだ」
　　　　　　　—マリアン・ライト・エーデルマンによる，マーチン・
　　　　　　　ルーサー・キング・ジュニアの言葉

　スプリントゴールを探究する前に，準備を整えるためにスクラムの基礎を説明することがきわめて重要である．スクラムを経験している読者は，本章をおなじみだと感じるはずであるが，本章はあなたがすでに知っていることに新鮮な見かたをもたらすかもしれない．あなたがスクラムになじみがなければ，本章を読んだ後に，スクラムフレームワークを支える不可欠な要素と概念を理解しているはずである．

　ここで注力するのは，ソフトウェアプロダクトを構築するという文脈でスクラムを説明することである．スクラムは，ソフトウェアの世界だけではなく，より広く適用できるが，それは本書の範囲を超えるものだ．本章では，スクラムフレームワークのすべての特色や特徴を網羅しない．というのは，網羅すると混乱を招き，スクラムがどのようなものであるかの核心部分がぼやけてしまうことが多いからである．より明確にするために，スクラムフレームワークのすべての詳細やルールを説明するのではなく，スクラムの真髄にまっすぐに飛び込むことにする．

スクラム：一度に1歩をスプリントする

　第1章のフリーラント島の話を思い出してほしい．そこでは子どもたちのグループが，夜にランダムな場所に置き去りにされて，農場までの帰り道を探さねばならなかった．その話は次の質問に対する回答をもたらす．つまり，自分の帰

り道を探す確実な計画をつくるための情報が足りないときに，あなたは何を行うべきかという質問である．その回答は，本章の冒頭のマーチン・ルーサー・キング・ジュニア（Martin Luther King Jr.）の引用—小さな 1 歩でまず始めて，その時点では全体像が見えないことを心配しない—でおそらく最もよくいい表されている．

　複雑な仕事を行うときに，あなたは，階段全体を見ることができない状況にいる．あなたは，先立つ霧で制限されている．次のことを考えてみよう．指を用いてこのページの場所を押さえつつ，この本を閉じ，そしてカバーの写真を見てみよう．この写真で，あなたは，灯台に向かういくつかの階段を見ることができるが，階段全体ではない．あなたが灯台にたどり着きたいのであれば，すべては階段の 1 段目を昇ることから始まる．歩むべき残りの階段は，あなたが階段を上るにつれて現れてくる．

　スクラムで，私たちはこれらの階段の 1 段をスプリントと呼ぶ．スクラムフレームワークは複雑な仕事において最も輝き，機能する．というのは，私たちは一度に 1 回のスプリントだけ，1 歩だけを計画するからである．スクラムは，スクラムチームが複数回のスプリントを通じて働くことで摩擦に対抗する．すべての仕事が一度に 1 回のスプリントでなされるので，私たちは，否応なく謙虚な計画で始めることになる．

　あなたが大量の摩擦を経験する場面では，入念な計画，詳細な指示，そして過剰な統制は機能しない．完璧な例は，ウィルーヤン・エージリングの，顧客番号を少なくとも 1 桁拡張する課題[†1]—大きな摩擦と多くの驚きをもたらした状況—の話である．チームが遭遇したすべての驚きに対して，変更諮問委員会（CAB）の前でウィルーヤンは，自分たちの計画が失敗した理由を説明し，その計画への変更が必要な理由を正当化しなければならなかった．その状況は，チームが直面するすべての不確実性と未知の事柄が，精緻な長期計画を無用にしてしまうことを，彼が CAB に納得してもらうまで続いた．

　複雑な仕事を行うときは，私たちが何を行おうと，自分たちの計画が失敗すること，自分たちの行動が完全ではなくなること，そして結果が予期したようにならないことを防ぐことはできない．それらのことを私たちは制御できない．複数

---

†1　第 1 章に登場した事例で，「ウィルーヤン・エージリング」は課題に取り組んだ人物の名前である．

スプリント

プロダクト
インクリメント

図 5.1　すべてのスプリントには，プ
ロダクトインクリメントを届け
るという主目的がある

のスプリントにより働くことで，私たち
は，自分たちの計画があまりにもひどい
ものにならないよう歯止めをかけ，そし
て自分たちの好奇心を駆使し，驚きに対
処できる機会を最大にする．スプリント
は，予期せぬこと，始める前に自分たち
が予測できないことに対処するための十
分な余地を私たちに残してくれる．私た
ちは，自分たちが学び，見つけたこと
を，最も理に適うかどうか次第で，即座
に，あるいは将来のスプリントで実装す
ることができる．

　一つのスプリントは，カレンダー上のひと月，あるいはより短い期間であり，
その間にチームが何か価値あるものを構築するために働く．スプリントの目的
は，価値をもたらす動作するソフトウェアの一片—プロダクトインクリメント—
をスクラムチームが届けることである（図 5.1）．

　プロダクトインクリメントの名前に惑わされないようにしよう[2]．それは，現
在まで届けられてきたものすべての総和を含む—現在のスプリントとそれ以前の
すべてのスプリントにおけるすべてである．この考えを具体的にするために，あ
なたのチームが 2 回目のスプリントでプロダクトインクリメントを届けること
を想像しよう．そのプロダクトインクリメントは，1 回目のスプリントで届けら
れたものすべてを含む．

　スプリントを実行し，プロダクトインクリメントをつくり出す以外の多くのこ
とがスクラムにはある．しかし，これがスクラムのもたらす中心的なフィード
バックなのである．スクラムは，終わりを念頭に置いて始まる．あなたがスプリ
ントを始めるときに，あなたは，スプリントの終わりに間に合うように何かがな
ければならないことが分かっている．言い訳はなしだ．あなたは，ドキュメント
あるいは，仕様，要求，自動化されたテストを完成しただけで取り繕うことはで
きない．あなたのソフトウェアがスプリントの最後に動くか，動かないかであ

---

[2]　インクリメントは「増分」を意味するが，実際には「増分」だけではなく，現在までつくったもの
の累積として捉えるべきだということ．

る．あなたが踏み出した 1 歩が，自分のプロダクトで到達したい灯台の正しい方向に自分を連れていくか，いかないかである．

スプリントはすべてのスクラムイベントを含む

　スクラムの主たるイベントは，スプリントである．スプリントは，他のすべてのスクラムイベントを包み込むものである（図 5.2）．他のスクラムイベントは，メインのスプリントループを支えるためにあり，そのループでスクラムチームのすべての仕事がプロダクトインクリメントを届けることになる．

　スプリントプランニングでスプリントが始まる．スクラムチームは，そのスプリントの間に自分たちが達成しようとすることに対する計画を作成する．スクラムチームは，毎日デイリースクラムに参集し，その計画がどのように進行しているかを確認し，翌日の計画を策定する．スプリントレビューで，プロダクトインクリメントがどれくらい価値があり，有用であるかをレビューして調べ，その結果でスクラムチームが次に取り組むべきことが決まる．

　スプリントレトロスペクティブ[†3]は，最後のイベントであり，そこではそのスプリントの間の仕事のやり方全体が詳しく調べられる．仕事のやり方全体とは，

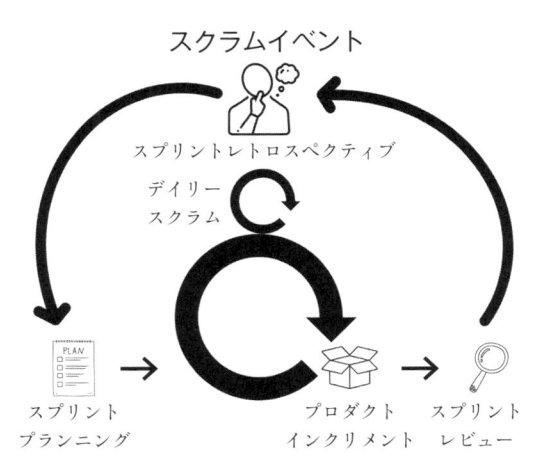

図 5.2　スプリントのループとすべてのスクラムイベント

---

†3　スプリントの振り返りの意味．

個人，相互作用，プロセス，ツールそして「完成の定義[†4] (Definition of Done)」である．スクラムチームは，うまくいったこと，チームが出会った問題，そしてそれらの問題を解決する方法（あるいは解決しないか）を議論する．スプリントレトロスペクティブのゴールは，現在の仕事のやり方を調べ，次のスプリントでチームがより効果的に働けるような改善を見つけることである．

　スクラムにはイベント以外にさらに多くのものがあるが，それらのイベントで，スクラムフレームワークで定義されたすべての行動が実行される．公式のスクラムの定義を調べることで，イベントを超えたスクラムの意味することをさらに掘り下げよう．

分かりやすい言葉でスクラムの定義を言い換える

　スクラムガイドの2020年版では，スクラムを以下のように定義している．

> スクラムとは，複雑な問題に対応する適応型のソリューションを通じて，人々，チーム，組織が価値を生み出すための軽量級フレームワークである[†5]．

　この詰め込まれた文を解きほぐして，分かりやすい言葉で書き換えることで理解しやすいものにしよう．

> スクラムは，価値のあるプロダクトを届けるために必要なことを見つける助けとなる軽量な土台を提供する．スクラムは，あなたに問題を解決するための情報や理解が不足しているときに，それらの問題の解決に役立つ．

　顧客とビジネスに価値を届けることが，スクラムの究極のゴールである．成功するプロダクトは，顧客のニーズを満たしたり，問題を解決したり，あるいはユーザーの人生における何らかの種類の前進をもたらしたりすることで価値をつくる．引き換えに，顧客は進んでお金を払い，そしてビジネスはその価値を刈り取ることができる．ビジネスと顧客の価値の交換を通じて，プロダクト開発にさ

[†4]　ユーザーストーリー，スプリント，リリースなどに対して作成されるプロダクト（の一部）が完成するために満たすべき一群の条件．

[†5]　スクラムガイド（2020）の日本語訳を引用．

らに資金を供給することが可能になる.

　ソフトウェアプロダクトが成功するためには，その取引の両方の側面が起きる必要がある. より長い期間にわたり市場で生き残るために，プロダクトは，ウィンウィン（win-win）の提案でなければならない. 収益化なしに顧客価値をつくるということは，あなたのプロダクトが破産するということである. 顧客価値をつくることなく，ビジネス価値を刈り取るということは，顧客がある時点で支払うことを止め，その後あなたのプロダクトは失敗することを意味する. チャールズ・レブソン（Charles Revlon）は，以下の引用に完璧に捉えられているように，価値を届けることを可能にするコインの両面を理解していた.

　　工場で私たちは化粧品をつくり，お店で私たちは希望を売る.

　化粧品のビジネスで成功するためには，工業規模で高品質な化粧品を工場で製造するために必要な化学に関することだけが大事なのではない. 結局のところ，成功はその化粧品を使った後に顧客がどのように感じるかということなのである. その化粧品は，自分自身をよりバージョンアップさせているとその人たちに感じさせるだろうか？　顧客が，大勢の聴衆にプレゼンをしなければならない状況下で不安を減らす助けになったり，最初のデートにおいて魅力的で自信があるように感じてもらえるだろうか？

　スクラムは，価値を提供することをどのように助けるのか？　その上に建て増しするための土台をもたらし，価値を提供するより良い方法を見つけるための絶好の位置にスクラムチームを置くことによって助けるのである. スクラムは，意図的にフレームワークと呼ばれているが，これは，スクラムが仕事のやり方として意図的に不完全なものだからである. スクラムは，一言一句までそれに従うことであなたが価値を提供できるほど確固としたものではない. スクラムチームがより多くの価値を提供することを自ら追求する助けとなるというスクラムフレームワークの約束を果たせるように，あなたはスクラムフレームワークに追加をしなければならない.

　スプリントは，すべてのスプリントで少なくとも 1 回はプロダクトインクリメントが提供されるというリズムをもたらす. スプリントプランニングは，そのスプリントでスクラムチームが実行できる謙虚な計画をもたらす. デイリースク

ラムは，仕事を行っている間に私たちが大事なことを見つけた後に，謙虚なスプリント計画を少なくとも１日１回以上ブラッシュアップし，見直すことを可能にする．スプリントレビューは，私たちの努力に価値があり，有用だったか否かに対するフィードバックをもたらす．スプリントレトロスペクティブは，次回のスプリントにおいてより良く行うべきことについて話をする機会をもたらす．

　しかしながら，スクラムは，価値があり，使用できるプロダクトをつくるために行わねばならないことすべてをあなたに語るわけではない．それどころか，フレームワークは詳細をごく少ししかもたらさない．スクラムは，スプリントが終わるまでにプロダクトインクリメントを少なくとも１回スクラムチームがつくり出すことを期待する．どんな技術プラクティスとプロダクトマネジメントプラクティスを併用したとしても，あなたがどのようにその偉業を実現するかは，完全にスクラムチーム次第なのである．スクラムは，価値があり，使用できるプロダクトインクリメントを届けることを達成し損ねることを確かに見せてくれるが，その失敗をどうすればよいかをあなたに告げない．

　スクラムは，あなたの個別の状況に依存するプラクティスについて意図的に沈黙している．スクラムは，あなたの状況に依存しないプラクティスにはうるさく，規定的である．それが，フレームワークが少数のルールしかもたない主な理由の一つである．フレームワークは，あなたの状況に依存しないプラクティスだけを記述すればよいからである．具体例として，スクラムは，プロダクトバックログを優先順位づけする方法をあなたに語らない．それは，あなたの状況に強く依存するからである．

　スクラムは，あなたに何をすべきかを語らない．スクラムは，起きつつあることを見せる．時間が経つと，スクラムはより良い仕事のやり方の発見においてあなたを静かにサポートしつつ，裏に回るべきである．完璧なスクラムは，せいぜい完璧に不完全であるにすぎない．あなたが，自分の仕事のやり方を改善するためにスクラムのフィードバックを使わないならば，スクラムがもたらすフィードバックループを完璧にすることは無意味である．ギュンター・ヴァーヘイエン（Gunther Verheyen）は，この難問を次のように見事に表現した．「適応がない検査は，スクラムでは無意味だ」．

　多くのスクラムチームは，自分たちのスクラムの実践方法を完璧にすることに悩んでいる．というのは，彼らは，価値の提供という結果をもたらすには，不完

全なフレームワークに完璧に従うことで十分だと愚かにも信じているからである．これらのチームは，スクラムのすべての動きを一通り行うが，より良い働き方やより多くの価値をそれらのチームが見つけることをスクラムフレームワークは助けない．スクラムチームがスクラムを補うスキルや専門性を欠いているとき，それらのチームのスクラムの実装は，スクラムフレームワークの手順に従うという域を決して超えない．

　スクラムで成功するために，スクラムチームは，価値を届けるためのより良いやり方を見つける能力をもつこと，スクラムにやみくもに従うのでは不十分だということを理解すること，この両方を行うべきである．スクラムは，不完全なフレームワークであり，あなたの問題を**照らし出す**助けになりうるものである．スクラムが自分の問題や障害のすべてを**解決する**と期待しているならば，あなたはスクラムで成功しない．それが，スクラムが十分ではないことをスクラムチームが理解することが重要な理由である．その代わりに，あなたは，価値を届けるより良いやり方を発見するために必要な，状況に即したプラクティスでフレームワークを補わねばならない．

　スクラムは，あなたが分かって**いない**ことを理解するために，分かっていることを頼りにして働くということに尽きる．フリーラント島の話においてのように，あなたは，暗闇の中におり，自分の目的地に到達するために必要なすべての歩みを知らない．その仕事を行い，驚きを見つけることで，あなたは，成功するために必要なことを学ぶことができる．スクラムは，そのような問題を解決することに優れており，それは，あなたが複雑な仕事を行い，大量の摩擦を経験しているときにまさに必要としているものである．1 回に 1 歩だけ歩み，そしてあなたがより良い計画をつくるために見つけ，学んだことを用い，自分の仕事のやり方を改善しよう．

　適応的な解決策とは，仕事の間に解決策が現れてくることをおしゃれに表現する言葉だが，通常，最初から正しくは理解できない．正しい解決策を見つけることは，やっかいで，その途上に避けようがない凸凹がつきものだと思われる．あなたは謙虚な計画で始めなければならず，その計画は仕事を行う間に，推敲され，調整される．

　プロダクトインクリメントについて前述したが，私たちは自分たちのプロダクトインクリメントに含むべきものをどうやって知るのだろうか？　スプリント

ゴールは，その質問に答える助けになる．スプリントゴールは，スクラムチームがスプリントの間に達成するものとして設定する目標である—つまり，スプリントの間に達成するとチームが確約する主たる目標である．本書のカバー写真になぞらえれば，私たちが到達したい灯台がスプリントゴールである．

　今，自分たちが実現したいのがどの目標なのかを私たちが分かっていると想像してみよう．チームは，どのような種類の品質が期待されるかをどのように知るのだろうか？　そこで，完成の定義（DoD）が登場する．DoD は，そのチームに対する品質のチェックリストであり，それが「完成（done）」の意味することに全員が確実に同じ理解をもつようにする．何かが完了しても，それが DoD の基準を満たさねば，それは完成していない．それほどはっきりと白黒がつくものである．

　スクラムが効果的に機能するためには，プロダクトインクリメントを伴うスプリントだけよりも，さらに多くのピースを一緒に組み合わせる必要がある．それでも，スプリントこそがスクラムチームの魔法が起きるところなのである．スプリントにより，私たちは，実行することと同時に学ぶことが可能になり，それで私たちは，自分たちの進路に突然現れる摩擦と驚きに最適な対処ができる．その懸命な働きと価値のある学びすべてが，スプリントゴールを満たすプロダクトインクリメントに反映されるべきである．

　スクラムは，複雑な問題を解決することにぴったりと適しているが，それはすべてのスプリントが階段上の 1 歩の歩みであり，その歩みが私たちの全体的な目標を達成させるような適切な（私たちがそう望む）方向に向かうものだからである．スプリントで仕事をしているとき，私たちは現在の理解に基づいて行動する．私たちは，謙虚な計画から始めて，今の時点で予見できる状況を超えて計画を立てないようにする．スプリントの焦点は，効果的に実行し学ぶことができるようにすることである．そのスプリントの最後で，スプリントゴールを達成するプロダクトインクリメントが存在するか，あるいは存在しないかのどちらかである．どちらの場合も，自分たちのスプリントレトロスペクティブの間に，私たちがつかみうる学習の機会がある．

　最初の 1 歩を計画し，働くことで，自分が実際に知っていることに基づいて計画を立てて行動することにより，知らないことをあなたは見つけることができる．自分のすべての歩みが新たな情報と洞察をもたらし，それらの情報や洞察が

とるべき次の最善の歩みへとあなたを導く助けとなる．階段上のすべての歩みとともに先立つ霧が消える．1回に1歩だけ進むことで，私たちは憶測の霧を制限する．私たちは，謙虚な計画で始めて，自分たちの状況についてより多くの確信と理解を得るにつれてその計画を推敲する．

　スクラムは，このアプローチを経験主義と呼ぶ．経験主義では，経験と，そして分かっていることに基づいて判断を下すことで知識が得られると考える．あなたがとるすべての歩みは，あなたが見て，知りうることに影響する．

　スクラムにおける経験主義の三本柱は，透明性，検査，そして適応である．透明性は，自分たちが観察することを私たちがどの程度信頼できるかを示す．透明性の低さは，リスクをもたらし，私たちを間違った判断へと導くかもしれない．検査は，自分たちがより良く行えることを理解するために，自分たちが生み出すものや行うことを調べ，思案することを意味する．適応は，あなたが観察し，結論づけたことに基づいて変えていくことを意味する．

　透明性，検査，そして適応の柱は，学びについて語るおしゃれな方法である．あなたが，スキーの先生の指導のもとで初めてスキーに行くことを想像してほしい．あなたは，うまく行かないことに気づく―自分は滑っていない．スキーの先生は，あなたの姿勢が問題だということを説明する（透明性）．その先生は，重心を前に移動するためには膝を曲げることが重要であり，その重心移動であなたは滑り始めることを示す．あなたは，自分が斜面に直立していることに気づく（検査）．あなたは，先生を見て，自分の膝を曲げることにより彼女の真似をしようとする（適応）．

　短いフィードバックループだけでは不十分である．経験主義は，自分の経験から学ぶことができるよう，自分のフィードバックループでこれらの三つのステップを通り抜けることを意味する．経験的なアプローチがなければ，短いフィードバックループは助けにならない．それは，あなたが自分の経験から効果的に学べないからである．

　スクラムは，フレームワークだと考えられている．というのは，スクラムは価値のあるプロダクトをスプリントの最後に提供するために行わなければならないすべてのことをあなたに告げないからである．スクラムは，ソフトウェア開発の方法も，技術的卓説性を達成する方法も告げないし，あなたがどのようにユーザー体験（UX）の仕事を取り入れるべきか，あるいはプロダクトオーナーとし

てどのようにプロダクト管理を実践するべきかも説明しない．

　スプリントごとに少なくとも 1 回はリリースできる，動作するプロダクトをもつことで，あなたは，市場のフィードバックをすばやく集めることができる．そしてあなたがスプリントの終わりまでにプロダクトに何か新しいものを提供することができなかったとしても，それは学びの機会ではある．スプリントで何かを提供することは，あなたが価値を提供していることを確信するのには十分ではないが，素晴らしいスタートではある．

　結論として，スクラムは，自分で建て増しできる，強固でシンプルな土台をもたらす．スクラムは，あなたが自分自身のルールを見つけやすくする最小限のルールしか含んでいない．つまり，スクラムはあなたになすべきことを告げないのである．意図的に不完全なフレームワークは，何が起きているかを気づかせてくれる．より良い働き方を見つけるためにそのフレームワークを活用しない限り，スクラムの手順に従うだけではあなたが価値あるプロダクトを提供できる保証はない．スクラムの目的は，あなたが摩擦に対処し，価値の提供を促進するより良い働き方を見つけることを助けることである．

スクラムは，フィードバックループを通じて摩擦に対処する

　1950 年代に，軍事戦略家で戦闘機パイロットのジョン・ボイド（John Boyd）が OODA ループ—観察し（observe），方向づけをし（orient），判断し（decide），行動する（act）（図 5.3）—を発明した．このループは，以下のように機能する．

- 観察する：データを集め，可能な限り多くの情報を取り入れる．
- 方向づけする：データから洞察を引き出し，自分の観察に意味を加える．
- 判断する：適切な反応を見出す．
- 行動する：あなたの仮説に基づいて実行し，それが適切な反応だったのかどうかをよく考える．

OODA ループの方向づけと判断の部分が内面的である一方で，OODA ループの観察と行動の部分が外部の世界と相互作用することに注意することが大事であ

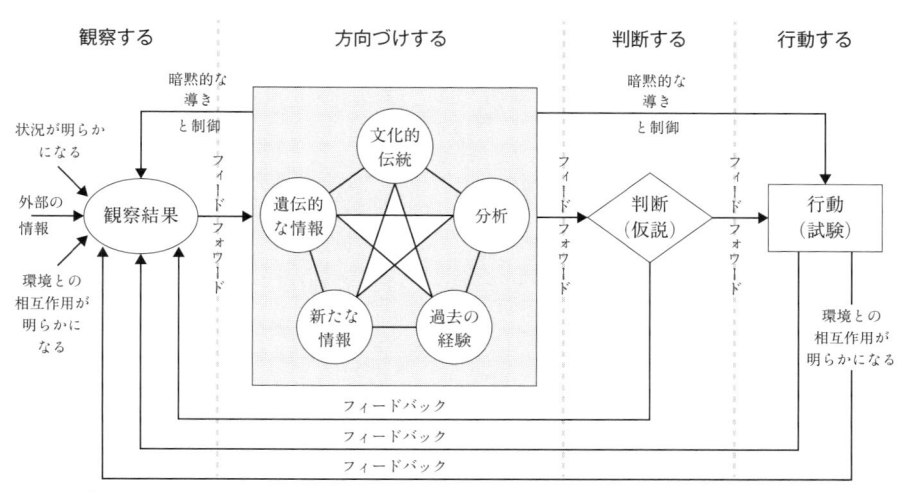

図 5.3　複数のフィードバックループとフィードフォワード経路を含む観察–方向づけ–判断–行動ループ［出典：ジョン・ボイドの軍事戦略の説明会に基づく，Robert Benefield, *Lean DevOps*, Addison-Wesley, 2023 から翻案した図］

る．OODA ループの中心部は，方向づけフェーズで形成され，そのフェーズが，私たちがどのように観察するかを具体化し，私たちの意思決定と行動に影響を及ぼす．

　OODA ループは，絶えず繰り返し，そのループの異なるステップが相互に流れ込む．OODA ループを通り抜けるとき，完全な情報を待たずに，むしろすばやい判断をすることが大事である．敵よりも速くそのループを通り抜けるとき，敵は，明らかになりつつあることに対して十分に速く対応できず，あなたに利をもたらし，あなたが主導権をとることが可能になる．軍隊では，このプロセスを自分の敵の OODA ループに入り込むと呼ぶ．

　敵の OODA ループにはまったことが，イエナーアウエルシュタットの戦いでのプロイセン軍の破綻の原因だった．フランス軍の OODA ループはすばやく動作していたのに対して，プロイセン軍の OODA ループは緩慢だったために，起こりつつあることに効果的に反応することができなかった．フランス軍は，高速の OODA ループで主導権をとり，機会に乗ずることができた．それでも，OODA ループはスピードだけの話と考える間違いを犯さないでほしい．つまり，あなたは**適切な瞬間**に**適切な行動**を行わなければならず，あなたの意思決定

はこのような機会を活かす行動を可能にするほど十分に速くなければならない．

　スプリントの一部である異なるスクラムイベントは，別々のフィードバックループをもたらし，それらのループは，OODAループと同様に，並行に動作する．私たちは，次章でスクラムがもたらすさまざまなフィードバックループを見ていく．

　スクラムは，OODAループの影響を受けている．というのは，スクラムを創設した父の一人であるジェフ・サザーランドは，戦闘機のパイロットとしての訓練を受けたからである．サザーランドにとって，自分がパイロットとして戦う状況で，OODAループは不確実性とすばやい反応の必要性に対処する最善の方法であった．1993年にサザーランドがEasel社で最初のスクラムチームを編成したとき，彼は，最初のプロダクトオーナーを雇わねばならなかった．彼は，雇った人材がOODAループへの深い理解を確実にもつようにトレーニングを受けさせた．サザーランドは，価値を提供するためにOODAループが重要だと考えたのだ．

　あなたがスクラムを行うとき，肝心なのは価値を提供することである．プロダクトインクリメントを提供することによるフィードバックループは素敵だが，さらに重要なのは，価値を提供することによるフィードバックループである．そのスクラムチームのゴールは，可能な限り高い価値のプロダクトを提供することなので，そのフィードバックこそが最終的に最も重要なのである．

　私たちが複雑な仕事を行うときに直面する摩擦ゆえに，フィードバックループは必須である．あなたがより大量の摩擦を経験すればするほど，あなたはより多くの驚きを予期しうる．より多くの驚きをあなたが予期しうるほど，あなたの計画はよりひどくなり，行動はより不完全になり，そして結果は予測不可能になる．摩擦に対抗するためには，あなたは，フィードバックループをすばやく通り抜けて，自分が見つけ，学んだことに基づき調整を行わなければならない．

　あなたの計画は，きっと間違いであることが結局分かるだろうし，それらの計画を適切なものにする最善の方法は，それらをすばやく調整することなのである．あなたの計画を調整しやすくする最善の方法は，謙虚な計画で始めて，自分が意図した目的に向けて前進し，その前進についてさらに発見をして，学ぶにつれて，その計画を発展させることである．

　摩擦に対する通常の反応は，計画策定により多くの時間を費やし，より多くの

指示を出し，そして厳重なチェックリストを強要するというものだが，それらは，単に事態を悪化させるだけである．私たちが憶測の霧によってまどわされ，何が起きているのかを感じることをせず，より分析に注目するようになるにつれて，フィードバックループはどんどん長くなる．

　フィードバックループは，あなたがまさに知っていることを頼りにして働き，自分が知らないことを見つけることを可能にする．それらのフィードバックループは，あなたが学んだことを自分の計画と行動に組み込み，望まれる結果に向けて反復することを可能にする．あなたのフィードバックループが長くなるにつれて，あなたはより多くの時間を失い，望まれる結果に向けて検査と適応するための機会を失ってしまう．

　スクラムにおいて，あなたは，自分が予見できることを超えて計画を立てず，謙虚な計画で始める．毎日，あなたは自分が期待したことと観察したこととの間の差に基づき，自分の計画と行動を調整する．スクラムとともに働くと決めて，それを追求し続けるという選択をすることは，対処しなければならない大量の摩擦と多くの驚きにあなたが直面することになることを意味する．その選択は，あなたが，意図された目的地により遅く到着するか，あるいは資金が尽きればまったく到着しないことさえあることを意味する．

　スクラムは，フィードバックループのフィードバックループも含んでいる．このフィードバックループの機能の仕方を改善するために，仕事のやり方全体が定期的に検査される．自分の仕事のやり方をレビューすることは，ダブルループ学習と呼ばれるが，これは自分が学んだことが自分の学び方を改善するために用いられることをしゃれていうものである．本質的に，スクラムは，計画，行動，そして結果の上に一つのフィードバックループをつくり，そしてそのフィードバックループの上に 2 番目のフィードバックループをつくるのである．つまり，プロセスと相互作用が，意思決定と仕事のやり方を改善するためのプロセスをガイドするのである．

　心に留めるべき大事なことであり，そして微妙な差異がよく失われるのは，フィードバックループが適切に機能するためには，あなたが自己管理するチームをもち，そのチームがさらに見つけ，学ぶにつれて，即座に自分たちの行動や計画を調整できる必要があるということである．自己管理するチームをつくるためには，意図された目的を満たすために必要であれば，計画と行動を変更する判断

を下すことがチームに委任されている必要がある．

　チームが判断を下し，計画を調整するために他者に依存しすぎると，それらの
チームのフィードバックループが長くなりすぎて，効果的に驚きに対処できなく
なる．あなたは，自分の行っていることの間違いの発見に遅れ，そしてその後の
調整に長い時間がかる．さらに，学習が遅れることで，必要な変更を行うことが
高くつき，そして高すぎて変更を行えなくなることさえあるかもしれない．

　しかし，チームとして自己管理できるだけでは不十分である．それらのチーム
が働く状況が大事である．高いパフォーマンスを発揮するスクラムチームは，自
分たちのフィードバックループを短く保つために，心理的安全性を必要とする．
心理的安全性は，高いパフォーマンスを発揮するチームの基礎を形成する概念で
ある．つまり，心理的安全性は，チームメンバーが自分たちの自己イメージ，あ
るいは地位，経歴に対する否定的な影響を恐れず，安心して行動をすることを意
味する．

　チームは，行動するために心理的安全性が必要である．心理的安全性は，間違
いを犯し，自分たちがさらに学ぶにつれて適応する自由を確実にもてるようにす
る．心理的安全性がないと，人々は，自分たちのゴールを実現するために柔軟に
なり，調整を行うことに必要なリスクをとらなくなる．人々は，元の計画へと逆
戻りする選択をする．というのは，当初合意されたことの安全性の背後に隠れる
ことが，物事がうまく行かないときの隠れ蓑になるからである．

　期限を満たすこと，あるいはベロシティーを増すことに過剰に注目している環
境では，心理的安全性が小さいことが多い．期限を満たすこと，あるいはベロシ
ティーを増すことに注目が集まるとき，プロダクトの価値はそっちのけになる．
あなたはより早く提供できるかもしれないが，あなたがもたらすものは，顧客に
とって少しの違いしか生まないだろう．

　スクラムは，あなたがまさに知っていることとともに働くことに焦点を合わせ
るので，あなたは，知らないことを見つけて，それから学ぶことができる．見つ
けて，新しい情報に基づいて行動することは，短いフィードバックループを用い
て，さらにそのフィードバックループをフィードバックループのフィードバック
ループを通じて改善することで最もよく機能する．

　スクラムが素晴らしく聞こえても，そのフレームワークが意図的な限界を伴う
ことを理解するのはきわめて重要である．それらの限界は，そのフレームワーク

を助けて，自分たちの固有の状況に適合した，価値を提供するより良い方法—スクラムが提供できない詳細—をチームが見つけることを支援するようにする．

プロダクトインクリメントの「完成」は，始まりにすぎない

あなたがプロダクトインクリメントを届けるとき，あなたが行っていることは，何か価値の高いものへと育ちうる種をまくことにすぎない．時として，種はさらに注意しなくても順調に育つが，時として，あなたは，それらの種に栄養を余分に提供する必要がある．

プロダクトインクリメントは，あなたが確信をもつまではアウトプット[†6]（output）にすぎない．その確信は，プロダクトインクリメントが顧客により良い成果をもたらし，あなたがビジネスに対する価値を獲得しうるという証拠に基づくものである．自分がつくり出しつつある成果を無視するならば，あなたは，その種から美しい花が咲くのか，あるいはその植物がしおれて，ゆっくりと枯れていくのかどうかを知ることができない．

あなたは，自分のプロダクトインクリメントが的中したかどうかをどのように知るのだろうか？　これが，次章の話題であり，そのために私たちはスクラムにおけるスプリントゴールの不可欠な役割を探究していく．

重要な学び

- スクラムは，複雑な問題を解くことにぴったりと適している．というのは，スクラムは，実行と学びを同時に行うようにチームに委任するからである．スクラムとは，望まれた結果を生み出すためにあなたの計画と行動を調整するためのフィードバックループを生み出すものである．スクラムは，そのフィードバックループの改善を助けるフィードバックループ—ダブルループ学習—さえ含んでいる．
- スクラムにより，チームは，自分たちが実際に知っていることを頼りに働くことができ，それによって自分たちが知らないことを理解することができる．スクラムがもたらす複数のフィードバックループにより，このフレーム

[†6] 「アウトプット」には，プロダクトインクリメントをつくったことが必ずしも真の成果である価値提供における前進を意味するものではないというニュアンスを含んでいる．

ワークは，摩擦と私たちの進路に投げられる抗しがたい不意の驚きに対処することにぴったりと適したものになる．

- スクラムにおいて，すべてのスプリントはあなたの全体的な目的の方向に向かう1歩である．スクラムは，謙虚な計画で始まる—つまり，あなたが現在知っていることに基づいて計画を立てる．スプリントで働くことにより，あなたは，今すぐに予見できない環境を超えて計画を立てようとはしない．スプリントで働くことにより，あなたは，憶測の霧を制限し，先立つ霧を減らす．

- スクラムに厳密に従うことで，価値の提供という結果はもたらされない．あなたは，意図的に不完全なスクラムの土台の上に自分自身の仕事のやり方を見つけることでのみ，スクラムで成功できる．スクラムは，あなたの顧客とビジネスにとって価値が意味することをあなたに告げることはできない．あなたは，自分自身でそれを解決せねばならない．

第 6 章

スクラムにおけるスプリントゴールの基本的な役割

> 「ゴールは，迷い歩きを追跡へと一変させる」
>
> ——ミハイ・チクセントミハイ

　スプリントゴールはスクラムにおいて重要な役を果たす．第5章で，私たちはスクラムの俯瞰的な説明を一通り見てきた．この章で，私たちは，スプリントゴールのレンズを通してスクラムフレームワークをさらに詳しく探究する．本章を読めば，あなたは，スプリントゴールの不在が，効果が不十分なスクラムをもたらす理由を理解できるはずである．

　スプリントゴールを使わない場合，あなたは厳密にいえばスクラムを行っていない．実際，スクラムガイドの不変ルールは，あなたが，スクラムガイドのすべてに忠実に従うときにのみ，スクラムと呼ぶことができると述べている．しかし，そのような馬鹿げたことを今は脇に置こうではないか．私は，「スクラムガイドがそういっているから」というのは何かを行うためのお粗末な理由だと信じている．スクラムを構成するものがスクラムにおいて果たす目的を理解することが最も大事である．その目的，そしてそれがあなたの状況でどれくらい効果的に機能するかが，それを用いる（あるいは用いない）一番の理由であるべきである．

　それでは，スクラムにおけるスプリントゴールの基本的な役割の説明から始めよう．

スクラムの本質：ゴールを伴うスプリント

　バットマン，E.T.，そしてスター・ウォーズに共通するのは何だろうか？　あ

なたは，これらの映画がすべて超大ヒット作だと思うかもしれない．あなたは正しいが，それは私が狙った答えではない．ゴッサムの人々と同じようにバットマンの光が空に明るく輝く光景を心に描いてほしい．前のかごに座った覆い隠された姿とともに，少年が夜空で自転車に乗っている光景を思い浮かべてほしい．ダースベイダーが，ストームトルーパーとともにスターデストロイヤーの通路をゆっくりと歩く光景を想像してほしい．

　あなたの心で何かがひらめいただろうか？　あなたが，これらの映画になじみがあるならば，おそらくあなたの頭でメロディーが思い浮かび，鳴り始めただろう．これらのすべての映画に共通しているのは，覚えやすい曲であり，それらが繰り返し現れ続けて，映画全体を一つに結びつけていることである．そのメロディーは，その映画の異なる場面をつなぎ，共通の音楽の縫い糸が背景で流れることにより，強い感情を呼び起こす．

　音楽業界において，そのような覚えやすい，繰り返される曲は，「ライトモチーフ（leitmotif）」と呼ばれる．*Leit* は「導く」を意味し，そして *motif* は「モチーフ（主題）」を意味するので，ライトモチーフは文字どおり「モチーフを導く」を意味する．音楽家は，19 世紀の遅くに，ドイツのオペラで繰り返し現れるテーマに言及するために，この言葉を使い始めた．ワグナーのニーベルングの指環は，ライトモチーフを多く含むオペラの例である．さて，音楽の理論についてのこの話のすべてをスクラムの領域に当てはめてみよう．

スプリントゴールは，スクラムのライトモチーフである

　映画「ジョーズ」において，二つの音が背景で絶えず演奏されることで，観客に潜んでいるサメを思い出させる．サメは，上演時間が 2/3 まで進んだ 1 時間21 分のところでしか現れないにもかかわらず，それらの二つの音はサメの危なさを繰り返し思い出させる．その映画のほとんどで視界にサメがいないにもかかわらず，ジョーズのライトモチーフは，直ちに直観的な反応を呼び起すことで，すべての異なるシーンをつなぐ共通の縫い糸の役割を果たしている．

　ジョーズの曲のように，スプリントゴールはすべてのスクラムイベントを貫く共通の縫い糸である．スプリントゴールは，スクラムのライトモチーフである．すべてのスクラムイベントで，スプリントゴールは再浮上し，重要な役割を果たす．スプリントゴールなしでは，スクラムイベントは本来ありうる姿のただの影

にすぎない.

　スプリントゴールがスクラムイベントの共通の要素であることを示すために,それらのイベントを要約してみよう.

- ●スプリント：その完成によりスプリントゴールを実現するプロダクトインクリメントを構築することをスクラムチームが試みる時間枠.
- ●スプリントプランニング：スプリントゴールを満たすプロダクトインクリメントを提供するための初期の計画を作成する.
- ●デイリースクラム：スプリントゴールを実現するプロダクトインクリメントを構築する可能性を最適化する.
- ●スプリントレビュー：スプリントゴールを達成するプロダクトインクリメントに対するフィードバックを受け取ることで,私たちが提供する価値を改善し,プロダクトバックログを適応させる.
- ●スプリントレトロスペクティブ：将来のスプリントにおいてスプリントゴールを満たす,価値のあるプロダクトインクリメントを提供する可能性を最適化するために,自分たちの仕事のやり方を改善する.

　すべてのスクラムイベントをスプリントゴールのレンズを通して要約した後でも,あなたがスプリントゴールの重要性についてまだ疑っているならば,スプリントを中止する唯一の理由がスプリントゴールの意義が現状に合わなくなったときだということに注意してほしい.さらに,スプリント中の変更は,スプリントゴールをないがしろにしないときにだけ可能である.

　スプリントゴールは,どの変更が許され,そのスプリントが依然として重要であるかどうかを決める.つまり,スクラムを用いているときに,スプリントゴールはそれほど重要なのである.まとめると,スプリントゴールなしでは,すべてのスクラムイベントは,それらのイベントが本来ありうる姿のただの影にすぎないものになってしまう.

スプリントゴールがスクラムの心臓の鼓動を維持する

　スクラムガイドは,「スプリントはスクラムにおける心臓の鼓動であり,スプリントにおいてアイデアが価値に変わる」と述べている.スプリントがすべての

スクラムイベントの入れ物であり，そしてスプリントゴールがすべてのイベントに絡むので，スプリントゴールはスクラムの心臓の鼓動を維持するペースメーカーである．スプリントゴールなしでは，スクラムはその心臓を失い，そしてスクラムイベントはそれらの目的を失う．そのチームを導く北極星がなければ，スプリントに対するどのような変更も許されてしまうかもしれない．

　軍隊の各使命が，戦場で部隊が摩擦に対処するのを助ける「司令官の意図」を伴っていることを私たちがどのように論じたかを覚えているだろうか？　スプリントにおける「司令官の意図」は，スプリントゴールである．スプリントゴールは，スクラムチーム全体がそのスプリントが重要な理由とそのチームが達成しようとする成果を確実に理解させるための意図を伝える．摩擦によりどんな障害や驚きが生じようと，そのチームは，自分たちを導く灯台の光であるスプリントゴールのもとで決断を下すことができる．

　スプリントゴールは，指示に従ったり，あるいは当初合意された計画を実行することよりも，スプリントの目的を果たすことに重きを置く．スプリントゴールは，自分たちの計画，あるいは行動が期待された結果を生みださないときにこそ，透明性，検査，そして適応を可能なものとする．

　私たちは，スクラムチームとスプリントの間で最も重要な一つのことについて多く語ってきた．しかし，スクラムチームには誰がいて，チームメンバーの説明責任にどんな違いがあるのだろうか？

スクラムチームの簡潔な説明

　スクラムチームは，すべてのスプリントで，価値があり，役に立つプロダクトインクリメントをつくることに対する説明責任をもつ．スクラムは，スクラムチームの一部として以下の三つの異なる責任を定めている．

- ●スクラムマスター
- ●開発者
- ●プロダクトオーナー

　これらの責任は，スクラムガイドの以前の版では役割と呼ばれていた．人々が抱いていた混乱をいくらか取り除くために，「役割」は「責任」に変更された．

スクラムガイドにおける役割は，それらの説明とともに，完全な職務記述であり，すべての役割に別々の人が必要になると多くの人が信じていた．それは，正確ではない．というのは，スクラムで成功するためには，きわめて臨機応変であることが求められるからであり，そして人々は複数の責任をもつことができるからである．スクラムガイドにおける責任は，スクラムを実行するために必要な最低限を定めており，それだけにすぎない．自分の状況に必要なものを，あなたは自分自身でさらに追加しなければならない．

　スクラムチームは，価値の提供のすべての面—価値の提供の**理由**，**内容**，そして**実現方法**—に対する責任を担う．価値の提供に対するこの広い責任は，スクラムが，自己管理するチーム，あるいは古い版のスクラムガイドで自己組織化するチームと呼んでいたものである．プロダクト管理の世界は，これらを委任されたプロダクトチームと呼ぶことが多い．それらは，実際には同じものである．スクラムチームは，価値が確実に届けられるための最善の行動を判断する．

　それでも，スクラムチームの内部では明確な責任が定められている．心に留めてほしいのは，どのような責任であれ，スクラムの目的は，価値を提供することであり，スクラムを行うことでないということである．スクラムは目的に対する手段であり，それ自身がゴールではない．価値を提供するというスクラムの目的は，すべてのスクラムの役割を一つにまとめるものなのである．

　スクラムマスターは，スクラムガイドに定められたようにスクラムを立ち上げることに責任をもつ．スクラムは，スプリントの間に完成の定義を満たし，スプリントゴールを実現するプロダクトインクリメントが確実に届けられることを助けることにより，予見性を与える．スクラムは，価値を提供する可能性をもつプロダクトインクリメントを頻繁に作成することを保証する．

　開発者は，すべてのスプリントで有用で，価値のあるプロダクトインクリメントをつくることを引き受ける．それらの開発者は，そのようなプロダクトインクリメントをつくり出すために必要なすべての仕事を行い，そのプロダクトインクリメントが完成の定義（これは後でさらに説明する）を確実に守るようにする．開発者は，価値がある可能性を秘めた高品質の仕事を行うためのあなたのスクラムチームの能力を決める．

　プロダクトオーナーは，プロダクトの価値が確実に可能な限り高くなることに責任をもつ．スクラムは，これを実現するために必要なプラクティスについては

語らない．というのは，それらのプラクティスはきわめて状況次第であり，環境に依存するからである．スクラムで価値を提供する能力の多くは，プロダクトオーナーの肩にかかっている．強力なプロダクトオーナーとは，価値を提供することに向けて正しい方向にスクラムのモーターが確実に進んでいくようにするものである．

プロダクトオーナーとして成功するには，状況に応じたプロダクト管理プラクティスに大きく依存することを強調するのが大事である．プロダクト管理はスクラムを必要としない．というのは，スクラム以外の他の多くの方法で取り組めるからである．スクラムにはプロダクト管理が必要である．それは，プロダクトインクリメントを届けるために適切な開発専門性をもった開発者がいなければならないこととまったく同じである．

私はこの点を強調する．というのは，プロダクト管理とプロダクトオーナーとの混乱はまだ存在するからである．覚えておくべき大事なことは，それらを別々に考えないということである．プロダクトオーナーとして成功するためには，自分の状況に強く依存するプロダクト管理の専門性が求められ，そしてそれこそが，必要な専門性をスクラムが定めていない理由でもある．

スクラムチーム全体の主たる責務は，価値の提供を最大化することである．あなたが，人々が求めていないものを構築するときに，それを予定通り，あるいは高い品質で届けようと問題ではない．最善なのは，それをまったく提供しないことだろう．

それは，あなたが食事をつくるようなことかもしれない．あなたがつくるものが，食べられなかったり，自分の顧客が食べたいものでなければ，料理の質やそれの盛り付け方以前の問題だ．結局，最も問題なのは，価値がある何かを私たちが届けるかどうかである．私たちは，自分たちの顧客にとって違いをもたらすような，適切なものを構築しているのだろうか？

それでも，価値を提供するためには，私たちはまずその仕事を行わなければならない．スクラムは，スクラムチームの仕事をどのように表すのか？　どのようにして，最も大事なことを全員が確実に理解するようにするのか？　スクラムの成果物こそが，各々が果たすこととともにそれらの質問への回答をもたらす．その果たすことは，各スクラムの成果物の重要な特徴を構造的に記述する方法をもたらすのだ．

スクラムの成果物ならびにそれらの約束とは何だろうか？

　成果物は，それらの約束とも相まって，情報の透明性を確保することを助け，それにより全員が行わなければならないことに対して同じイメージをもつようになるものである．スクラムは，以下の三つの成果物に依存している．

- プロダクトバックログ
- スプリントバックログ
- 完成の定義

　プロダクトバックログは，プロダクトを改善するために必要なすべての仕事を順位づけしたリストである．スクラムチームにより行われるすべての仕事は，プロダクトバックログに由来する．プロダクトゴールは，スクラムチームの約束であり，プロダクトバックログの一部である．プロダクトゴールは，プロダクトの将来の状態を記述し，スクラムチームはそれを長期的な計画策定に使うことができる．

　スプリントバックログは，以下の三つで構成される．

- スプリントゴール（**理由**）
- そのスプリント向けに選ばれたプロダクトバックログアイテムの集まり（**期待される成果**）
- プロダクトインクリメントを提供するためにスプリントバックログに含まれている実行可能な計画（**実現方法**）

　スプリントバックログは，スプリントの間，スクラムチームが自己管理することを可能にする．プロダクトインクリメントは，より大きなプロダクトゴールに向けてスプリントゴールによって導かれる具体的な1歩である．完成の定義の約束を具体化する品質チェックリストを満たす仕事のみが，プロダクトインクリメントの一部だと考えられる．

　プロダクトゴールは，どのようにスプリントゴールと関係するのだろうか？

プロダクトゴールがどのようにぴったりと収まるのか？

　スプリントゴールとプロダクトゴールは，ほとんどの性質を共有している．スプリントゴールに当てはまることのほとんどすべてが，プロダクトゴールにも当てはまる．それが，私が専らスプリントゴールについて記している理由でもある．というのは，そこで当てはまることは何であれ，プロダクトゴールにも当てはまるからである．しかしながら，プロダクトゴールとスプリントゴールの間には，以下の三つの重要な違いがある．

- スクラムチームは，プロダクトゴールに決して直接取り組まない．スクラムチームは，スプリントにおいて仕事を行い，そしてスプリントゴールにおける自分たちの進捗を通じて，プロダクトゴールにおいても前進する．理論的には，スプリントゴールがプロダクトゴールと同じになるぐらいプロダクトゴールを小さくすることも可能である．
- プロダクトゴールは，通常スプリントゴールよりもはるかに長い時間的な視野をもつ．
- プロダクトゴールが，スプリントゴールの作成を導く．

　これら三つの違いを除いては，スプリントゴールとプロダクトゴールは，本質的に同じ特徴をもっている．その最も簡単な説明は，エピックとスプリントバックログアイテムの違いを語ることで行える（図6.1）．エピックは，仕事を大きく，粗く切り分けた断片であり，スプリントバックログに追加できるようになるためにはスプリントの大きさに合わせた塊へとさらに分解する必要がある．プロダクトゴールは，大きすぎて取り掛かれないので，複数のスプリントゴールに分解されなければならない．

　プロダクトゴールは，スプリントゴールの作成を導く．覚えておいてほしいのは，私たちが行っているのは複雑な仕事であるので，スプリントを実行し，自分たちのスプリントゴールを達成しようとするときに，新しいことも学び，それにより自分たちがプロダクトゴールを手直ししたり，あるいは捨てることすらあるかもしれないということである．スプリントゴールは，プロダクトゴールの作成

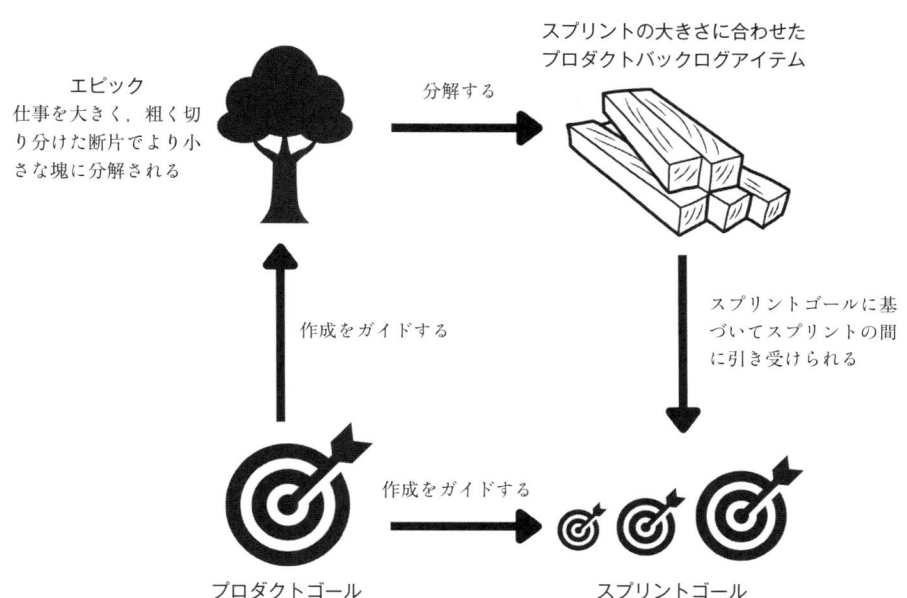

エピック
仕事を大きく，粗く切り分けた断片でより小さな塊に分解される

分解する

スプリントの大きさに合わせた
プロダクトバックログアイテム

作成をガイドする

スプリントゴールに基づいてスプリントの間に引き受けられる

作成をガイドする

プロダクトゴール
あなたのプロダクトにとって全体的なゴールであり，スプリントの大きさに合わせたゴールに分解される必要がある

スプリントゴール
すべてのスプリントには，単一のゴールがあり，それはより大きなプロダクトゴールに向かう1歩である．

図 6.1　プロダクトゴールとスプリントゴールが互いにどのように関係するかは，エピックとプロダクトバックログアイテムの間の関係と似ている

を導かないが，スプリントゴールの実行は，フィードバックをもたらし，それがプロダクトゴールをまとめて調整したり，あるいは止めたりする結果を招きかねない．

　さて，プロダクトゴールとスプリントゴールがスクラムフレームワークにどのようにぴったりと収まるかを理解したところで，自分たちが複雑な仕事を行うときに対処する必要がある摩擦に立ち向かうときに，それらがどのような助けになるかについてあらためて理解してみよう．

スクラムは，摩擦に立ち向かい，驚きに対処することをどのように助けるのか？

　スプリントゴールとプロダクトゴールの両方とも，意図を伝える．意図を伝え

ることにより，スプリントゴールとプロダクトゴールは，以下の二つの質問に対して誰でも回答することを可能にするはずである．

- 自分たちが，なぜこれを行っているのか？ それがどうして大事なのか？
- 自分たちは，何を達成することを望んでいるのか？ 何が期待される成果なのか？

最初の章で，知識，狙い，そして効果のギャップに対する以下のような三つのアンチパターンについて述べた．

- 知識のギャップアンチパターン：憶測に根差した，より包括的な情報を集める．
- 狙いのギャップアンチパターン：より詳しい指示を出し，それらの指示が反応する能力を押し殺す．
- 効果のギャップアンチパターン：より入念な統制を実装し，それが無為を招く．

これらの代わりに行うべきことについてもすでに述べた．摩擦に対処するための最善のプラクティスである．複雑な仕事を行う際に自分たちが直面する三つのギャップによる摩擦に対処するために，最善のプラクティスをスクラムがどのように実装しているかを考えてみよう．

スクラムは，すべてのスクラムチームにおいて自分たちが達成しようとすることの中心に意図を置くことで知識のギャップを最小化する．つまり，プロダクトゴールとスプリントゴールである．プロダクトゴールは，プロダクトバックログの作成を導き，そしてスプリントゴールは，スプリントバックログの作成を導く．意図をスクラムチームに提供することで，意図された目的を実現するために必要な計画策定に十二分な当事者意識をもつことが可能になる．

スプリントゴールは，スプリントを謙虚な計画で始めることを可能にする．あなたは，始める前にスプリント全体の計画すら立てる必要はない—最初の何日かだけの計画を立てることも可能である．新たな情報が利用可能になったり，あるいは現実が変化したりするときに，開発者は，元の意図の考え方—スプリント

ゴール—に沿うように自分たちのスプリント計画を調整することができる．意図と計画を明確に分けることにより，その計画の意図を達成することよりも，その計画に従うことが重要になることを防ぐこともできる．

　スクラムは，意図を提供するプロダクトゴールにおいて複数のチームに協働させることにより，狙いのギャップを減らす．このようにすることで，異なるスクラムチームが共有されたゴールに向けてともに働くことができ，そして自分たちが互いに確実に整合して行動できるように計画と行動を思うままに調整できる．プロダクトゴールは，私たちが一緒に達成しようとしていることに共通の理解を提供し，それで各チームがバラバラのゴールに向けて働くときよりも，整合したものになることをより容易にする．

　望まれる結果を生み出すために，開発者に元の意図の範囲内で自分たちの行動を調整する完全な自由を与えることで効果のギャップは減る．要するに，スプリント全体が柔軟であり，そしてチームが完成の定義を尊重しながらスプリントゴールを満たすために必要なことを判断できるということである．

　しかしながら，これが，摩擦に効果的に対処するために，スクラムがスクラムチームに認める唯一の方法ではない．OODA ループとまったく同じように，スクラムには複数のフィードバックループが詰まっており，それらのフィードバックループが以下のように計画，行動そして結果の調整を導くかもしれない．

- スプリントプランニング・フィードバックループ：プロダクトゴールを心に留めながら，スプリントゴールとスプリントバックログの作成のためのプロダクトバックログの検査．
- デイリースクラム・フィードバックループ：スプリントゴールを満たすために 1 日の計画と行動を調整するためのスプリントゴールに向けた進捗の検査．
- スプリントレビュー・フィードバックループ：プロダクトゴールに向けた進捗との関係でプロダクトインクリメントを確認する．
- すべてのフィードバックループに対するスプリントレトロスペクティブ・フィードバックループ：仕事のやり方すべてを調べて，実行可能な改善を生み出し，価値を提供するより良い方法を見つける．

　これらの異なるフィードバックループがともに機能すると，ギャップをすばやく見つけることが可能になる．その後に，意図を備えた，委任されたチームは，ギャップが現れ次第，それらのギャップをすばやくなくすことができる．フィードバックループの上にフィードバックを重ねることで，三つのギャップの影響を系統的に最小化するような，価値を提供するより良い方法を見つけることが可能になる―ダブルループ学習としても知られているものである．

　もちろん，スクラムは，摩擦に効果的に対処するように設計されているものの，それでも摩擦からもたらされる三つのギャップに立ち向かうことを難しくするようにスクラムを実行することは可能である．スクラムは，意図的に不完全なフレームワークなので，成功するためには強化しなければならない．スクラムが強化される方法は，摩擦に立ち向かう能力を，大きく高めたり損なったりする影響を与える．このトピックについては，第14章で摩擦を増幅しうる一般的なスクラムのアンチパターンを論じる際と，第8章で現実の世界に存在するスクラムのきわめて異なる二つのバージョンを考える際に，再度取り上げる．

　私たちは，チームに共通のゴールが欠けている場合に，チームワークがどうなるかをすでに論じた．スクラムチームが，プロダクトゴール，あるいはスプリントゴールとともに働かないと何が起こるのだろうか？　今やあなたは，スクラムにおけるスプリントゴールの大事な役割を理解しているので，スプリントゴールに関する理解をさらに深めるために，スプリントゴールを用いなかったり，あるいは誤って適用することで，何が起こるかを考えていこう．

重要な学び

- すべてのスクラムイベントは，スプリントゴールと絡み，強く結びついている．スプリントゴールなしでは，すべてのスクラムイベントはその目的を失い，中身がないものになる．
- スプリントの目的は，スプリントゴールを満たすプロダクトインクリメントを提供することである．スプリントゴールは，スプリントに対する司令官の意図であり，その**理由**（why）とそのスプリントの期待される成果を含むべきである．それで，全員が次の二つのことを確実に理解するようになる．つまり，① 私たちが達成しようとしている厳密な成果が何であるのか，そし

て，② その成果がなぜ重要なのか，の二つである．

- スクラムは複数の説明責任を明確に定めているが，価値の提供がスクラムチーム全体にとって最も重要であるべきである．他のすべては目的に対する手段である．
- スクラムフレームワークは，摩擦と驚きに対処する最善のプラクティスをひとまとめにしている．スクラムは，次の三つのギャップを見つけるための多くのフィードバックループをもたらす．つまり，知識，狙い，そして効果のギャップである．ダブルループ学習は，フィードバックループの上にフィードバックループをもつことを可能にし，そしてそれにより，スクラムチームは，より多くの価値を提供するためのより良い仕事のやり方を考案することができるようになる．

第 7 章

スプリントゴールを使わないと何が起きるのか？

> 「ゴールとともに方法を明示することの問題は，統制が弱まることである．あなた
> の部下たちに目的を提供し，それらの人たちに方法を考え出してもらおう」
>
> —L・デビッド・マルケ艦長

これまでに，少なくとも抽象的なレベルでは，スプリントゴールの重要性が明らかになっているはずである．それでも，あなたがスプリントゴールを用いなかったり，あるいはあなたがスプリントゴールを間違ったやり方で適用した場合，あなたのスクラムチームに何が起こるのだろうか？

本章では，スプリントゴールがなかったり，あるいはスプリントゴールを誤用して仕事をするという本来の道から外れてしまったときに，何が起きるかを論じる．

スプリントがその目的を失い，そしてスプリントバックログがゴールになる

スプリントの目的は，スプリントゴールと完成の定義を満たすプロダクトインクリメントを提供することである．あなたのチームがスプリントゴールを使わないと想像してみよう．あなたが，スプリントの間に達成しようとすることは，厳密に何だろうか？　プロダクトインクリメントで達成しなければならないことを，あなたの開発者はどのように知るのだろうか？　それらを知らなければ，スプリントの最後に提供され，完成の定義を満たせば，どのようなプロダクトインクリメントでも十分になる．スプリントを中止すべきときをあなたはどのように知るだろうか？

そのスプリントにおいてすべての仕事を完了することがゴールになる．プロダ

クトバックログアイテムの受け入れ基準は，契約になり，そして個別の仕事が，より大きな全体像に対してどのように貢献するのかを確認するすべがない．

スプリントの最後に，スクラムチームは，プロダクトインクリメントの形で具体的な踏み石[†1]を届けるだろう．その歩みはあなたをどこに連れていくだろうか？　自分が達成しようとしていることをあなたが知らなければ，どの方向へ1歩踏み出しても構わない．自分が行きたいところを知ることにより，あなたは正しい方向に1歩踏み出し，その1歩が行きたいところのより近くまで自分を連れていくかを評価することができる．

あなたがすでに知っているように，スプリントゴールは，すべてのスクラムイベントに共通するものである．スプリントゴールなしで働いたときに起こることを，以下のようにまとめよう．

- スプリント：時間枠であり，その期間でそのスプリントに存在するすべての仕事をスクラムチームが完了させようと試みる．
- スプリントプランニング：スプリントにおいてすべての仕事を完了するための計画をつくる．
- デイリースクラム：スプリントですべての仕事を完了する確率を最適化する．
- スプリントレビュー：スプリントの間に私たちが完了した仕事に対するフィードバックを受けることで，自分たちが提供する価値を改善する．
- スプリントレトロスペクティブ：スプリントの間にすべての仕事を完了する確率を最適化するために自分たちの仕事のやり方を改善する．

すべてのスクラムイベントは，スプリントの成果から離れて，アウトプットに向かう—そのスプリントに自分たちが含めたすべてのものを完了する—だろう．私たちが摩擦に直面し，複雑な仕事を行っているとき，計画に従うことでは不十分であることを知っている．私たちは，驚きに対処できなければならないが，自分たちが達成しようとしていることが分からなければ，予期せぬことに対処するのはきわめて困難である．

---

†1　庭園などで飛び飛びにおいてある石．

計画に従うことが，目的を満たすことよりも重要になる

スプリントバックログが，その一覧をやり終える計画とともに，完了させる一連のバックログアイテムだけを含むのであれば，その計画に従うことが唯一の選択肢になる．そのスプリントの間に追加されたすべての仕事を完了させることがゴールになる．というのは，チームは，自分たちの仕事がどうして大事なのかをはっきりと理解していないからである．

目的が不明確なときに，予期せぬことが否応なく起きれば，チームが行える唯一のことは計画に従おうとすることだけである．計画が，ゴールになるのである．その後，第1章のフランス軍との戦闘におけるプロイセン軍と同様に，状況が変化するときに，いったん計画が現状に合わなくなるとチームは適切に反応できなくなる．

結果として，スプリントゴールなしで仕事をするスクラムチームは柔軟ではなくなる．スプリントは，変化を受け付けず，それによりスクラムの経験的な核心部が輝かなくなる．あなたがスクラムを行うときに，学び，適応，そして創発[†2]があらねばならない．計画が目的になると，学び，適応，そして創発を可能にする柔軟性を押し殺してしまう．

スプリント中のすべてが等しく重要になる

スプリントの間に，自分たちがすべてのスプリントバックログアイテムを完了できないであろうことにスクラムチームが気づいたと想像してみよう．あなたがスプリントゴールなしで働いている場合，すぐに問題を抱えることになる．というのは，スプリントバックログを終えることがゴールだからである．どのスプリントバックログアイテムを完了させるかをどのように判断するのだろうか？

それを見つける唯一の方法は，あなたのプロダクトオーナーと話をして，どのスプリントバックログアイテムを完了すべきで，どのアイテムを落とすべきかを問うことである．あなたが，スプリントゴールとともに働いているときに，その

---

†2　チーム内のメンバーの発想の単純な総和を超える新たなアイデアなどが生まれること．

スプリント中にはスプリントゴールに関係しない仕事もあるだろう．スプリントゴールに関係しない仕事を調整することで柔軟性がもたらされる．そのスプリントでの仕事のいくらかをあなたが完了できないときに，スプリントゴールに関係するスプリントバックログアイテムにより多くの努力を費やすために使えるバッファーをもつことができる．

あなたは，すべてのスプリントバックログアイテムを完了できないだろうが，これは問題ではない．スプリントゴールは，私たちが最も価値があると判断したものであるので，より重要ではない何かの仕事を落とすという犠牲を払ってそれを実現できるのであれば，これは公平な駆け引きである．

スプリントゴールなしで働くことが，技術的負債をもたらす

自分たちがスプリントの間に加えた仕事を完了できないことをチームが見つけるというシナリオを想像してみよう．スプリントゴールなしにそのスプリントが始まってしまった後に，その人たちは何を行うべきだろうか？

スプリントが始まった後は，以下の側面が固定されている．

- 時間：時間枠が終わると，そのスプリントは終わる．例外はない．
- 費用（チームの規模）：スプリントの間に人々を追加するほどすばやく反応したとしても，そうすることはおそらく自分たちのスピードをただ落とすだけだろう．
- スコープ：スプリントに入っているものであれば，あなたはそれを完了すべきである．

結果として，品質にしわ寄せがいくことが多くなる―品質を守らせるはずの完成の定義が存在してさえもそうなる．すべてが固定されているにもかかわらず，私たちが期限通りに届けなければならないのであれば，何かを犠牲にしないといけない．そのため，チームは，スプリント内にすべてのバックログアイテムを完了するために，おそらく品質で手を抜くようになる．

この種の技術的負債の問題は，隠されているため，十分な量が溜まった後になって初めて顕在化することが多いということである．あなたが技術的負債に気

づくとき，それは朽ちた部品からなる木造のコテージに住むようなものである．朽ちた部品が小さく，少数であれば，あなたはそれらを修理できる．しかし，そのような部品が多すぎれば，朽ちた部品を紙やすりでこすってなくすことはできない．それらは，丸ごと交換する必要がある．どの領域にどの程度影響が及ぶか次第で，あなたのコテージの大きな部品を交換することになるかもしれない．技術的負債が溜まれば溜まるほど，アプリケーションが腐っている可能性が高い．

　あなたが大量の技術的負債を抱えている状況にいるときに，摩擦は指数関数的に増える．明確なスプリントゴールとともに働くことが，なおさら重要になる．というのは，あなたの計画，行動，そして結果がさらにより間違いやすくなるからである．

終わらせるように統制しない

　あなたが明確なスプリントゴールをもたずに，スプリントの間に達成しなければならない複数のゴールがあると想像してみよう．それらのゴールは，予期されたものよりも大きいと判明する．というのは，あなたの見積もりが先立つ知識で制限されるからである．さて，あなたはどうするか？

　全員がそれらの複数のゴールに対して一生懸命に働くが，なんと，なんと！それらのゴールは，一つも完了しない．自分たちのすべてのゴールで大きく前進したが，それらのいずれも完了できなかった．というのは，それらは大きすぎてそのスプリントの間に完了させることができないからである．

　あなたが，スプリントの間に最も重要なものを判断しなければ，その判断はあなたの代わりに誰かが下す．その判断は，最も大事なものが完了しないか，あるいは何も完了しないかのいずれかになりうる．そのスプリントの間に完了させる最も大事なものを選ぶことで，あなたは確実にそれを完了させられる．

　あなたに日常的な例を提供させてほしい．私が仕事から家に帰る途上に，妻からの電話があったと想像しよう．私たちにはその晩の夕食にお客さんがあり，彼女は自分の特製料理の準備に必要な豆腐を買い忘れた．私はすぐにスーパーに向かい，その途上でもう1回彼女から電話があった．彼女はもし私に時間があれば，自転車のライトも買えないかと尋ねた．誰かが彼女の自転車のライトを盗んだのだが，彼女はそれらをすぐには必要としない．

　私が自転車のライトを持っていて，豆腐を持たずに夕食に現れたと想像してみよう！　彼女，そして私たちのお客さんは喜ばないだろう．豆腐が最も重要である．というのは，豆腐は彼女の美味しいメインコースの大事な材料だからである．そう，彼女は私に自転車のライトを買うように頼んだが，私にそれを行う時間がある場合に限ってのことだ．

　最も重要なものが明確でなければ，チームは，最も重要なものを犠牲にして，より重要ではない何かに取り組むおそれがある．

スプリントゴールなしだとチームの力が奪われる

　第4章で私たちが論じたように，チームとは，共通のゴールをもつ人々の集団である．あなたのチームが，スプリントゴールで具体化されたような共通のゴールをもたないと，もたないことでチームワークが妨げられる．全員が，スプリントバックログアイテムの間には関係がないというように，バラバラにスプリントバックログアイテムに取り組むだろう．

　全員がその仕事を完了させるために汗水流すだろうが，全員が取り組んでいることがお互いにどのようにつながるかが不明確になる．北極星のように作用するスプリントゴールがあれば，それがチームメンバーを導く助けになり，スプリントの目的を果たすための最も大事なことを完了させるための協働を促す．

　要するに，スプリントゴールなしで働くことには多くの短所がある．あなたのスプリントの失敗を招く道筋は多いが，スプリントゴールをもたないというのは，間違いなく，スクラムチームを不利な条件に置く最も手っ取り早い方法の一つである．

　私たちは，自分たちがスプリントゴールを使わなかったり，あるいは誤用すると，何がうまくいかないかについて十分語ってきた．次章では，私たちはスクラムの異なる二つのバージョンを探究するが，これら二つのバージョンは，摩擦に対処し，私たちが否応なく遭遇する驚きを処理する能力に影響を及ぼす．大きく異なる二つのスクラムの解釈，そしてそれらが摩擦に対処するための自分の能力に及ぼす影響を認識することで，あなたは，自分の状況により適した方を選ぶことができる．

重要な学び

スプリントゴールとともに働くことで，以下のようになる．

- スプリントは，その目的をもち続ける．目的とは，スプリントゴールを実現するプロダクトインクリメントを生み出すことである．
- スクラムチームは，そのスプリント中のすべてのバックログアイテムを完成しようとすることから離れて，スプリントゴールを達成するために必要なことだけを行う方向に向かう．
- 目的を果たすことが，計画に従うことよりも重要になる．
- 最も重要なことを明確に述べることで，あなたは，何を完成させるかを統制する．あなたが，最も重要なことを決めないと，チームは，最も大事なことを犠牲にして，より重要ではない仕事に努力を費やすおそれがある．
- 明確なスプリントゴールと**理由（why）**の組合せは，チームが，どれくらい多くの摩擦や驚きに遭遇しようとも，共通の理解をもち，最善の計画と解決策を考え出す自由をもっているということを意味する．

第 8 章

スクラムの二つの異なるバージョン

「あなたは，今までハチドリが花々の間の空中ダンスで飛び回るのを見たことがあるだろうか？　位置が変わるたびにその色が変わる，生きているプリズムのような宝石—その優美な形，その変化にとんだ輝き，そのすばやい動作と空中での静止の間隔，すべての記述をあざけるような，妖精のような愛らしい生き物なのである」

—ウィリアム・ヘンリー・ハドソン

あなたは，自分のスクラムチームで以下の言葉をどれくらい頻繁に聞いたことがあるだろうか？

「私たちは，今日新しいことを始められない．私たちは，スプリントの最終日におり，私たちは完了できなくなるだろう」
「私たちは，スプリントプランニングを終えたばかりだ．私たちは，自分たちのスプリントに変更を加えるのを避けるべきだ」
「カンバンは，スクラムよりもよい．というのは，カンバンはより柔軟だからだ」

私は，これらの発言の一つひとつを何回も繰り返し聞いてきた．私が，新しいチームに加わり，その人たちがどのようにスクラムを行うかを観察するときに，同じ種類の問題を目撃し，既視感を経験することが多い．驚くことではないが，スクラムに対する最も一般的で，広がっている論点は，硬直的で柔軟性がないというものである．

この観点は，スクラムがアジャイルの誕生に立ち会ったフレームワークの一つだという事実と相いれにくい．スクラムは，アジャイル宣言よりも古い．アジャイル宣言のゴールは，XP，スクラム，そして他のアジャイルフレームワークが

共通にもつことを要約することであった．スクラムは，基本的に，アジャイル宣言の少数の親の一つなのである．

　多くの人が，スクラムが硬直的で，アジャイルではないように信じ，行動しているのはなぜだろうか？　本章で，私は，多くの人がスクラムに対してもっている根深い誤解のいくつかと，現実の世界に存在するスクラムの二つの非常に異なる解釈を網羅的に説明する．

多くの人がスクラムをアジャイルではないとなぜ信じるのだろうか？

　スクラムがアジャイルではないというつくり話が存在し続けるのには二つの大きな理由がある．1番目の理由は，スクラムガイド（2020）が不変性のルールを含んでいることである．

> ここで概要を述べたように，スクラムフレームワークは不変である．スクラムの一部だけを導入することも可能だが，それはスクラムとはいえない．すべてを備えたものがスクラムであり，その他の技法・方法論・プラクティスの入れ物として機能するものである[†1].

　多くの人が，この不変性のルールを，アジャイル宣言に反する硬直的なものとして解釈する．アジャイル宣言の最初の行は，以下のように述べている．

> 私たちは，ソフトウェア開発の実践あるいは実践を手助けをする活動を通じて，よりよい開発方法を見つけだそうとしている[†2].

　スクラムを型どおりに実行しなければならないという理由で，よりよい仕事の行い方を見つけだすことが許されないならば，それがどれほどアジャイルだというのだろう？

　この考え方の問題点は，スクラムが意図的に不完全なフレームワークだという事実を完全に無視していることである．スクラムは，あなたがさらに高い価値を

---

†1　スクラムガイド（2020）の日本語訳を引用．
†2　アジャイル開発宣言の日本語訳を引用．

提供するために自分自身のルールを考案することを後押しするための最小限の
ルールに留めている．不変性のルールは，あなたがより良い働き方を見つけるた
めにより多く学び，理解することを認めるフィードバックループを守り，そして
スクラムではない何かを人々がスクラムと呼ぶことも防ぐためにも，追加され
た．

　スクラムがアジャイルではないと人々が信じる2番目の理由は，多くのスク
ラムの実践者がスプリントの概念をどのように解釈したかに関係する．最も一般
的に実践されているスクラムのバージョンの一つは，スプリントをまったく変更
できない境界だと考える．あなたが投入したすべては，スプリントが終わる前に
完了されなければならない．スクラム純粋主義者は，この硬直的な解釈はスクラ
ムではないと主張するだろう．というのは，それがスクラムガイドで展開された
ルールに従っていないからである．それらの人たちは，正しいかもしれないが，
要点を外している．私は，それよりも物事をより率直で実務的に見る．つまり，
チームがスクラムを**実践しよう**とするときに，彼らはスクラムを**行っている**と見
る[3]のである．

　それがどれほど醜悪でスクラムから遠くても—彼らはスクラムを行っている．
そのようなチームを，スクラムを行っていないと退けるのは，ご都合主義であ
り，有益ではない．それは，スクラムを実装するときに起こりうる共通の問題と
誤解に関する透明性を妨げる．それらの人々全員を「スクラムを行っていない」
というバケツに片づけてしまうことは，検査と適応を妨げる．人々がスクラムの
概念を誤解するときには，私たちは，名指しして，それらの人たちがスクラムを
行っていないと宣告するのではなく，異なるやり方があることを示そうとすべき
である．「彼らは，スクラムを実践していない！」と強い語調でいうことは，そ
れらの人たちが異なる見方を学ぼうとすることを妨げる．

　柔軟で変化によく反応する別の働き方があることを，これらのスクラムチーム
に理解してもらうにはどうすればいいのか？　私は，二つの異なるラベルを用い
て，スクラムチームに自分たちが実践しているスクラムのスタイルを示す．私
は，変化を妨げ，硬直的であることが推奨されるようなスクラムの硬直的な解釈
を，**アナコンダ・スタイル**スクラムと呼ぶ．変化が奨励され，歓迎されるよう

---

[3]　著者は，スクラムガイドにすべて従うものだけをスクラムと考えるのではなく，どんな形であれ，
　　チームがスクラムを行おうと考えているならば，それをスクラムを行っていると見るという立場である．

な，スクラムの自由志向の解釈を，私は，**ハチドリ・スタイル**スクラムと呼ぶ．

アナコンダは，冷血動物でエネルギーを浪費しないことに優れている．結果として，アナコンダは頻繁に食べる必要がない．あなたは，おそらく大きな獲物を飲み込んだばかりで，はち切れんばかりの大きなお腹をもつ蛇の写真を見たことがあるだろう．アナコンダに運が向き，シロイワヤギのような大きな動物を食べ切ると，食べ物なしに何か月も過ごせて——シロイワヤギを完全に消化するまで，ずるずるとはい回って，さらなる獲物を狩る必要がない．

これと対照的なのは，ハチドリである．アナコンダとは違って，ハチドリは，自分の勝利の上で休むことができない．ハチドリは，おおよそ 10 分から 15 分ごとに食べ，日々何千もの花を訪れる．ハチドリは，生き残るために滅多に休まず，自分たちの高い代謝についていくために，絶えずビュンビュン飛び交い，花から花へと移動する．

アナコンダの食習慣は，バッチ処理と対比できる．つまり，何か大きなものを食べ，じっと座り，その後により長い期間をかけてそれを消化するのである．ハチドリの食習慣は，継続的なプロセスに類似している．つまり，飛び回って花の蜜をすばやく消化することにより，必要に応じて花の蜜を少しずつ得るのである．アナコンダ・スタイルのスクラムチームは，プロダクトバックログアイテムの大きな束を摂取し，すべてを完了しようとすることでスプリントを始める．それらのチームは，スプリントをまったく変更できない境界として扱う．ハチドリ・スタイルのチームは，必要に応じて仕事を継続的に引き受ける．

これら二つのラベルは，有益である．というのは，それらのラベルは，あなたが実践しているスクラムの種類に対する鮮明なイメージを描写するのに役立つからである．これらのスクラムの対立する解釈を認識することで，あなたは，自分の状況により良く合うのはどのスタイルであるかについての話し合いに加わることができる．

スプリントがどのように展開するかをシミュレーションすることで，ハチドリ・スタイルとアナコンダ・スタイルが実際にどのように見えるかを探究してみよう．それを行うために，仮想のスクラムボードを考察していく．

アナコンダ・スタイルのスクラムとハチドリ・スタイルの
スクラムの実際

　アナコンダ・スタイルのスクラムチームは，スプリントプランニングの間にスプリントバックログ全体を明確にする．それらのチームが，そのスプリントの間に完了すると期待する，すべての仕事が取り込まれる．スプリント中のいくつかの仕事はスプリントゴールに関係し，いくつかの仕事はスプリントゴールに関係しない．チームが，自分たちがスプリントの間に完了できると信じていることすべてを追加し，計画すると，そのスプリントの仕事を始めることができる（図8.1）．

　スプリントの中間においてアナコンダ・スタイルのスクラムチームの様子を覗いてみよう（図8.2）．このスナップショットには，注意すべき2点の興味深いことがある．1点目は，仕事を追加したり，あるいは取り除いたりという変更がスプリントに加えられていないということである．2点目は，スプリントゴールに関係する仕事がすべて，スプリントゴールに関係しない仕事よりも優先されているということである．

　さて，私たちのアナコンダ・スタイルのスクラムチームにおいて，スプリント

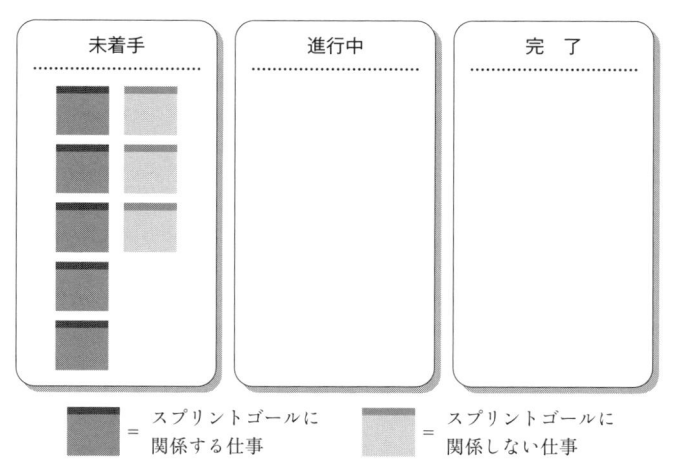

図8.1　スプリントの開始時のアナコンダ・スタイルのスクラムチームのスナップショット

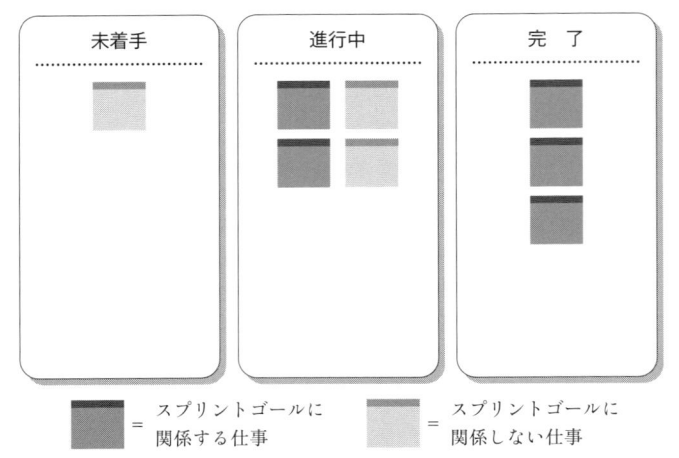

図 8.2　スプリントの中間でのアナコンダ・スタイルのスクラムチームのスナップショット

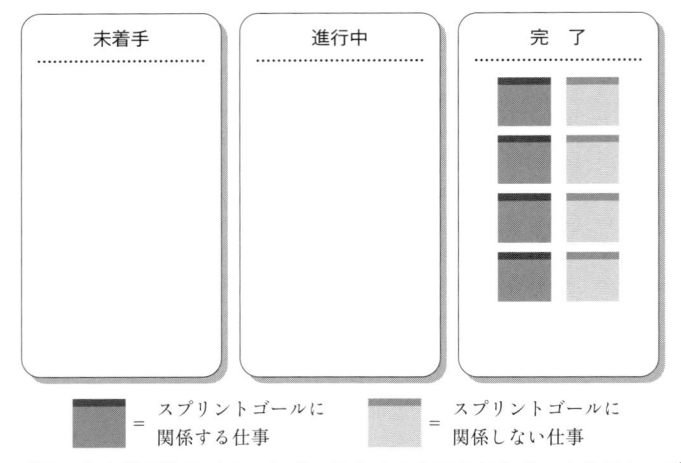

図 8.3　スプリントの終了時のアナコンダ・スタイルのスクラムチームのスナップショット

の最後にスクラムボードがどのように見えるかを調べてみよう（図 8.3）．スプリントゴールが達成されており，そのスプリントに加えられた他のすべても完了されている！　これは，アナコンダ・スタイルのスクラムチームにとって素晴らしいスプリントの姿である．そのチームが，持越し[†4]を防ぐために，スプリント

---

†4　着手したが未完了のスプリントバックログアイテムのこと．

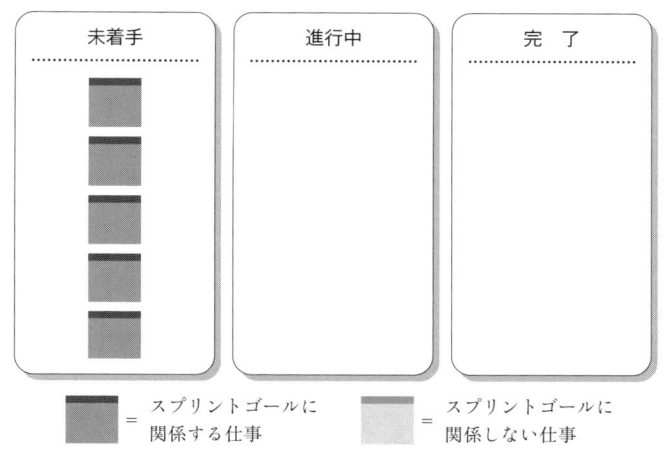

図 8.4 スプリントの開始時のハチドリ・スタイルのスクラムチームのスナップショット

の間にさらに仕事を取り込まなかったことに気づくと興味深い.

　ハチドリ・スタイルのスクラムチームに対しても,同じシミュレーションを行い,スプリントプランニングの最後での彼らのスプリントボードを調べてみよう(図 8.4).ハチドリ・スタイルのスクラムチームは,自分たちの見積もりが不完全であり,自分たちがまだ知らないことを見つけるかもしれないと認識している.彼らは,その仕事を行うことによって,自分たちが行わなければならないことをより良く理解し,驚きがいつでも起きうるだろうことを心得ている.この理解の結果として,彼らは,スプリントの始めにより少ない仕事を取り込む.当初は,スプリントゴールに関係する仕事のみが取り込まれる.そのチームは,スプリントの始めの数日間だけを議論し,計画を立てる.というのは,彼らは,自分たちがその仕事を行い,現実が明らかになるにつれて計画が形をなしてくるだろうと信じているからである.

　スプリントの中間でのハチドリ・スタイルのスクラムチームを覗いてみよう(図 8.5).

　スプリントゴールは,すでに完了している.チームは,利用可能なキャパシティーに基づいてより多くの仕事を取り込むことを決めた.スプリントの最後には,ボードは図 8.6 のようになった.

　図 8.6 に示されるように,スプリントの終了時点で,ハチドリ・スタイルの

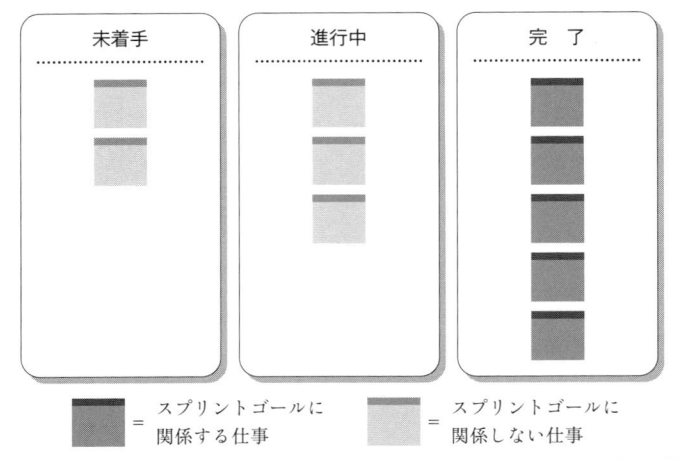

図 8.5　スプリントの中間でのハチドリ・スタイルのスクラムチームのスナップショット

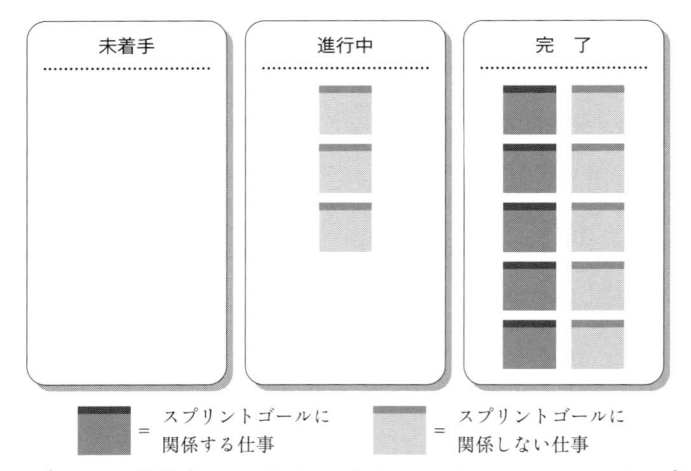

図 8.6　スプリントの終了時のハチドリ・スタイルのスクラムチームのスナップショット

ボードは，アナコンダ・スタイルのボードよりもはるかに取り散らかっている．ハチドリ・スタイルのスクラムチームは，より多くの仕事を完了し，はるかに多くの持越しをもっている．そのチームは，持越しはスプリントゴールに関係しないので，持越しを気にしない．彼らは，スプリントゴールに対して決してキャパシティーいっぱいに計画を立てず，そして先立って大量の仕事に着手しないので，後続するスプリントで持越しがスプリントゴールを届ける自分たちの能力に

影響を及ぼすかどうかを気にしない．

　アナコンダ・スタイルとハチドリ・スタイルのスクラムチームの間の主な違い
をまとめてみよう．アナコンダ・スタイルのスクラムチームは，自分たちのスプ
リントに自分たちの仕事をすべて積み込み，自分たちが着手したすべてのものを
完了しなければならないと信じている．スプリントの終了時点で，スプリント
バックログ全体が空になる必要がある．シロイワヤギで腹いっぱいのアナコンダ
が，大きな肉切れを消化する間，じっとしたままでいなければならないのと同じ
ようにである．

　対照的に，ハチドリ・スタイルのスクラムチームは，最初の数日間で行うのに
十分な仕事だけでスプリントを始めて，自分たちが進むにつれてその他の詳細を
埋めていく．まさに，ハチドリが事前に訪れるすべての花を計画しないように，
ハチドリ・スタイルのスクラムチームは，謙虚な計画で始めて，自分たちが仕事
を行う間により多くのこと見つけ，学ぶにつれてその計画を発展させるのであ
る．

　ハチドリ・スタイルのスクラムは，複雑な仕事にぴったりと合っている．とい
うのは，それが，あなたが遭遇するであろう摩擦と驚きに対応する最大の柔軟性
をもたらすからである．あなたは，自分の状況と仕事について不明なことが最も
多いスプリントの始めに自信過剰な計画に対して確約しない．その代わりに，あ
なたは，予期されていないことに対応するための十分な余地を残す謙虚な計画で
始める．スプリントゴールが，あなたが予期していたよりも難しいことが分かっ
たり，あるいはやっかいな本番稼働の問題が突然行く手に現れたり，あるいは他
のチームがあなたの支援を必要とすると想像してみよう．ハチドリ・スタイルの
スクラムは，変化に反応することを可能にし，自分たちが作成した当初の計画に
こだわってしまうという自然な傾向を巧みに避ける．

　ハチドリ・スタイルのスクラムでは，あなたは，仕事を開始したり，あるいは
終了するための不自然なスプリントの境界にさいなまれない．スプリントの境界
は，スプリントゴールに関係する仕事だけに影響を及ぼす．それでさえ，硬直し
た境界ではない．スプリントは，検査のタイミングを設置するのであり，自ら課
した境界ではない．スプリントは，そばを通過する振り子のように必ず予測でき
るものと感じられるはずであり，そのタイミングに乗じて自分たちが行っている
ことが順調かどうかをあなたは見ることができるのである．

　ハチドリ・スタイルのスクラムチームは，分かったことに基づいて決断を下そうとする．アナコンダ・スタイルのスクラムチームは，以下の三つの理由で，分かったことに基づいて決断を下そうとしない．

- 間違いを犯すことへの恐れ：アナコンダ・スタイルのスクラムチームは，過剰に分析し，考えすぎる傾向があり，それが雑音と間違った情報をチームの計画に定着させてしまう．チームは，すべて形づくられたスプリント計画に対して最初から確約しようとする．この恐れは，チームが働く現在，あるいは過去の環境によってもたらされることが多い．
- 憶測の霧：この問題は，チームが実際に知るよりも多くのことを自分たちが知っていると信じているときに起こる―当初の計画に根拠のない信頼を寄せてしまう．
- 先立つ霧：自分たちが知らないことの重要性を過小評価すると，当初の計画が錨のように重しになり，新しい情報が現れた際に反応するための能力を押し殺す．

　全体的に，これらの三つの要因がアナコンダ・スタイルのスクラムチームにおいて，摩擦を増やし，驚きに対応する能力を減らす．彼らがスプリント全体の計画を一緒に立てるためにスプリントプランニングで座っている間に，実質的にはスプリントで成功するチャンスを下げるためにより多くの時間を浪費していることになる．結果として，アナコンダ・スタイルのスクラムチームは，意図せずに，変化に対応することよりも，計画に従うことをより重視している．

　スクラムが複雑な仕事を意図したものであることを思い出してほしい．複雑な仕事は，頻繁な驚きを伴う大量の摩擦を意味する．アナコンダ・スタイルのスクラムは，変化に反応することにはあまり適していない．すべての仕事が追加され，計画が完全に固められると，予期せぬことへの対応の余地が少なくなる．謙虚な計画ではなく，自信過剰な計画で始める．驚きが起きると，まず仕事を外し，その後に計画を見直すことで，それらの驚きに応答するための余裕をつくらねばならない．ハチドリ・スタイルのスクラムは，あなたが見つけたことに基づいて反応するための柔軟性と機敏さをもたらす．というのは，あなたが仕事を行うにつれて，徐々にその先の仕事を取り込むからである．この仕事のやり方が，

自分の進路に投げられる不意の抗しがたい驚きに対応する最善のチャンスをあなたにもたらす.

　アナコンダ・スタイルとハチドリ・スタイルが，ここで両極端にあるもののように示されているものの，実際にはそれらをつなぐさまざまな中間状態があるということを強調することが大事である．アナコンダ・スタイルとハチドリ・スタイルのどちらか一方を行うというほどはっきりと白黒に分かれるものではない．チームによっては，両方の性質をもっているだろう．ハチドリのように舞い，摩擦を通り抜けて滑空することで，あなたは変化への反応の優先順位づけをし，それが複雑な仕事を行い，大きな摩擦に対応するのにぴったりと合うのである.

　これで，今のところは，スプリントゴールとスクラムの異なるスタイルについての話は十分である．複雑な仕事を行うときは，ハチドリ・スタイルのスクラムがとるべき道だということは明らかであるべきである．今や私たちは，スプリントゴール，創発，そして柔軟性がスクラムで重要である理由を網羅したので，あなたが自分のスクラムチームとともにどのようにスプリントゴールをつくることができるのかを考えるときである.

　第I部で，チームワークを可能にし，自分たちの進路に現れる摩擦と驚きに効果的に対応するうえで，ゴールが果たす重要な役割を探究した．第II部で，摩擦と驚きに効果的に対応するためにスクラムがどのように設計されたか，そしてこれを可能にするうえでスプリントゴールが果たす重要な役割を考察した.

　第III部では，スプリントゴールの実践的な例を提供し，スプリントゴールに価値の提供をけん引させるために必要なことを探究する.

重要な学び

- アナコンダ・スタイルのスクラムは，最も一般的なスクラムの形である．それは，複雑性，不確実性，摩擦，そして驚きに対応する最適なやり方ではない.
- ハチドリ・スタイルのスクラムは，最大限の柔軟性と，あなたが驚きにドンと突き当たり，自分の仕事の性質についてより多く学ぶにつれて，変化に反応する最善の能力をもたらす.
- アナコンダ・スタイルのスクラムとハチドリ・スタイルのスクラムの間の違

いは，連続的な分布の上に存在する．チームによっては，両方の性質を混ぜたハイブリッドなスタイルのスクラムを実践することもある．

第Ⅱ部全体の学び

第Ⅱ部を終えるために，5〜8章の主な教訓を総括しよう．

- スクラムフレームワークは，摩擦と驚きに対応するための最善のプラクティスを一つにまとめている．スクラムは，三つのギャップを検知するために多くのフィードバックループをもたらす．三つのギャップとは，知識，狙い，そして効果のギャップである．ダブルループ学習は，フィードバックループの上にフィードバックループをもつことを可能にし，それにより，スクラムチームは，より価値の高いものを届けるためのより良い仕事のやり方を考え出すことができる．
- スクラムにおいて，すべてのスプリントが，あなたの全体的な目的に向かう1歩である．あなたが現在知っていることだけに基づいて計画を立てることにより，スクラムは謙虚な計画で始まる．複数のスプリントを通じて仕事をすることで，私たちは，今ただちに予見できる環境を超えて計画を立てようとしない．スプリントは，憶測の霧を制限し，先立つ霧を減らすことを助ける．
- すべてのスクラムイベントは，スプリントゴールと絡み合い，強く結びついている．スプリントゴールなしでは，すべてのスクラムイベントはそれらの目的を失い，中身がないものになる．
- スプリントの目的は，スプリントゴールを満たすプロダクトインクリメントを提供することである．スプリントゴールは，スプリントの司令官の意図であり，スプリントの理由（why）と期待された成果の両方を含むべきである．これにより，全員が次の二つのことを確実に理解する．つまり，① 私たちが達成しようとしている厳密な成果は何であるか？，そして，② その成果がなぜ重要なのか？　である．
- スクラムははっきりと説明責任を定めているが，価値の提供はスクラムチーム全体にとって最も大事であるべきである．他のすべては，目的に対する手

段である.

- スクラムガイドに一言一句従うことは，価値の提供をもたらさない. あなたは，意図的に不完全なスクラムの土台の上で，自分自身の働き方を見つけることによってのみ，スクラムで成功を収められる. スクラムは，あなたの顧客と自分たちのビジネスに対する価値の意味を語ることができない. つまり，あなたは，それを自分で見つけ出す必要があるのだ.
- スプリントゴールは，スプリントですべての項目を完了することから，スプリトゴールを達成するために必要なことだけを行う方向へと，スクラムチームを移行させる. スプリントゴールは，目的を果たすことを，計画に従うことよりも大事なことにする.
- 明確なスプリントゴールと，**理由（why）**の組合せにより，チームは，共通の理解，そして—どれほど大量の摩擦と，多くの驚きに遭遇しようと—最善の計画と解決策を見つける自由を確実にもつ.
- ハチドリ・スタイルのスクラムは，摩擦と驚きに対応する最も効果的な方法である. 私の経験では，ほとんどのスクラムチームは，アナコンダ・スタイルのスクラムを実践している.

スプリントゴールで，価値を駆動する

　第Ⅲ部では，理論をつなぎ合わせる際に役立つよう，価値のあるスプリントゴールの具体例を考察する．スプリントゴールの非常に重要な性質は何であり，どのようにスプリントゴールがみんなに等しく確実に理解されるようにするか？プロダクトビジョンを前進させる，価値あるスプリントゴールをどのように確実に設定するか？　特定の成果を駆動するためにどのアウトプットに注目すべきか？　第Ⅲ部では，価値の提供を駆動し，自分のプロダクトビジョンを現実のものにするために不可欠な要素を，プロダクト戦略からプロダクトバックログまでにわたり網羅的に検討する．

第 9 章

スプリントゴールを作成する

> 「自然が，その周りのすべてのじゃまもの，すべての障害，そして働きを取り上げ
> ―それを自らの目的に転じ，自分自身に組み込む―，そのこととまさに同じよう
> に，理性のある存在も，一つひとつの妨げを原料へと転じ，自らのゴールを達成
> するために用いることができる」
>
> ――マルクス・アウレリウス

　前章までで，スプリントゴールを用いないときに起こることと，摩擦と驚きに
対応するためにスプリントゴールがなぜ重要なのかを明らかにした．私たちは，
今や，スプリントゴールが重要な理由と，自分たちがスプリントゴールを使うべ
き理由を理解しているが，まだ良いスプリントゴールがどのようなものかを考察
していない．

　本章では，スプリントゴールをつくることで，全力で取り組むための方法を探
究する．それにより，あなたは，今日から取り組み始められる．良いスプリント
ゴールをつくるために必要なすべてのステップを論じ始める前に，スプリント
ゴールの定義に立ち戻ろう．

スプリントゴールとは何か？

　スプリントゴールは，スプリントプランニングの間にスクラムチームによって
つくられ，完成される．スプリントゴールは，スプリントの使命を表す．つまり
私たちが達成しようと望んでいることの司令官の意図（より丁寧な説明は，第3
章を参照）である．スプリントゴールは，スクラムチーム全体に以下の二つのこ
とをはっきりと伝えるべきである．

- このスプリントがなぜ大事なのか？
- 何がこのスプリントの望まれる成果なのか？

そのスプリントが大事な理由は，顧客を起点とすべきである．私たちが構築するものについてではなく，それが顧客の日常をどのように進歩，あるいは改善へと導くかが大事である．私たちがこの点を心に留めると，自分たちのプロダクトが顧客に変化を生んだか否かを後になっても確認できる．もちろん，私たちは，顧客を喜ばせるためだけにプロダクトを構築しない．私たちが，顧客の価値を会社に対するビジネス価値としてどのように刈り取るかということも明確であるべきである．

あなたは，スプリント計画を立てたり，プロダクトバックログアイテムを引き受けたりする前に，スプリントの目的から始めるべきである．その計画とそのスプリントに向けて選ばれたプロダクトバックログアイテムは，スプリントゴールから湧き出てくるはずである．もちろん，スプリントプランニングの間に，当初のスプリントゴールが野心的すぎたり，あるいは達成不可能であることが分かれば，スプリントゴールは，見直されるかもしれない．スプリントゴールから始めることで，あなたは，確実に目的を心に抱いて仕事を始めることができる．あなたは，次の質問を問うことで始める．つまり，自分たちが取り組みうる最も大事なことは何であるか？　ということである．

もちろん，これらはすべて，とても素晴らしく聞こえるかもしれないが，スプリントゴールは実際にどのようなものだろうか？　そして，自分たちが適切なスプリントゴールを作成したかどうかを，私たちは，どのように確認できるのだろうか？

こここそ，FOCUS という略語（mnemonic）の出番である．FOCUS は，スプリントゴールに対して，INVEST[1]がユーザーストーリーに対するように機能する．INVEST になじみがない人向けに補足すると，INVEST は，あなたのユーザーストーリーの品質を評価するための要点を示す略語である．FOCUS は，あなたのスプリントゴールの品質を評価するために用いることができる．

---

[1] INVEST は，Independent（独立），Negotiable（交渉可能），Valuable（価値がある），Estimable（見積もり可能），Small（小さい），Testable（テスト可能）の頭文字からなる略語であり，良いユーザーストーリーの特徴を表現するものである．

FOCUS とともにスプリントゴールを念入りにつくる

　スプリントゴールに対する FOCUS という略語は，スプリントゴールととも
に成功裏に仕事をするために世界中の何百ものスクラムチームにトレーニングや
コーチングをした私の経験の結果である．これは，実際に最も効果的に機能する
ものを検査し，適応させた後の，3 回目の反復の結果である．

　スプリントゴールにより，スクラムチームは，本当に大事なことに焦点を合わ
す（FOCUS）ことが可能になる．スプリントゴールは，以下のような FOCUS
の条件を満たすべきである．

- ●楽しさ（Fun）：スプリントゴールは，覚えられるタイトルをもつべきであ
  る（そして，楽しいとなお良い！）．
- ●成果指向（Outcome-oriented）：スプリントの成果として期待されるものは
  何か？
- ●協働（Collaborative）：スプリントゴールは，スクラムチーム全体により，
  念入りにつくられるべきである．
- ●究極的な理由（Ultimate）：スプリントの理由（why），私たちが行うこと
  がどうして大事なのであるかの最終的，あるいは究極的な理由．
- ●単一（Singular）：単一で首尾一貫した目的に焦点を合わせる．

　FOCUS により，あなたは，自分のスプリントゴールが目的に合うかどうかを
すばやく確認することができる．FOCUS の五つの側面の各々をざっとたどり，
それらが大事な理由を説明しよう．

楽しさ：スプリントゴールが確実に覚えられ，会話の中に
自然に入るようにする

　あなたは，SMART という略語をかつて聞いたことがあるだろうが，この略語
は全世界の会社で用いられている．以下のスプリントゴールを見てみよう．

「プロダクト詳細ページのページロード時間を 200 ms 減らす」
「チェックアウトの摩擦を減らすことでコンバージョンを 0.7% 増やす」
「私たちの顧客を新しい顧客サービスプラットホームに移す」

　これらのスプリントゴールは，まったく妥当に思える．議論のために，これらのスプリントゴールが SMART のすべてのチェックボックスにチェックが入ると合意しようではないか．つまり，具体的（Specific），測定可能（Measurable），達成可能（Achievable），関連のある（Relevant），そして時間志向[†2]（Time-oriented）である．これらのスプリントゴールは，あなたのチームで使いものになるだろうか？

　SMART が問題なのは，人間が事実以上のものに関心をもち，そして事実だけでは私たちが関心をもつには不十分であるということである．私たちは，自分たちの気持ちや心をくすぐるストーリーを覚え楽しむ．私たちは，考えるだけの存在ではない．私たちがどう感じるかも大事なのである．SMART は，あなたのスプリントゴールを事実としては正確にするが，それらのスプリントゴールがあなたのチームを死ぬほど退屈させても不思議ではない．

　不幸にも，SMART は，ほとんどのチームにとって受け入れられるスプリントゴールとして通用するものである．自分たちのスプリントゴールを確実に正確にすることばかりに注力すると，私たちは，間違った進路をとってしまう．興奮や感情は，決して考慮されない．あなたのスプリントゴールを SMART に限定すると，それらがすべての熱意を蒸発させることは間違いない．

　ここで，先のスプリントゴールを私たちが以下のような記憶できるタイトルにいい換えたと想像してみてほしい．

　　「ワイルドスピード[†3]：プロダクト詳細ページのページロード時間を 200 ms 減らす」
　　「金を見せろ[†4]：チェックアウトの摩擦を減らすことでコンバージョンを 0.7% 増やす」
　　「転送してくれ，スコッティ[†5]：私たちの顧客を新しい顧客サービスプラット

---

†2　「期限がある」という意味．
†3　『ワイルド・スピード』（原題：The Fast and the Furious）は，2001 年公開のアメリカ合衆国映画．
†4　映画『ザ・エージェント』（原題：Jerry Maguire）でのトム・クルーズのセリフと思われる．

ホームに移す」

　はい，あなたがタイトルから見てとれるように，私は，映画にとても入れ込んでいる！　しかし，**楽しさ（Fun）**と呼んではいるが，最も大切なことはタイトルが**覚えられる**ことだということを私は強調したい．楽しみの側面は，あった方がよいものである．人々は，スプリントのゴールを覚え，それが簡単に会話の中に入り込むことができる必要がある．

　あなたは，スプリントゴールにフェニックスプロジェクトのようにカッコ良いタイトル，あるいは自分が望むどのようなタイトルであれ与えることができる．ただ，スプリントゴールに言及するためにあなたのチームが使うことができる，シンプルなラベルを必ず用意しよう．というのは，そうすることでスプリントゴールを単なる事実に限定するのではなく，顔を与えるからである．

　あなたは，次のように不思議に思うかもしれない．つまり，楽しみの部分がオプションであれば，「覚えられる」ではなく，「楽しさ」を略語に入れたのはなぜか？　と思うかもしれない．成長するにつれて，私たちの多くは，この遊びの感覚を失うようであり，そしてそれは仕事場で抑えられることが多い．もし私たちが挑戦的で複雑なことを行おうとするのであれば，それを行う際に少し楽しみをもとうと心掛けてもよいかもしれない！　それが不可能だったり，望ましくないならば，「覚えられる」で我慢しよう．私が，楽しみをそこに入れたのは，自分たちの仕事に少し遊び心をもたせ，楽しくできるならば，なぜそれを目指さないのだ？　ということを人々が思い出すためである．人生は短いのに，自分自身が楽しまず，みんなと少しの冗談をいい合うこともしないなんて．

成果指向：計画に従うよりも，目的を満たすことをより大事にしよう

　先に書いたように，スプリントの間に自分たちが構築したものではなく，むしろそれがどのように受け取られるかが大事なのである．私たちが，そのスプリントの間に達成しようとするのは何だろうか？　どうしたら自分たちがそれを達成したと語ることができるのか？　心に目的を抱いて始めることにより，私たちは，自分たちが達成すると示したことを達成するチャンスを最適化する．自分た

---

†5　SFテレビシリーズ『スタートレック』の最初の作品である『宇宙大作戦』での有名なセリフ．

ちのチームがより多くのことを学ぶにつれて，チームが直面するかもしれない障害に対応するために，その計画を調整する自由を自分たちのチームに最大限認めもするだろう．

　成果指向は，私たちが確実に目標から目を逸らさないようにする．成果指向は，自分たちが達成しようとすることと計画をごちゃまぜにするというよくある間違いを私たちが確実に避けるようにする．計画は，私たちの目的と分けるべきである．あなたが，スプリント計画の実装上の詳細をスプリントゴールに加えると，それが，あなたのチームに「計画に従う」という視野狭窄を生み，より多くを学ぶにつれて反応するというそれらの人たちの能力を制限する．その結果，計画に従うことが，目的を満たすことよりも大事になってしまう．

　私は，かつて，データベースをより安く稼働するものに変更することでコストを削減するというスプリントゴールを設定したチームで働いていた．そのスプリントの間に，私たちは，インスタンスの数を減らすことでも，はるかに少ない努力でそこそこのレベルでコストを削減することができることに気づいた．突如として，そのスプリントゴールは，それまでの価値がもはやなく，新たなスプリントゴールの方を選んで，当初のスプリントゴールを捨てることを決めた．選ばれたアプローチに向けてあまり独断的にならず，目的に注目して元々のスプリントゴールが策定されていたならば，私たちは，そのスプリントゴールを維持できた．

　スプリントゴールから，計画と方法を切り離そう．スプリントゴールを具体的に表現することはより難しくなるが，その努力を払う甲斐がある．あなたは，現実が予期されたものと異なることが判明したとき，そして自分が行いたかったことだったものの，もはや行動を進める最善の道ではなくなった間違った仮定をスプリントゴールが含んでいると気づいたときに，悩む羽目になりたくはないはずだ．

協働：チーム全員の産物

　プロダクトオーナーは，結果指向であり，事前に十分に検討したスプリントゴールをまず用意して，それとともにスプリントプランニングに臨むことが多い．しかしながら，あなたがこれを行うと，自分自身の足を引っ張ってしまい，スプリントゴールが，スクラムチームの全員を巻き込んで努力して発展させたも

のよりも，劣るものになることが多い．

スプリントゴールはチーム全員で設定すべきだ．またスプリントプランニングは，オープンで全員が参加する活気に満ちた打合せであるべきである．スプリントゴールは，チーム全員で完成させるまで，議論可能でオープンであるべきである．

スプリントゴールを一緒に設定することで，以下の三つのことを達成できる．

- 賛同：チーム全員でそれを作成したので，それは自分たちのゴールであり，一人のゴールではない．
- 共通の理解：スプリントゴールは，自分たちの協働の成果である．全員が，スプリントゴールを念頭に置き，それが意味することを理解している．これは，誰か他の人のお仕着せのスプリントゴールを覚えるよりも，はるかに良いのである．そのうえ，あなたが書き留めたことは何であれ，常に不完全である．会話をもつことでのみ，あなたは，全員が同じ見解をもっているかを確認することができる．
- より良い結果：全員がスプリントゴールを見て，一緒に推敲しようと試みることで，個人が孤独にゴールを思いつくときよりも，結果ははるかに良くなるだろう．

究極的な理由：私たちが達成したいことがなぜ重要なのか？

自分たちが達成しようとしていることの究極的な理由—なぜそのゴールなのか—を理解することで，チームは最もよく理解して，状況が変化するときに適切な判断を下す準備ができているだろう．背景は大事である．ゴールを設定するだけでは不十分である．このゴールは，私たちの顧客とビジネスにとってなぜ重要なのか？　これは，チームの全員にとって明確である必要がある．

成果がなぜ重要であるかという背景全体と成果をまとめることで，チームは，現実が展開するにつれて最善のことを行う究極の自由を享受する．スプリントゴールがもはや適切ではなくなるときにそれを捨てる判断を下すことや，あるいはより価値の高い選択肢である別のスプリントゴールが見つかれば，それを選ぶことさえできる．**理由**の理解なしには，スプリントゴールが適切であるかを判断することは難しくなる．

単一：単一の共通な目的を設定することでチームワークを促進する

　複数に賭けることで負けを防ごうとして，自分のスプリントゴールを三つのサブゴールに分割することは簡単だ．しかし，あなたが，自分のスプリントゴールにおいて一つだけのことにしか焦点を合わすことが許されなかったらどうだろうか？　その方が，はるかに難しいのではないだろうか？

　競合する複数のサブゴールをもつスプリントゴールは，共通のゴールがないようなものである．あなたは，チームワークと協働を妨げつつ，多くの目的の上に自分のチームを薄く引き伸ばしている．維持することと，落とすこととを選ぶのは難しいが，それによりあなたは本当に大事なことに焦点を合わすことができる．

　そのスプリントの間に完了させる最も価値の高い，単一の目的を選ぼう．あなたが，最も大事なことを決めなければ，チームがあなたのためにそれらの決断をし，そしてあなたは最も大事なことに対する統制を失う．あなたのチームは，複数の目的に向けて取り組むことで，自分たち自身を薄めてしまうし，自分たちの熱心な仕事すべてにもかかわらず，目的が一つも完了しないことになることが多い．

　スプリントゴールを設定するために，あなたがどのように FOCUS を使えるかを論じたが，どこからスプリントゴールを念入りにつくり始めるのだろうか？10章では，スプリントゴールの作成が始まるところを探究する．すべてのスクラムイベントで実際にスプリントゴールをどのように活用するのかということも考察する．

重要な学び

　スプリントゴールは，スプリントプランニングの間にスクラムチームにより念入りにつくられる．FOCUS は，あなたが効果的なスプリントゴールを編み出すために役立つ便利な略語である．

- 楽しさ（Fun）：覚えられるタイトルを見出し，楽しい要素を注入するように試みよう（必須ではないが推奨される）．

- 成果指向（Outcome-oriented）：ゴールは，あなたが達成しようとしていることに対する共通の理解をもたらすべきである．
- 協働（Collaborative）：スクラムチーム全体が一緒にスプリントゴールをつくる．
- 究極的な理由（Ultimate）：スプリントゴールは，**理由（why）**―私たちが達成しようとしていることの背後にある究極的な理由―を含むべきである．
- 単一（Singular）：スプリントゴールは，複数の競合する目的ではなく，共通な単一の目的からなるべきである．

第 10 章

スクラムイベントにおけるスプリントゴールの実際

「素晴らしいことを達成するために，二つのものが必要になる．つまり，計画，そして不十分な時間である」

—レナード・バーンスタイン

　ここまでに私たちは，スプリントゴールを設定するために，どのようにFOCUS を使えるかを論じたが，どこからスプリントゴールを念入りにつくり始めるのだろうか？　通常，人々は，スプリントゴールの作成がスプリントプランニングで始まると信じている．奇妙に思えるかもしれないが，それは正しくない．あなたは，スプリントプランニングでスプリントゴールに取り組み始めるのではない．

　本章は，あなたが自分たちのスプリントゴールをつくり始めるのがどこであり，自分たちのスクラムイベントすべてを最大限活用し，価値の提供を効果的に駆動し，そして摩擦と驚きに効果的に対処するために，スプリントゴールをどのように活用できるかを網羅的に検討する．

なぜスプリントレビューでスプリントゴールの議論を始めるべきなのか？

　スプリントレビューの間，スクラムチームは，プロダクトインクリメントとプロダクトバックログを議論するために自分たちのステークホルダーと会う．この打合せで，以下の三つの重要な話題が常に取り上げられるべきである．

●このスプリントで行ったことに価値があると自分たちが信じているか？

- プロダクトインクリメントの価値を検査し適応させる．
- 私たちが次に何に取り組むべきか？

　私は，これらのことを行うために，あなたがフィーチャーをデモし，それらの
フィーチャーがどのように動作するかを見せる必要が一切ないことを**強調した
い**．そのようなデモなどをほとんどのスクラムチームがスプリントレビューで行
うのにもかかわらずだ．プロダクトインクリメントの価値を検査し適応させるこ
とは，あなたがプロダクトのアナリティクスを見たり，あるいは顧客のフィード
バックを見せたりすることも意味しうる．覚えてほしいのは，プロダクトインク
リメントは，プロダクト全体であり，このスプリントであなたたちが行ったこと
だけではないということである．

　スクラムチームにとって，常に考えうるスプリントゴールの下書きを用意し
て，スプリントレビューに臨むことが大事である．あなたのステークホルダー
は，少し不機嫌になるかもしれない．というのは，あなたが単一のゴールを示
し，それらのステークホルダーはあなたに複数のゴールに注力してほしいからで
ある．あなたは，一時に一つのゴールに焦点を絞ることの重要性を自分のステー
クホルダーが理解するようにすべきである．ステークホルダーとのこれらの会話
は，とても挑み甲斐があるものになりうる．問題は，あなたが，自分たちの独自
の関心をもつ複数のステークホルダーをもつときに，それらのステークホルダー
全員が自分のことに取り組んでほしいと主張することである．スプリントゴール
は，スプリントレビューでは完成されない．そのため，あなたは，自分がゴール
の下書きを共有しており，これは変更されるかもしれないことをはっきりさせる必
要がある．しかしながら，自分がもっと楽になるために，スプリントゴールの作
成を先導しうるプロダクトゴールがすでにあるべきである．

　あなたが，多数のステークホルダーが異なることを求めるような状況に直面し
たときには，単一のことに焦点を絞ることの重要性を説明しなければならない．
私は，これを通常以下のように説明する．

　　あなた方が望むならば，私たちは三つのことに同時に取り組むことができる．
　　そうすると，あなた方のそれぞれがほしいものをより遅く得ること，そして最
　　初に届けられるものを思い通りにできないということになる．あるいは，私た

ちは異なるアプローチに従うと決めることができる．代替のアプローチは，何が一番重要であるかを一緒に決めるというものである．そうすれば，私たちは，最初に届けられるものを統制し，そしてすべてがより早く届けられるだろう．あなたが望むことをいってほしい．あなたは，見せかけのより速い提供を望み，すべてに同時に取り組むことで全員が忙殺されることを招くのを望むのか，あるいは実際に速く提供してほしいのか？

　通常，誰もがより早く届けてほしがるので，あなたが選択することの重要性を説明することで，何を選ぶかということがより容易になる．最も大事なものを選ぶか，あるいは選ばないかのいずれかである．後者の場合，あなたは，統制を失い，提供されるものはあなたに代わってランダムに選ばれるだろう．

　ここで，あなたが，単一のゴールの重要性を自分のステークホルダーに納得してもらったと想像してみよう．あなたは，このゴールをどのように選ぶのだろうか？

　プロダクトオーナーとして，私は，スクラムチームと同席をして，スプリントゴールの下書きを練ることが多い．これを行うことを可能にするために，心理的安全性が鍵になる．あなたのチームが，あなたをプロダクトオーナーとして信頼しなかったり，あるいは自分たちにより多くの仕事を確約させるためにスプリントゴールの提案を乱用するかもしれないと心配するならば，この協働は失敗する．良いスプリントゴールを見つけるのは，チームによる努力の成果であるべきである．

　リベレイティング・ストラクチャー[1]（Liberating Structures）は，人々のグループを巻き込んでアイデア，質問，そして提案を生み出すための素晴らしい方法である．「1-2-4-All 形式」を使うことで，スプリントゴールの作成に，チームの全員を巻き込むことができ，集団思考を防ぐことができる．実行に要する時間は計 12 分だ．あなたは，「私たちの次のスプリントゴールは何であるべきだろうか？」と問いかけることで打ち合わせを開始する．

- ●全員が，その質問に対する答えを黙って一人で考える（1 分間）．

---

[1]　リベレイティング・ストラクチャーに対するより詳しい説明は，https://www.liberatingstructures.com/（英語）に掲載されている．

- 全員がペアに分かれて，自分たちの回答を共有し，自分たちの回答をさらに強力にするために共有されたアイデアの上に回答を築く（2分間）.
- ペアが他のペアと一緒になり，4人組を形成して，類似点と相違点に特別に注意を払いながら，自分たちの回答を共有する（4分間）.
- すべての4人組が，自分たちの会話で際立った一つのアイデアを共有する（5分間）.

　全員が別々のスプリントゴールを設定するならば，それは会話のための興味深い出発点である．というのは，それは，最も価値が高いことに対する異なる観点が存在することを意味するからである．あなたは，その後一緒にすべてをもち寄るためのグループの会話を終え，チームがスプリントゴールとして設定すべきことを決める．このアプローチを使うことで，あなたは，賛同と共通の理解を得るだろう．必要に応じて，1-2-4-Allのサイクルを繰り返すことができる.

　異なる観点が生じた理由を理解することが，非常に重要である．それは，単に意見の分かれる問題だということもありうるが，すべてのチームメンバーが同じ情報，あるいは理解をもっていないということもありうる．その結果，顧客に対して価値が高いこと，あるいは私たちがビジネスのためにその価値をどのように刈り取れるかということについて，異なる観点が存在する．その後，プロダクトオーナーは，背景をさらに提供することで，公平な土俵となるようにすることができるはずであり，それにより，自分たちの現在の理解に基づいて最も大事なことについて全員が同じ見解をもつようになる.

　ここで，あなたが，スプリントゴールの下書きを一緒に作成したと想像しよう．あなたは，それをスプリントレビューでどのように活用するのだろうか？

　スプリントレビューの間，私は，自分たちのステークホルダーにプロダクトバックログを見せて，私たちが取り組むべきだとステークホルダーが信じていることを尋ねる．その後，私は，ステークホルダーが信じているものの何が，これに取り組むべきだと思わせているのかを理解するための追加の質問をする．私たちがスクラムチームとしてとりまとめたスプリントゴールの方向性が，ステークホルダーが重要だと信じていることとすでにそろっていることも多い．しかし，そうではない場合もある．というのは，自分たちのステークホルダーも承知しているプロダクトゴールがあり，スプリントゴールは，通常プロダクトゴールに

沿っているからである[†2]．スクラムチームとステークホルダーの両方が同じスプリントゴールを提案すれば，それは全員の方向がそろっているしるしである．

　自分たちが提案するスプリントゴールを共有するときには，私は，これが最終版ではないことを強調する．スプリントゴールは，そのスプリントの間に自分たちがどれほどの量の仕事を完了できると信じるか次第で，スプリントプランニングの間に微調整されるかもしれない．私は，自分たちが完了するそこそこのチャンスがあると信じるゴールを同じ方向に設定するように試みるとステークホルダーに説明する．唯一の重要なことは，これが追い求めるべき最も価値が高い方向であるか否かをステークホルダーが合意することである．その方向に私たちがどれほど進められるかは，別の問題であり，重要性はより低い．

スプリントプランニングの間にスプリントゴールを入念につくる

　プロダクトオーナーとして，私は，スプリントレビューですでに議論されたスプリントゴールに対する複数のアイデアを常に自分の頭に入れて，スプリントプランニングに参加する．それが，スプリントプランニングの出発点である．もちろん，プロダクトバックログは順序づけされているので，私は，良いスプリントゴールを選ぶためにプロダクトバックログを常に調べる．

　あなたは，複数のスプリントゴールを用意しておくべきである．というのは，優先度と順番とには違いがあるからである．依存性，あるいは他の理由で，私たちがそのスプリントゴールに取り組めないことが分かるかもしれない．そのような状況に直面したときに，あなたに使える，いくつか予備のスプリントゴールがあれば楽になる．それでも，私は，これらの予備のスプリントゴールをスクラムチーム全体と一緒にまだ完成させる必要があるということを**強調**したい．

　私は，スプリントプランニングの間，スプリントバックログを検討する前であっても，「私たちがスプリントバックログを見ることすらせずに，これをゴールとして設定するとしたら，私たちはこれが達成可能だと思うだろうか？」と常に尋ねる．新しいチームでは，長く，ぎこちない沈黙に気づくことが多い．チームは，スプリントバックログを議論しておらず，自分たちのキャパシティーも知

---

†2　この文は，2文前の「…ステークホルダーが重要だと信じていることとすでにそろっていることも多い」理由を述べている．

らず，そして自分たちの休日を意識していない．チームにそもそも分かるのだろうか？　しかしながら，チームがこの質問に気持ちよく答えるような，信頼の度合いと心理的安全性をつくることは重要である．

　チームが「はい」あるいは「たぶん」と答えるならば，私たちは，それをスプリントゴールの下書きとして出発する．チームが「いいえ」というならば，私は，スプリントの間に達成できるように，このゴールをどのようにより小さくできるかを尋ねる．自分たちがスプリントの間に完了できると信じるスプリントゴールを策定したならば，チームは，プロダクトバックログからスプリントバックログへと仕事を取り込み始める．

　その後，チームは次の質問で最終的な確認を行う．「私たちは，仕事を分解し，自分たちのスプリントバックログ中のすべての仕事を調べた後に，自分たちがこのスプリントゴールを達成できるとまだ信じているだろうか？」．もし答えが「いいえ」ならば，チームはスプリントバックログアイテムをいくつか取り除き，スプリントゴールを見直す．この過程は，チーム全体からの答えが「はい」になるまで続く．このアプローチに従うとき，あなたが自分のスプリントをキャパシティーいっぱいに計画しないことが必須である．

なぜスプリントをキャパシティーいっぱいに計画すべきではないのか

　スプリントをキャパシティーぎりぎりまでいっぱいにしないというのは，選んだ見積もりアプローチ—ストーリーポイント（ベロシティー），あるいは #No-Estimates[3]，キャパシティーに基づくスプリントプランニング—にかかわらず重要である．すべての見積もりアプローチは，次の同じ質問に対する答えをもたらす．つまり，「そのスプリントの間に自分たちにこのスプリントゴールを達成するための十分なキャパシティーがあると私たちは信じているだろうか？」という質問である．

　あなたが自分のスプリントをキャパシティーいっぱいに計画すべきではない主な理由は，以下の二つである．

---

[3]　プロダクトバックログアイテムに対して相対的な規模見積もりしないアプローチ．

●あなたの見積もり，あるいは予測は，自分が**知っている**ことに基づき，**知らないこと**を考慮しない．キャパシティーいっぱいに計画すると，自分が知っていることだけに基づいて計画を立て，まだ知らないことに対処するための余地を残さない．複雑な仕事を行うときには，あなたは，知らないことに対処するための余地を常に残さなければならない．というのは，驚きは避けられないからである．

●他のチームが助けを求めたり，あるいは何か予期しないこと—例えば本番稼働の問題—が起きるときに，あなたは，即座に問題にぶつかり，起きたことに反応できるように，落とすものを選ばねばならない．

　自分のキャパシティーいっぱいに計画策定する問題を明らかにする，いくつかの具体的なシナリオをざっと見ていこう．

シナリオ 1：スプリントゴールなしにキャパシティーいっぱいに計画を立てる

　あなたが，あるスプリントを計画したと想像しよう（図10.1）．図10.1の左側は，キャパシティーいっぱいに計画されたスプリントを示している．図の右側は，これらのスプリントバックログアイテムを完了するために実際に要する時間の現実を示す．その仕事はより多くの時間を要する．というのは，私たちは見積もりが得意ではなく，そして自分たちが知っていることだけで見積もりができるにすぎず，それでは不十分だからである．この場合に，スプリントが始まってから何が起きるだろうか？　スプリントは失敗する．それはスプリントゴールがないからであり，そしてチームはすべてのスプリントバックログアイテムを完了できない．

　ここで，私たちに，スプリントゴールとともに仕事をする，少し心得たチームがおり，そのチームがスプリントゴールに関係するすべての仕事をキャパシティーいっぱいに計画すると想像しよう（図10.2）．そのスプリントの成果は同じだろう—チームはそのスプリントを失敗する．というのは，すべてのスプリントバックログアイテムがスプリントゴールに属しているからである．すべてが重要なので，柔軟性が低すぎてスプリントの間に変更ができない．

　ここで，別のスクラムチームが自分たちのスプリントをキャパシティーいっぱ

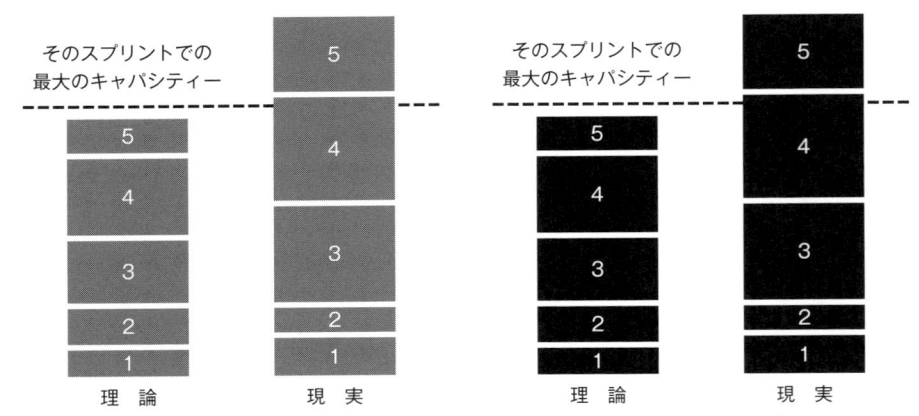

図 10.1　スプリントゴールがなく計画され
たスプリントの理論上のキャパシ
ティー 対 私たちの見積もりが外れ
るためにそのスプリントが示す実際
の負荷

図 10.2　すべての仕事がスプリントゴール
に関係している計画されたスプリン
トの理論上のキャパシティー 対私た
ちの見積もりが外れるためにそのス
プリントが示す実際の負荷

いに計画するが，スプリントゴールと関係しない仕事を含むと想像してみよう
（図 10.3）．本質的には，このチームの人たちは，キャパシティーいっぱいに計
画を立てていない．というのは，そのチームの人たちが確約している仕事は，ス
プリントゴールに本当に関係しているものだけだからである．

　そのチームが，そのスプリントの間に計画した仕事が見積もりよりも長くかか
るだろうことが分かるとき，それへの反応は，スプリントバックログアイテム 1,
2, 3 を優先することであり，それらは最終的にそのスプリントの間に完了され
る．チームは，スプリントバックログアイテム 4 でもいくらか進捗するが，そ
れは完了されずに持越しになる．それでも，そのスプリントは成功である．とい
うのは，そのチームがスプリントゴールを実現したからである．

　人によっては，持越しがあたかも悪いことであるように振る舞う．私は，これ
は，スプリントの何たるかに対する誤解に根差していると信じている．スプリン
トは，自分が抱えているすべての仕事を急いで完了する締切りではない．むし
ろ，スプリントは，自分がやっていることの調子を見るための固定されたタイミ
ングを特定してくれる．スプリントは，傍らを通過する振り子のようなものであ
るべきであり，いかなる犠牲を払ってでも完成させようとしゃにむになるよう
な，気味悪く迫る締切りであるべきではない．

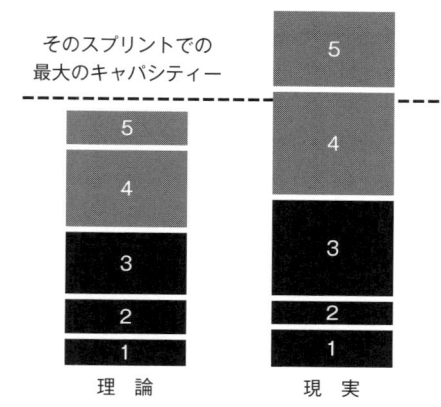

図10.3　スプリントゴールありで計画されたスプリン
　　　　トだが，そのスプリントのすべてがスプリント
　　　　ゴールに関係しているわけではない場合の理論
　　　　上のキャパシティー　対　私たちの見積もりが外
　　　　れるためにそのスプリントが示す実際の負荷

　そのスプリントは，あなたが全力疾走（sprinting）と感じないものであるべ
きである．絶え間のない全力疾走は，変化する環境に直面しているあなたを硬直
的にし，失敗するように追い詰める．忙しさでいっぱいになり，しゃにむになる
ことが，価値提供に必要な協働を損なうのである．

　最高速度で移動することが常態になっている場合は，自分の状況の意味を理解
し，判断を下し，そして方向を変えることは，非常に困難になる．あなたは，驚
きや予期せぬことに対応できないだけではなく，他のチームがそれまで知らな
かったことを見つけたときに，それらのチームを助けることもできない．

　絶え間のない全力疾走は，透明性，検査，そして適応を損なう．海軍特殊部隊
（Navy Seals）がいうように，「ゆっくりはスムーズであり，スムーズは速い」な
のである．あなたには，考えて振り返るための時間が必要であり，絶え間なく走
り，ものごとを完了させようとやっきになっていては，そのような時間はもちえ
ない．あなたは，持続可能なペースで働くべきである．

　スプリントゴールに関係しない持越しは，スプリントゴールを達成するために
必要な柔軟性をもたらす．この考えを説明するために，現実の世界の例をあなた
に提供させてほしい．あなたが，帰宅するための車上にいて，夕食にお客さんが
来ると想像してみよう．あなたのパートナーは，パニックになってあなたに次の

ような電話をする．今，オランダの豆スープを調理しており肉料理がない．あなたのパートナーは，あなたに，ソーセージを買ってきてほしい，そして彼女の自転車のライトが故障しているので，お客さんが到着する前にあなたに時間があれば，自転車のライトを買ってきてほしい．

　ここで，あなたは自転車のライトを買うが，時間がなかったので，ソーセージを買わずにお客さんに間に合うように家に急ぐと想像しよう．あなたのパートナーは，あなたが肝心なことをし損なったので怒るだろう．同じことは，あなたがソーセージと自転車のライトを買って，到着が遅れても起きるだろう．指示は，次のようにはっきりしていた．最も重要なことは，ソーセージを買うことであり，あなたに時間がある**場合**にのみ自転車のライトを買うのである．言い換えれば，夕食にソーセージが間に合うというより重要なゴールを満たすために，自転車のライトを持ち越してもよかったのである．

　スプリントゴールに関係しない持越しは，スプリントゴールを実現するためにあなたが落とした仕事なのである．ソーセージを得るために，自転車のライトをあきらめるという選択なのである．そうであれば，あなたは正しい判断をしたのであり，祝うべきことである！

　あなたは，決してキャパシティーいっぱいにスプリントを計画しないので，持越しに徐々に対応する余地がある．もし後続するスプリントで持越しがスプリントゴールに関係するならば，それらは高い優先順位にされ，完了されるだろう．あなたがキャパシティーいっぱいで計画を立てると，持越しが問題になる．というのは，あなたは，それらに対してどれほどの量の仕事が残っているかを推測しなければならないが，それをうまく行うことが難しいからである．人々が再見積もりをうまく行おうと試みるときに不必要な時間もかかってしまう．

　私が，ここまで記述したすべては，プロダクトゴールとリファインされたプロダクトバックログの存在を仮定している．しかしながら，時として，あなたに，明確でリファインされたプロダクトバックログ，あるいはプロダクトゴールのいずれかかがないかもしれない．さらに悪いことに，あなたは一つのチームとして一緒に働いてきておらず，ベロシティーあるいは頼りにするスプリントバックログアイテムの過去の完了データがなかったり，大きな技術的な挑戦の可能性に直面したりするかもしれない．そのような状況であなたは良いスプリントゴールをどのように設定するのか？　私の個人的な経験からの話を共有させてほしい．

リファインされたプロダクトバックログなしにスプリントゴールを作成する

　私は，かつて突然そして予期せずに数名の開発者とともに新しいスクラムチームをつくるために，ある会社の財務部門に異動させられた．私たちは，ベロシティーがなく，財務ドメインについて無知だった．私たちは，自分たちのステークホルダーにとって価値があったり，あるいは重要なことがまったく分からなかった．

　私が行った最初のことは，最も重要なステークホルダーと会い，それらの人たちに自分たちが取り組める最も価値の高いことが何であるか尋ねることだった．もちろん，私は，当初多くの異なる回答を得たが，私は，取り組むべき最も価値のあることに対して，私たちが合意に達するまで，ステークホルダーに異議を唱え，質問をし続けた．

　財務部門の最も大きな問題の一つが，月ごとに期日通りに帳簿を締めることだということが分かった．月締めは，高度に手作業の，誤りがちなプロセスであり，多くの異なるレポートを生成した．つまり，それは毎月繰り返されて，その部署のすべての従業員に多くのストレスをもたらした．月末に全員がストレスを受けていることを感じられたに違いない．私たちは，この月ごとの締めプロセスを自動化することが自分たちのなしうる最も有用なことだと判断した．

　私が，自分のチームの開発者に話をして，この問題に自分たちが取り組むべきことを説明したときに，開発者は問題しか見なかった．シニア開発者の一人は，「しかし，私たちは，そのレポートの内容，あるいはデータをどこから取ってくればいいかを知らない．私たちが月次締めレポートを自動化するのを妨げる，大きな障害に突き当たる大きなリスクがある．私たちが知らないことが多すぎるのだ」といった．

　このシナリオにおいて，多くのスクラムチームは，スパイクを作成し，何かを構築する前に多くの調査を行うだろう．私は，それを行ってほしくなかったので，実際にそのチームのスクラムマスターを逆に怒らせてしまった．彼は，私たちは何も届けないスプリント 0 を行い，開始前に多くの調査と話をしたかったのだ．

　私は，このアプローチが好きではない．というのは，財務部門は，高いストレスを受け，多くのプレッシャーのもとにいたからである．私は，自分たちが彼らのためにいることを示すために，結果を速く提供したかった．私は，自分たちのステークホルダーの何名かがストレスが高すぎて辞める瀬戸際であるときに，フワフワしたことを話すためにスプリント全体を費やしたくなかった．

　私は，他のことをすることを実際に提案した．私は，彼らに次のように語った．「このスプリントのゴールは，選択された月次のレポートを自動化することである．あなたたちは，自分が最も簡単に自動化できるレポートを選ぶことができる．そのゴールを満たせなかったとしても，私はOKだ．私たちは，そのゴールが表す仕事の量も，何をする必要があるのかも知らない．それでも，私はこのゴールを設定すべきだと考える．というのは，私たちが本当に重要な問題に遭遇するからだ，単に自分たちが思いつける理論的な問題ではない．最悪の場合，スプリントの最後に，私たちは自分たちが対処しなければならない最大の問題の一覧を得て終わったり，あるいは行おうとしていることが不可能なことが分かったりするだろう．」

　チームは合意したが，それは主として私が失敗はOKであり，私が責めを負うと彼らに述べたからである．私は，それほど大きな不確実性とリスクのもとで，彼らに多くのことを求めていることが分かっていた．スプリントプランニングの間に，私たちは一つのスプリントバックログアイテムを作成した．つまり，月締めのレポートを自動化するために自分たちが必要なすべてのデータを取得する概念の実証（Proof-of-Concept: PoC）である．私たちは，PoCの完了後にフォローアップのスプリントバックログアイテムをつくることに合意した．

　私たちは，運がよかった！　開発機で動作するコードで構成されるPoCは，私たちの質問すべてに答えてくれた．答えは「はい（Yes）」であり，そのアイデアは可能であり，そのスプリントの間にそれをつくれさえするかもしれなかった．私たちは，チーム全体に対してフォローアップのスプリントバックログアイテムをつくることができた．そのスプリントの最後で，私たちは，自分たちの最初の月締めのレポートを自動化したのだ！

　私たちのすべてのステークホルダーは喜び，開発チーム全体が誇りに感じた．誰一人，そんなに早い結果を予期していなかった．時として，明確なスプリントゴールをもち，大事なことが何であるかを知ることが，取り掛かるために十分に

なりうる．その後，あなたがより多くを学ぶにつれて，あなたは，より多くの詳細を加え，自分が行わねばならない仕事をリファインし，分割することができる．

このアプローチを使うことで，あなたが何を行い，どれほどの量の仕事を行わねばならないかを予測するのはより難しくなるだろう．しかし，自分が望んだゴールに向けてできる限り前進しているのであれば，前もってどれほどの進歩を成し遂げるかを正確に特定することが本当に重要なことなのだろうか？

さて，私たちは，スプリントプランニングでスプリントゴールを念入りにつくることの最も重要な側面を網羅したので，次のスクラムイベントであるデイリースクラムで何が起きるかを見ていこうではないか．

デイリースクラムにおけるスプリントゴール

すべてのデイリースクラムで，開発者は，スプリントゴールに向けた進捗を検査する．この打合せのゴールは，スプリントゴールを満たす見込みを最適化することである．このことは，あなたの計画策定を調整し，そして自分が見つけ，学んだことに基づいてスプリントバックログアイテムを見直したり，追加することを意味する．

デイリースクラムで理解されにくい要素は，次の 24 時間であなたが達成を計画していることへのゴールを設定するタスクである．この具体的なゴールを設定することで，あなたは，次のデイリースクラムで自分の進捗に基づいて検査と適応を行うことができる．この日次のゴールを設定しないと，進捗を追跡したり，自分が思い通りに達成しているのか，あるいは対処しなければならない事前に見えなかった障害に遭遇しているのかを知ることが難しくなる．

本当に大事なことは，スプリントゴールに関係する仕事をまず確実に選ぶことである．これは，依存性の問題により常に可能ではないかもしれない．しかしながら，あなたは，スプリントゴールに対して成し遂げられるかもしれない進捗を犠牲にして，チームがスプリントゴールに関係しない仕事で大きく進捗をするという状況に陥るのを避けたいのである．スプリントゴールは，取り組むべき最も価値のあることだと自分たちが決めたことであるべきである．どこか他をより進捗させるための努力で，ここの進捗が妨げられることは受け入れられない．

　もちろん，例外は確かに存在する．私は，たちの悪い本番稼働の問題が突然起こるという状況に遭遇したことがある．私たちは，スプリントゴールに向けて進捗させようとしていたすべてのことを即座にやめた．その後，本番稼働の問題が解決した後に，私たちは，やめたことを再び取り上げて，自分たちがまだスプリントゴールを達成できるかどうかを評価した．

　スクラムの実践者によっては，このようなことが起きたときにはそのスプリントを中止すべきだと主張するかもしれないが，私は，それが理に適っているとは思わない．まず，自分が経験している問題に対処し，その影響を評価し，その後に，行うべき最善のことに対する大事な決断をあなたは下すことができる．あなたがスプリントゴールを達成できないという確信があったとしても，そのスプリントを中止するべき理由はない．あなたが，残った時間でできうる最大の進捗を遂げるならば，元のスプリントゴールを追うことは，依然として理に適っている．

　さて次は，最後のデイリースクラムの後に続くスクラムイベントであるスプリントレビューで何が起こるかを論じよう．

スプリントレビューにおけるスプリントゴール

　スプリントレビューの目的は，あなたの構築したフィーチャーをデモして，それらのフィーチャーが動作し，それを実現するためにあなたが頑張ったことを証明することではない．その代わりに，スプリントレビューでは，そのプロダクトをさらに改善するためのフィードバックを集めるのである．あなたは，プロダクトインクリメントを検査するが，これは，そのスプリントであなたが行ったことだけではなく，プロダクト全体を意味する．理想的には，スクラムチームと中心的なステークホルダーは，そのプロダクトがどのように任務を果たしているかに対する中心的なメトリックスを見るべきである．

　スプリントレビューにおいて，最も大きな問題かつ最も一般的な俗説の一つは，このイベントの最大の焦点がフィーチャーを届けることだというものである．つまり，私たちが何を届けたか？　それがどのように機能するか？　ということである．それらのことは，ステークホルダーが思っているほども重要ではない．私たちが，届けたものとそれがどう機能するかは，目的に対する手段である．あ

なたが構築したものが，目立った変化を起こさず，顧客やビジネスのより良い成果を導かないならば，私たちは，いったい何をしていたのだろうか？　あなたが話すべきことは次のことである．つまり，自分たちが行うことが顧客に違いを生むと，どのようにして判断したのだろうか？　ビジネスに対する価値を刈り取ることができると，どのようにして判断したのだろうか？　ということである．

スプリントレビューでそれらのフィーチャーについて話すのは奇妙かもしれない，というのはあなたがつくり上げたものが何であれ，それは理想的にはすでに動作しているからである．あなたは，それがどのように任務を果たすかを見るためのデータをすでに集めており，併せてスプリントレビューで示すことができる初期の知見もある．すべてのステークホルダーは，そのフィーチャーを認識し，スプリントレビューの前にそれが使えるようになっているべきである．そうすれば，そのフィーチャーがどのように任務を果たすか，あるいは自分がどのような顧客のフィードバックを得たかを議論できる．というのは，それが，そのフィーチャーの善し悪しについての誰かの早まった意見よりも，はるかに多くのことを語るからである．

スプリントレビューの要点は，スプリントをレビューすることではない．その要点は，プロダクトインクリメントを調べて，プロダクトバックログを調整することである．スプリントゴールとそのスプリントの間にあなたが達成したことを論じることは確かに理に適っているが，その会話は，そのプロダクトがどのように任務を果たすかという，より大きな文脈の中で行われるべきである．

スプリントゴールが生み出すかもしれない成果は，遅れることが多く，結実するまで 1 回のスプリントよりも長い時間がかかるかもしれない．それでも，自分が行っていることをあなたが本当に議論したいのであれば，あなたは，定期的に過去のスプリントゴールに立ち戻り，それらが期待された成果を生み出したかどうかを見るべきである．

私たちはスプリントレビューを論じてきたが，今や，それが最後のスクラムイベントであるスプリントレトロスペクティブへと私たちを運ぶ．

スプリントレトロスペクティブにおけるスプリントゴール

スプリントレトロスペクティブは，ダブルループ学習が起きるところであり，

仕事のやり方を改善するために自分たちが学んだことを活用できるところである．スプリントゴールが，そのスプリントに対する明確な目的をもたらすので，私たちはそれを実現したのか否かを論じることができる．この議論は，スプリントゴールのアウトプット部分に焦点を絞るべきである．つまり，自分たちが提供したかったものを提供したのか？　そして自分たちが生み出したアウトプットは，実現したかった成果を達成したのか？　という点である．先に述べたように，成果は遅れることが多く，それが自分の行動の結果を観察することをより難しくする．

スプリントレトロスペクティブは，プロダクトゴールに向けての自分たちの進捗を振り返るための好機でもある．自分たちは，望んだとおりの進捗を遂げているのか？　プロダクトゴールに向けてより多く進捗するために自分たちの仕事のやり方を改善できるか？　自分たちのプロダクトゴールは，それに向けて取り組める最も価値のある目的のままであろうか？

スプリントゴールとプロダクトゴールは，何もないところに単独で存在しているのではない．一方は正面階段の小さな1歩であり，他方はより大きな1歩であるが，私たちは，その階段が自分たちを連れていく先をまだ知らない．より良い方向感覚を得るために，潜在的に価値が高い経路を自分たちが切り開く必要があり，それによりそれらスプリントゴールとプロダクトゴールのすべてを足し合わせて，自分たちのプロダクトに対するより大きな方向付けを与えられることを後続する章で論じる．

私は，本章でアウトプットと成果を少し述べた．あなたは，それらにどのような違いがあるのか疑問をもったかもしれない．第11章で，私たちは，価値を提供することの意味を考えていく．そして，アウトプットと成果の間の違いを第12章で網羅的に検討する．そこでは，自分が達成したい成果を駆動するための適切なアウトプットをあなたが選び，追求する助けになりうる枠組みを紹介する．

重要な学び

● スプリントゴールをつくることを，スプリントプランニングの段階で始めるべきではない．あなたは，自分の最も大切なステークホルダーが参加するス

プリントレビューにおいて，スプリントゴールについてすでに話し合っているべきである．

- スプリントゴールは，スプリントプランニングでスクラムチーム全体により作成され，完成される．あなたは，キャパシティーいっぱいに計画策定すべきではない．というのは，キャパシティーいっぱいに計画策定すると，予期せぬことに対処する余地が残らず，あなたは，学び，創発，そして必要に応じて他のチームを助けるために行動するための余裕がなくなるからである．
- スプリントゴールは，遅れて成果を生むため，あなたは，過去のスプリントゴールが期待された結果を生んだかどうかを見るために，定期的にそれらのスプリントゴールに立ち戻り，再調査しなければならない．

第 11 章

フィーチャーを増やせば増やすほど，価値が増えるのか？

「より少ないが，より良い」

—ディーター・ラムス

　今や，スクラムチームが複雑な仕事を行うときに直面する摩擦と驚きに効果的に対処することにおけるスプリントゴールとプロダクトゴールの利点は，明々白々なはずである．あなたは，素晴らしいスプリントゴールとプロダクトゴールを念入りにつくるために必要なさまざまな構成要素も理解しているはずである．

　それでも，私たちは，次の重要な質問をうやむやにしてきた．つまり，私たちが追求するプロダクトゴールとスプリントゴールをどのように決めたのか？　自分のプロダクトにとってゴールが本当に価値が高いかどうかを決めるのは何なのか？　という質問である．

　スクラムは，これらの質問に答えることができない．せいぜい，スクラムは，自分のスプリントゴールを満たすプロダクトインクリメントを提供することであなたを助け，スプリントゴールが自分のプロダクトゴールの達成により近づくようにあなたを動かすのである．あなたが良いプロダクトゴールを選び損ねたり，あるいはスプリントゴールがあなたをプロダクトゴールにより近づくように動かさないならば，プロダクトを構築することは，自分が間違っていることを見つけるための緩慢な方法にすぎない．

　あなたのプロダクトにとって何が価値が高いかという質問に答えるために，私たちは，価値の意味することについてまず話をする必要がある．価値を提供することの意味を言葉で生き生きと表現するために，私はいくつかの話を語る．まずは革新的な健康管理スタートアップで働いた自分の最初の仕事について語ろう．

私たちのプロダクトはどのように価値を提供するのか？

　私の最初の仕事において，私は，健康チェックプロダクトを構築するスタート
アップでマーケティングマネージャーとして雇われた．スタートアップだったこ
ともあり，私は，マーケティングだけではなく，プロダクトの多くの側面に巻き
込まれた．そのプロダクトのアイデアは，自分たちがどれくらい健康であるかの
知見をもたらす健康チェックプロダクトを一般向けに提供するというものであっ
た．

　私たちが開発していた健康チェックは，パラダイムシフトになることを意図し
ていた．オランダの健康管理システムは，主として病気管理システムである―あ
なたは，何かがおかしいときにのみ医者のところ（あるいは病院）に行く．この
健康管理システムは，歯科医学のモデル―自分たちが口腔の健康を維持している
ことを確実にするために個人が定期的に検査を受ける―とは，大きく異なる．

　そのスタートアップのリーダーシップチームレベルで，自分たちのプロダクト
と，何がそれを価値あるものにするかについて多くの議論があった．それは，売
りやすいプロダクトではなかった．それは，会社をターゲットにしており，それ
らの会社がそのプロダクトを従業員に対する福利厚生として提供することが期待
された．私は，幸運にも，リーダーシップチームの一員にならずに，それらの議
論に参加した．

　私たちのプロダクトは，次の二つの異なる目的をもっていた．それは，① 健
康リスク評価を行い，② 大便サンプルに基づいて，大腸がんのような一定の病
気に対する早期の診断を行う，というものである．そのプロダクトの二つの異な
る性質により予防と早期検出の両方を提供することになったが，それらの異なる
性質が併存したために顧客への説明が難しかった．

　そのプロダクトの興味深い部分は，健康チェックのライフスタイルに関する質
問部分であった．人々は，どれくらい食べ，喫煙し，運動をし，そして飲酒をす
るかを示す情報を入力しなければならなかった．それらの回答に基づいて，どれ
くらい健康であるかを，ライフスタイルに関係するさまざまなリスク要因を緑
色，オレンジ色，そして赤色で強調して示す健康リスク評価が生成される．

　私の意見では，アンケート調査の背後の山盛りの科学的な証拠にもかかわら

ず，健康チェックの一番弱い部分は，アンケート部分であった．参加者は，アンケートの記入途中でやめてしまうことが多かった．それらの人たちにアンケートを記入するモチベーションが欠けていたからだった．

　プロダクトの問題は，そのアンケートが人々の問題を解決したり，あるいはそれらの人たちの生活をより良くしたりすることができなかったことだった．運動をせず，煙草を吸い，そして体重が多すぎる人々は，このことがすでに分かっている―そのため，自分たちがすでに分かっていることをその人たちに語ることにどんな意味があるのだろうか？　アンケートの回答を埋めることは，それらの人たちの時間を無駄にし，いらだたせ，そして最後にすでに分かっていることが多いことを告げるが，それはそもそもすべての情報を提供した人たちに告げているので当たり前のことにすぎない．

　私は，健康チェックが強力なプロダクトだと思った．というのは，私は，その背後にある予防のアイデアを信じていたからだが，市場はそれが弱いと信じていた．さて，私は正反対の話―理に適わないにもかかわらず大金を稼いだプロダクトについて―をしよう．

石をペットとして売る

　コピーライターであるゲイリー・ダール（Gary Dahl）は，自分の友達が自分たちのペットの世話について文句―というのは動物には多くの注意を払う必要があったからだ―をいっていることを聞きながらパブで座っていた．ダールは，自分は「ペット石」を持っているので，自分の生活は素晴らしいと冗談をいった．彼のペットは，食べ物をあげたり，あるいは散歩にいったり，入浴したり，手入れをしたりする必要がなかった．

　彼は，特注の段ボール箱に入ったペット石を生き物ペットのように―石はわらに横たわり，箱には呼吸穴が開いていた―マーケティングすることで，1970年代に収集価値のあるものとしてペット石を売ることを決意した．それには，冗談とギャグに満ちたマニュアルが付属していた―例えば，あなたはペットに「待て（stay）」を教えることができるというようなものである．

　ダールは，一つ4ドルで百万個以上の石を売った．しかしながら，ペット石は一時的な熱狂にすぎず，販売は6か月間しか続かなかった．彼が販売したプ

ロダクトは，アイデア商品であり，プロダクトよりもその物語が重要であった．プロダクトは，人々を笑わせる．しばらくすると，人々はそのコンセプトと冗談に慣れてきて，興味は徐々に消えていった．いったん冗談と当初のアイデアが廃れると，ペット石に対してできることは少ない．その後，ペット石は，あなたが自分の家の外で見つけることができる，どんな石とも同じになる．

　次に，全員が失敗するだろうと思ったが，大きな成功を収めた別のプロダクトの話をしよう．

失敗が折り紙付きのクッキー店

　アムステルダムのベラ・ファン・スタープル（Vera van Stapele）という若い女性が，クッキーを売る店を開店しようと決断した．あなたは，どんな種類のクッキーだろうかと今考えているかもしれないが，ベラは，複数の異なるタイプのクッキーではなく，**1 種類のクッキー**しか売らないと決めた．彼女がさまざまな味や種類のクッキーを試した後に，自分自身で開発したスペシャルなクッキーだった．

　最終的にクッキーは，中に美味しいクリーミーなホワイトチョコレートが詰まったブラウンクッキーに落ち着いた．ことわっておくがオレオではない．ベラは，広告にお金を使わないことも決めた．

　クッキービジネスに明るい専門家は，彼女はどうかしていると語った．広告なしに単一のタイプのクッキーを売るだって？　これは，狂気の沙汰だ！　彼らは，彼女のアプローチは失敗すること間違いなしと信じた．採算をとるために少なくとも 15 タイプの異なるクッキーを売る必要があるだろう，そして人々が知らない店には誰も訪れないだろう．

　あなたがもしアムステルダムに行くことがあれば，Van Stapele Koekmakerij と呼ばれる彼女の店を訪れるべきである．その店は，小さな路地に位置しており，あなたはその店について，いくつかの興味深いことに気づくだろう．最初に，通常長い行列があること，そして店が路地マネージャーを置いて路地の通行を妨げず，整然とした行列ができるようにしていたことに．第二に，その店に決まった閉店時間がないことである．従業員は，1 日当たり特定の量のクッキーをつくり，そしてクッキーが売り切れれば，その店は閉まる．これは，時としてそ

の店がとても早い時間に閉まることを意味する．

　この時点で，あなたは次のように考えているかもしれない．「あなたは，健康チェック，ペット石，そしてクッキーについてのこれらの話すべてをなぜ私に語っているのか？」これらすべての話の重要な教訓は，何が価値が高いかを事前に予測するのが困難だということである．1種類のクッキーしか売らないクッキー店を開店するだって？　それは，決してうまくいかない．健康チェックが，人々に自分たちがどれくらい健康かを告げるだって？　素晴らしいアイデアだが，それはうまくいかなかった．ペットとして石を売るだって？　ひどいアイデアだが，目新しさが廃れるまでそれが大金を稼いだ．

　今日，専門家は，これらの話を分析し，健康チェックではなく，クッキー店が成功した理由を正確に説明できる．それでも，真実は，それを実行する前に，うまくいくだろうことと，うまくいかないだろうことを予測するのは困難であるということである．計画に対する摩擦と驚きについて私が書いたことすべてが，価値を提供することにさらに多くあてはまる．

　価値を難しい話題にしているのは，価値が高いものというのは観点次第だからでもある．自分が若かったときの話を紹介することで，価値に対する観点の力を私に話させてほしい．

価値は多面的で観点の問題である

　子ども時代に，夏の間，私の両親は，オランダのノールトウェイクの海辺に自分たちの家族をよく連れて行った．あるとき私の兄弟と私は，砂浜と海で遊び，そのうちに喉が渇き，お腹がすいた．私たちの両親は，浜辺のレストランで私たちに飲み物と食べ物を買おうとしていた．

　注文する前に，私は，ボード上の値段を見て，次のように戸惑った．「15分歩けば，スーパーマーケットで必要なものを手に入れて，お金をたくさん節約できるだろうに，なぜ自分たちはここで注文するのだろう？」．私は，自分の両親にすまないと感じた．私は，自分たちの両親がひどい取引をつかまされ，お金をぼられていると考えた．

　今や，私自身も2人の子どもの親として，私たちの両親が良い取引をしていたと信じている．これは，奇妙に聞こえるかもしれないが，説明させてほしい．

あなたが親であるときに，時間は足りない．生活の糧を得ることと子どもの世話をすることの両方で，一生懸命に働く．睡眠があまりとれず，早起きすることも多い．

　あなたが，自分の子どもたちとともに費やす充実した時間をようやくもてるときに，お金を少し節約するために，それらの子どもたちを連れてスーパーマーケットまで往復をするのに自分の時間を無駄にしたくはない．もちろん，あなたに金銭的な余裕があればの話だが．浜辺でより多くの時間を費すためにお金を払うのではない．浜辺であなたが愛する人たちと 30 分多くの時間をすごすためにお金を払うのである．

　自分の愛しい子どもたちと浜辺で 30 分多くの時間をすごすことは，あなたにとってどれくらいの価値があるだろうか？　浜辺のレストランの価値は，食べ物においてまったくなく，むしろあなたが自分の子どもたちとともに浜辺ですごす時間を最大化できるということにあった．子どもだったので，方程式の重要な部分は，私の理解を超えていた．私の両親は，喜んで素晴らしい取引をしていたのであった．

　価値は，観点の問題である．私が若かったときには多くの時間があり余っており，そしてお金が時間よりも希少なものに見えた．親になって，状況は逆になり，自分たちが好きなことにより多くの時間を費やすために喜んでお金を支払うことが多くなってきた．価値の高低は，受け手次第である．そして，受け手は—大人になった私を子ども時分の私とまさに対比するように—時間とともに自分たちの観点が変わりうるのである．

価値は，厄介な話題である

　価値は，顧客またはユーザーで生まれるものであり，そしてこれら異なる話のすべてが，価値を事前に予測することが難しいことを物語っている．当初は失敗だったが，その後価値の高いプロダクトに変わったよく知られた例をさらに以下に挙げさせてほしい．

- 薄切りされたパンが登場して以来，それ以上素晴らしいものが生まれただろうか？　薄切りされたパンが人気を博すまで 15 年間を要したが，人々は当

初利点が分からなかった．薄切りされたパンは，マーケティングが改善して初めて人気を博した．

- ショッピングカートは，オクラホマの食料雑貨商によって発明された．彼は，自分の顧客が持ってくるバッグの大きさによって課せられる制限を外せば，売り上げを増やすことができるのではないかという見事なアイデアを抱いた．彼が自分の店の周りにショッピングカートを置いたときに，馬鹿げて見えることを恐れてそれらのショッピングカートをあえて使う者はいなかった．彼は，諦めるのではなく，役者を雇って自分の店をショッピングカートとともに歩かせて，それが買い物をどれほど楽にするかを示した．顧客は，役者がショッピングカートで便利に買い物をするのを見ると，それが社会的証明をもたらし，それらの人たちの馬鹿げて見えるという恐れを取り除いた．

- フッ素入り歯磨き粉は，当初人気がなかった――それは歯磨き粉がうまく作用しなかったからではなく，人々がその習慣を続けるのが難しいと思ったからだった．歯磨き習慣は，自分たちの歯に見えないフィルムがあることを確信させる巧妙なマーケティングキャンペーンの後に確立された．メーカーは，歯磨き粉に発泡剤を加えて，歯を磨く人々がフィルムの除去が実際に起きているように感じ，経験できるようにした．

心に留めてほしいのは，これらはすべて誰もがおなじみの非常に成功したプロダクトの話であるが，乗り越えなければならない障害があったことである．それでも，私が先に注意したように，価値を提供するときに，うまく行くだろうこととうまく行かないだろうことを事前に予測するのは困難である．価値を提供することに付随する主たる問題の一つは，うまく行くだろうことを自分たちがどれくらいよく予測するかを私たちが過大に評価していることである．

あなたは，これらの例が，ソフトウェアだった健康チェックプロダクト以外はすべて物理的なプロダクトであるので，まだ疑念をもっているかもしれない．ソフトウェアプロダクトに対しても同じ推論が当てはまるのだろうか？　価値が高いものを予測することは難しいことを，以下のようにソフトウェア開発の世界からより多くの例を提供してみようではないか．

- スチュワート・バターフィールド（Stewart Butterfield）は，*Never-ending* と呼ばれる，誰も顧みない多人数同時参加型オンライン（MMO）ゲームを作成した．しかし，プレーヤーは，そのゲームの写真共有フィーチャーを愛好していた．スチュワートは，そのゲームの写真共有フィーチャーを Flickr へとピボットし，それを彼は最終的に Yahoo に 48 億ドルで売却した．
- PayPal の 3 人の従業員は，人々がビデオをアップロードできるビデオデート Web サイトを始めた．そのローンチ後の 5 日間に，誰一人ビデオをアップロードしなかった．彼らが Craigslist を通じて女性にビデオをアップロードしたら 20 ドルと提案した後でさえもだ．その後，起業家が，デート側面を捨てて，どんなビデオもアップロードできるようにすることを決断した——そして YouTube が生まれた．
- 2 人の起業家が 2009 年に Tote と呼ばれるアプリを作成したが，それは人々に自分たちの iPhone 上の小売店を横断して買い物をすることを可能にした．そのアイデアは，うまくいかなかった．というのは，時期が早すぎて人々が自分たちの携帯電話で購入する習慣がまだなかったからであった．それでも，そのアプリの早期のユーザーは，コレクションをつくるという機能をまさに愛好していた．創業者は，Tote からピボットし，Pinterest をつくった——人々が自分たちのお気に入りのもののコレクションをつくることができる大成功を収めたプラットホームである．

　これらの話のすべては，良いプロダクトを構築することは，成功を予測することというよりも，うまくいくことを見つけることであることを示している．価値の主観的な重要性を説明するために，プロダクトを構築することとクラシックの楽器を演奏することを対比させてほしい．

耳を傾けることでプロダクトの構築を始める

　私は，若い時分からピアノを弾いてきた．ピアノの演奏家は，それを楽に行う．あなたは，正しいキーを叩くか，叩かないかのいずれかである．正しいキーを叩くことは，あなたが正しい音を生むことを意味する．数回の練習の後，あなたは，もう素敵に聞こえるいくつかの単純な旋律を演奏できる．

　これを，バイオリンを演奏することと対比しよう．誰かがバイオリオンの弾き方を習い始めたのを聴いたことがあるだろうか．ひどい音である！　バイオリン奏者は，正しい音の奏で方を学ぶ練習に多くの年数を要するかもしれない．バイオリンを弾くために，あなたはまず聴くことを練習する必要がある．正しい音はどのように鳴るだろうか？　それがどのように鳴るかを知るまで，それを生み出すことができないだろう．

　バイオリンとピアノの対比は，少し不公平である．ピアノの演奏でも上達するにつれて，聴く部分がバイオリンと同じぐらい重要になる．あなたが弾く音が問題なのではない．聴衆がそれらの音をどのように受け取るかが問題なのである．あなたが生み出した音がどのように聞き手と共鳴するか？　音楽をつくることは，聴衆とつながり，彼らに何かを経験させることなのである．

　プロダクトも同じである．あなたが構築するフィーチャーが大事なのではなく，むしろそれらがどのように**受け取られる**かが大事なのである．まさにバイオリンを弾くように，1回でそれを正しくできない．あなたが構築したものがひどいものと予期し，それをより良くし，それでやっと進めるのだ．

　これまで一つの音から次の音へとやみくもに進むことでバイオリンの弾き方を学んだ者はいない．楽器から出てくる音楽を聴いたり，よく考えたりしなければ，あなたは，同じ熟達度にいつまでも留まるだろう．まさに楽器を演奏するように，素晴らしいプロダクトを構築することは，聞き，そして取り除き，編集し，そして磨くことがすべてである．もしこれが本当だと私たちが合意できるならば，これがほとんどの会社が運用しているやり方だとあなたは信じるだろうか？

　Flickr，YouTube，そして Pinterest の例を思い出してほしい．それらの創業者が自分たちの当初の旋律を弾くことに頑固に執着したならば，会社は破産しただろう．そうではなく，それらの会社は自分たちの顧客の話を聞き，うまくいく可能性があるものにピボットしようとしたのである．

　さて，私たちは，価値が高くなるだろうものを予測し，理解することがどれほど難しいかを考えてきたが，次に，プロダクトを構築するときに直面するだろう3種類の不確実性を調べていこうではないか．

3 種類の不確実性

プロダクトを構築するときに，私たちは以下の 3 種類の不確実性に直面する．

- 価値の不確実性：私たちは，自分たちが構築しているものの価値が高いということを，どのようにすれば分かるのだろうか？
- 目的の不確実性：私たちが構築する必要があるのはどんなプロダクトか？
- 手段の不確実性：私たちは，どのようにプロダクトを構築できるのか？

多くの会社は，ほとんど 3 種類目の不確実性に注目している．つまり，私たちが何を提供する必要があり，それをどのように技術的に提供できるか？　ということである．ステークホルダーが一つのフィーチャーに対するアイデアをもち，私たちが行う必要があるのは，それを可能な限り早く世に送り出すことだけである．そこで，時として，私たちは，自分たちが十分に価値と手段の不確実性に対処したという幻想をつくるためにゴールを逆行分析する．

このように仕事をする会社は，ジョン・カトラー（John Cutler）が広めたように，フィーチャー工場[†1]と呼ばれる．会社がフィーチャー工場として仕事をするとき，そのゴールは，可能な限り多くのフィーチャーを提供することである．フィーチャー工場において，より多くのフィーチャーを提供することは常により良いことだと見られ，そのような会社はあたかも価値の不確実性が存在しないかのように行動する．その会社のモットーは，「構築し，忘れる」である．つまり，いったん何かを完了したら，その会社は次の大きなものに移るのである．次の大きなものが提供されたときもまた，そのフィーチャーを誰かが気に留めたかどうかをわざわざ確認する者はいない．

不幸にも，私の経験では，スクラムで仕事をする大半の会社はフィーチャー工場を結局生み出し，そしてフィーチャー工場はひたすら新しいフィーチャーを出荷することに注力する．フィーチャー工場を支える中心的な信念は，提案されたすべてのフィーチャーが価値を提供することが保証されているというものであ

---

†1 「フィーチャーファクトリー」という訳語も用いられている．

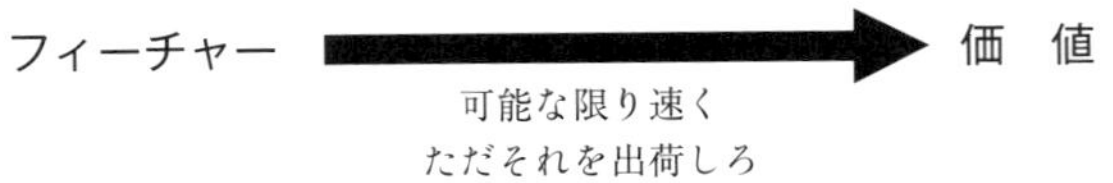

フィーチャー　━━━━━━━➤　価　値

　　　　　　　　　　可能な限り速く
　　　　　　　　　　ただそれを出荷しろ

図 11.1　フィーチャーを出荷することが十分に価値の提供であるというフィーチャー工場への
　　　　間違った信念

る．ロードマップ上のすべてのフィーチャーが価値が高いと組織が自信をもって
いるときには，すばやく，確実にそれらのフィーチャーを出荷することが主たる
課題になる（図 11.1）．

　より多くのフィーチャーを提供することが，より多くの価値を提供するという
結果をもたらすという信念は間違っている．一つのフィーチャーを提供すること
は，あなたが価値を提供することを意味しない．冗談をいうことが，それで人々
が必ず笑うことを意味しないのとまったく同じである．

　フィーチャー工場は，生産的に思えるかもしれない―それらは，結局多くの
フィーチャーを大量生産するからだ！　それでも，フィーチャーは，顧客やビジ
ネスに価値をもたらすというなんの保証もなく出荷される．何かが提供されたと
いうアウトプットが，それが顧客に対して違いを生むという成果よりも重要なの
である．それは，自分たちの演奏の音が聴き手の耳に音楽として響くものを生み
出すかどうかに注意を払わないバイオリン，あるいはピアノの演奏家のようなも
のである．

　音楽から爬虫類の世界に移ろうではないか．蛇について考えることが，成果で
はなくアウトプットに注力することがより危険なことになりうるということを教
えてくれる．

コブラ効果：コブラを駆除することがコブラの個体数を急激に
増加させる

　昔々，インドがイギリスに支配されていたときに，デリーの街はコブラが非常
に多いことに悩まされていた．毒蛇を駆除するために，イギリス政府は，賢い構
想を考案した．つまり，彼らは，政府に持ち込まれたすべての死んだコブラに対
して報奨金を提示したのである．そのプログラムは，とても成功して，コブラの
生息数が減少した．

　しばらくして，コブラの生息数は，不可解にも再び上昇に転じた．イギリスの統治者は，困惑した．というのは，報奨金の支払いは，かつてよりも多かったからである．死んだコブラの数がかつてより増えているのに，コブラの生息数はどのようにして増えたのだろうか？

　数名のインドの起業家が，それらを殺し，報奨金を集めるというだけの理由でコブラを飼育し始めたということが判明した．イギリスはこの計画を見つけたときに，すぐに報奨金プログラムを止めた．報奨金がなくなると，囚われのコブラはインドの飼育者にとって収入源ではなく，費用になった．コブラは，すぐに野生に放たれて，結果としてデリーはかつてよりも多くのコブラに悩まされた．

　蛇を論じるのに私たちがひどく多くの時間を費やしたと，あなたはおそらく考えているだろう．この蛇行した話が，ソフトウェアプロダクトの構築とどのように関係しているのだろうか？　アウトプットに注力すること―この場合はより多くの死んだコブラ―は，野生のコブラを減少させるという成果を得ることを意味しない．より多くの死んだコブラというアウトプットがどうでもよいのではない．そうではなく，私たちは，アウトプットが自分たちが期待する成果を確実に駆動するようにしなければならないのである．

アウトプットで適切な成果を駆動させる

　価値を提供することのより正確な記述は，あなたがうまくいく何かを見つけるまでの一連の繰り返される失敗，学び，発見，問題，そしてブレークスルーである（図 11.2）．

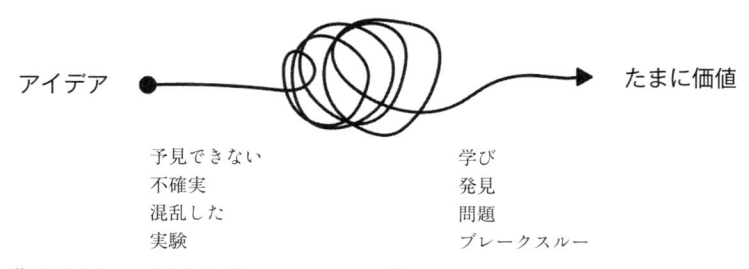

アイデア　　　　　　　　　　　　　　　　　　　　　たまに価値

予見できない　　　　　　　学び
不確実　　　　　　　　　　発見
混乱した　　　　　　　　　問題
実験　　　　　　　　　　　ブレークスルー

図 11.2　曲がりくねり，障害とブレークスルーを伴う混乱した現実は，たまに価値の提供という結果をもたらす

　自分たちがそのフィーチャーを提供したという事実であるアウトプットに注力するのではなく，自分たちの顧客とビジネスにどのように価値を提供しているかを測定すべきである．自分たちが構築しているものが価値があるだろうという既定の信念に基づいて行動するのではなく，私たちは，その反対の信念—それが価値が高いことの証拠を手渡せるまでは自分たちが行っていることは価値が高くない—とともに仕事をすべきである．

　あなたは，自分がフィーチャー工場で働いていることをどうやって知るのだろうか？　ここに，フィーチャー工場に関連する最も顕著な四つの症状がある．

- アウトプットに注力する．あるフィーチャーの出荷は，成功を主張するために十分であり，他の証拠を手渡す必要はない．
- 打合せの予定は重要である．期限どおりに提供しないことは大罪であるが，それはあなたが保証された価値を提供する機会を逃すからである．
- 約束され，仕様どおりに提供することが必須である．スコープ中の何かを取りこぼしたら，すぐに罰を与える．取りこぼされたスコープは，価値がより少ないことを意味する．
- ベロシティー崇拝．ベロシティーは，すべてを支配する一つの数字であり，そして最も大事なことは，すべてのスプリントで自分たちのベロシティーを上げることである．

　アウトプットへの注力では不十分である．スプリントゴールを通じて自分たちのスプリントにおいて意図でリードする[†2]ことは，自分たちが達成しようとしていることと，それが大事な理由を私たちが理解する場合にのみ機能する．さもなければ，私たちは，望まれる結果を生み出すために自分たちの計画と行動を導きうる意図を示すことができない．

　ソフトウェア開発において，私たちは，プロダクトを構築する仕事を課されることが多い．それが，プロダクトをアーキテクチャーとフィーチャー—それがどのように機能するか—において語り始めるように誘い込む．その土台になる仮説は，私たちが価値が高いものをすでに知っているというものである．そうであれ

---

†2　第3章で説明された「司令官の意図」のように，細かい指示ではなく，スプリントゴールでそのスプリントで達成してほしいことやその理由を述べてその実現をチームに委任すること．

ば，自分たちのプロダクトを出荷すること—プロダクトを確実に提供すること—だけが大事になる．

　開発提供に注力する会社において，フィーチャーを議論する際に人々が気にかける最も重要な二つのことは，「それはいつ完成するのか？」と「それがどのように機能するかを私に正確に話をしてくれないか？」である．その土台になる仮説は，提案されたすべてのフィーチャーが，価値を提供することが保証されているというものである．特定のフィーチャーを提供するという野心的な予定を満たさねばならないことは，本当の価値の提供に対する最大の敵であることが多い．

野心的な予定を守ることは，価値の提供の最大の敵であることが多い

　会社が，「それがいつ完了するのか？」ということに異常に注目するとき—それはそれらの会社がフィーチャーを提供することに注力するからなのだが—価値はそっちのけにされてしまうことが多い．全員が，スコープを調整し，品質で近道をし，自分たちが達成しようとすることに対する情報と理解が足りない過去につくられた不備があり，不正確な予定を満たすために一生懸命仕事をする．

　多くのベストセラーゲーム（**マリオ，ドンキーコング，スターフォックス**，そして**ゼルダの伝説**など）を手がけた任天堂の宮本茂が，「延期したゲームは結果的には良くなるが，急いでつくったゲームは良くなることはない」と述べたことは有名である．このことを信じているのは，宮本だけではない．*Team Fortress 2*，*Dota 2*，そして *Portal* のようなベストセラーゲームを送り出している Valve Software 社は，「Valve Time」と呼ぶ類似した概念で仕事を運営している．そのほとんどのゲームリリースは著しく遅れる．Valve Software 社は，社内開発者向け Wiki で実際のリリース日付と約束したリリース日付の差異を追跡することで，その遅延を笑いのネタにしている．

　あなたは，「それでも任天堂と Valve Software 社はお金持ちだ．それらの会社は，えり好みをし，そしてリリースを遅らせる余裕がある」と考えるかもしれない．あなたは，正しいかもしれないが，常にそうだとは限らない．Valve Software 社は，自分たちがつくった最初のゲームのリリースを実際に遅延させた．その判断を下すのは難しかった．というのは，その会社はまだゲームを一つも出荷していなかったからだ．今であれば，ゲームをリリースする前にさらに多くの

お金を費やしても大丈夫かもしれない，その賭けで損をしない保証は一切なかっただろうが．Valve Software 社は，すべてのレベルで注意深く再作業し，そのゲームのすべての側面を微調整した．Valve Software 社がそのゲームを 1998 年についにリリースしたときに，それ，ハーフライフ（*Half-Life*）は史上最高のゲームの一つだった．

　もちろん，あなたは，ほとんど際限なく遅れて，決定的な成功を決して収めなかったゲームの例もあると論じることもできる．あなたは，正しいだろう．*Duke Nukem Forever* は 15 年間も開発が続いたが，リリースで大失敗した．品質は時間を要するが，時間をかけても品質は保証されない．しかし，急ぐと間違いなく品質が悪くなる．

　きっちりと日付どおりに特定のスコープを満たすことで，価値の提供を保証することはできない．自分が提供しているものの価値が高いことは自分の顧客の声を聴くことによってのみ確信できる．自分が早期に得たものを示すことで，早期にフィードバックを組み込むこともできる．特定のスコープに自分自身を束縛すると，あなたは，当初のスコープを減らしたり，調整しうる価値の高いフィードバックを遅らせてしまう．

仕様の満足に注力することが，あなたを事前の知識に制限する

　フィーチャー工場では，当初の約束―つまり，要求と仕様―を満たすことに過剰に注力する．そのことに暗示されるのは，あなたが事前の霧に自動的に制限され，憶測の霧を導入するということである．というのは，要求と仕様は，あなたが何らかの仕事を始める前に作成されるからである．あなたが，新たな情報を組み入れ，フィードバックに基づいて学ぶことを自分に許さないように働くとき，あなたは失敗する運命にある，まさにイエナ–アウエルシュタットの戦いにおけるプロセイン軍のようにである．

　自分が何かに取り組んでいるときにあなたが学ぶことは価値が高く，そしてあなたは，それらの学んだことを組み入れる自由をもつべきである．あなたは，先に理解することができない事柄を後で理解したことで罰せられるべきではない．要求と仕様は，その時点であなたが知っていることを反映するが，時間が経つにつれてあなたはさらに多くを学び，知るだろう．事前の知識だけを組み入れるこ

とに自分自身を制限しないようにしよう．

自分のベロシティーをくよくよと考えることを止めるべき理由

　ベロシティーは，チームが過去のスプリントで完了したストーリーポイントの数を示す数字である．同じチームにおいて，より高いベロシティーは，そのチームがより多くの仕事を完了したことを意味する．多くの会社で，より高いベロシティーを達成することがチームのパフォーマンスで究極的に目指すことである．つまり，より多くの仕事を完了するときに，あなたはより良く仕事を果たしているということである．

　多くの会社がとる次の当然の一歩は，完了した仕事が多いことがより多くの価値を意味すると仮定することである．しかし，この信念は正しいのだろうか？あなたが，次の二つの歌のどちらかを選択しなければならないと想像してほしい．歌 A は，10 分間で書かれたものであり，そして歌 B は，書くのに 1 か月を要した．あなたは，どちらを選ぶだろうか？

　ミュージシャンのジョン・デンバー（John Denver）の最も有名な歌である「緑の風のアニー（原題：Annie's Song）」は，彼がアスペンのスキーリフトに座っている間の 10 分間ほどで書かれた．労力と価値の関係は，結局のところはっきりしない．より多くの歌を書くことが必ずしもより良いことでもない．つまり，聞き手の大きな集団に共鳴する適切な歌を書くことが大事なのである．

　より多くのフィーチャーを構築することに注力することは，コールセンターを運営し，オペレーターに 1 日あたりにより多くのコール数に対応することが常により良いと語り，オペレーターが日ごとに完了したコール数に基づいて評価するようなものである．重要なのは，コール時間の長さだけではない．電話の終わりで，オペレーターが顧客にどのように感じさせたかは，それらの顧客がその会社と再びビジネスをするか否かについての非常に信頼できる指標である．問われるのは，あなたが提供するフィーチャーの数ではなく，それらのフィーチャーがあなたの顧客に対して生み出す違いなのである．

　私たちがやみくもにアウトプットを追い，生み出された成果を無視することが無意味だと合意できるならば，その代わりに私たちは何を行うべきだろうか？

すべてのフィーチャーは，有罪が証明されるまで価値提供で
推定無罪である

　法廷において，有罪が実証されるまで私たちはすべて無罪（推定無罪）である．あなたが，あるフィーチャーを提供して，それがまさに顧客が求めていたものであっても，あなたが価値提供で有罪[†3]だということを意味しない．自分が提供するすべてのフィーチャーが不適切なものだと予期しよう，不適切ではないことを証明する証拠を手渡せるまではだ．すべてのフィーチャーは，有罪が証明されるまでは，価値提供の罪を犯していないとして扱われるべきである．

　私たちが，ちょっと前に論じたフィーチャー工場モデルを思い出してほしい．フィーチャー工場モデルにおいて，証拠なしにすべてのフィーチャーが価値提供の罪を犯しているという仮説のもとで会社は業務を行っている．そのような会社においては，誰かがそのフィーチャーを求めたという事実だけでも，その想定される価値に対する十分な証拠なのである．もちろん，顧客が求めたものが本当に価値が高くても，そのフィーチャーが，顧客のゴールを達成する助けとなるべく，顧客によって導入され，用いられるように開発，提供されるとは限らない．

　あるフィーチャーをリリースする前に，自分の顧客と話をし，理解することにより，自分が提供するものが価値が高いだろうという自信をあなたは増やそうとすべきである．あるフィーチャーをリリースした後に，そのフィーチャーが自分の顧客の振る舞いを変えたかどうかを理解するために，そのフィーチャーがどのように用いられているかをあなたは確認できる．フィーチャーは，あなたの顧客が自分たちのゴールを達成することを助ける場合にのみ価値を提供しうる．あなたは，顧客が見せる好みを研究することで証拠を集めることができる．つまり，顧客が，自分たちのゴールを満たし，自分たちの問題を解決するために，あなたのプロダクトをどのように実際に使うかということである．

[†3] フィーチャーにより価値提供ができていることを罪，あるいは有罪と呼んでいる．

アウトプットへの注力：人々は 1/4 インチのドリルはほしくない

経済学者のセオドア・レビット（Theodore Levitt）が述べたように，「人々は1/4 インチのドリルはほしくない，1/4 インチの穴がほしいのだ」．しかし，人々がほしいのは，壁の穴ですらない．壁の穴で，自分たちがしたいことができるようになることなのである．

これを自分自身の家族の話をすることで私に説明させてほしい．私の家族がアムステルダムからヒルフェルスムに引っ越したときに，2 歳の娘が自分の部屋に移っていった．私は，彼女のために本棚を取り付けたいと思い，それを行うために壁にドリルでいくつかの穴を開けなければならなかった．

私は，壁に絶対に穴を開けたくない．実際に，穴を開けることは面倒であり，クズがでるので私が掃除しなければならない．私のドリルは，コンクリートの壁に穴を開けることができなかった．それで，私は特別なコンクリートドリルの刃を買わねばならなかった．穴も，目的に対する手段である．私は，その穴を開けた後に来るものがほしかった．

その部屋に本棚を取り付けて，自分のパートナーにそれを見せた後に，私は誇らしく感じた．娘の部屋から散らかっているものが取り除かれて，彼女のすべての本が 1 か所にきちんと整理されているのを見て，私は落ち着いた気持ちになった．実際，私は，娘が本棚から彼女のお気に入りの本を取り出して，それらの本を読み始めるのを見たときに，自分の顔に満面の笑みを浮かべていた．それが起こることを眺めるのは，うれしさの極みであり格別だった．

人々は，フィーチャーが自分たちの生活で違いをつくる限りにおいてのみ，それらのフィーチャーを求める．1/4 インチドリルと穴だけをほしい人はいない．それらの人たちは，ドリルと穴が可能にすることを求めており，ドリルと穴なしにそれを可能にする別の方法があればそれでもよいのである．この良い例は，スライスされたパンである．それは，より速く鮮度が落ちること以外は，基本的にスライスされていないパンと同じである．その性質が，それが当初流行せず，人々が利点を理解するように誰かが適切にマーケティングするまで 15 年を要した理由である．

スライスされたパンを買うことは，鮮度を犠牲した便利さということである．

同じトレードオフがネスプレッソにもあてはまる．これは，バリスタのような品質のコーヒーを得るための容易い方法である．私は，自宅でより良いコーヒーを飲んでいると信じているが，自分の熱交換器で加熱するのには確かに時間がかかる．私は，維持にはるかに多くのお金と時間を費やしてもいる．

フィーチャーで止まらないようにしよう―それらのフィーチャーが，あなたの顧客の生活をどのように改善し，ビジネスに対する価値をどのように獲得することができるかを考えてみよう．また，人々は異なるものを求めることを心に留めよう．私は，バリスタ品質のコーヒーを求めており，最高のエスプレッソを飲むために待ったり，少し余分な労力を費やすことを気にしない．コーヒーを淹れるのに多くの労力を費やしたり，美味しいエスプレッソ1杯をどのように淹れるのかを学びたくない人々もいるだろう．それらの人たちは，ネスプレッソ，あるいはキューリグ，センセオのようなものを選ぶかもしれない．

やみくもにアウトプットを追いかけたり，成果を無視することが無意味であることに私たちが合意できるならば，その代わりに私たちは何を行うべきだろうか？ 第12章で，私たちは，自分の顧客とビジネスに価値を提供する成果を駆動するために適切なアウトプットをどのように選べるかについて論じる．

重要な学び

- 重要に思えるアウトプットに注力することが，あなたが探し求める成果へとは導かないかもしれない．死んだコブラが多いことが，野生で生きているコブラが少ないことを意味しない．
- どんな成果が違いをつくるかということ，そしてその理由を理解することは難しい．それには，均等に学び，聞き，そして行うことが必要になる．成果は，遅れることもありうるが，それはすぐに達成されず，測定するのにある程度の時間を要することを意味する．
- フィーチャー工場は，より多くのフィーチャーを提供することに注力する．フィーチャーがより多いことは，必ずしもより良いのではない．あなたが何かを提供することは，あなたが価値を提供することを意味しない．
- あなたのフィーチャーすべてを，それらが有罪と証明されるまでは価値提供の罪を犯していないとして扱おう．これを行うために，あなたは，証拠を集

めて，自分の顧客が自らのゴールを達成することを自分のプロダクトがどのように助けているかを理解しようとしなければならない．

- あなたの顧客は，自分たちに対する違いを生み出すという範囲でのみ，あなたの努力を気に留める．人々は，フィーチャーがほしいのではなく，そのフィーチャーが自分たちの生活にもたらす進歩を求めているのである．

第 12 章

アウトプットで成果を駆動する

> 「私は，過去を知っているが，それを左右できない．私たちは，未来を左右する
> が，それを知ることができない」
>
> —クロード・シャノン

第11章で，私たちは，価値が意味することを探った．顧客価値は，漠然と
し，多面的なものであり，そしてそれは，ビジネス価値として刈り取れる可能性
があり，それにより数字—つまりお金—で表現することができる．これまでの章
で，良いスプリントゴールの特徴を説明したが，私たちは，まだ次の重要な問い
に答えていない．つまり，価値の提供につながる適切なスプリントゴールをどの
ように設定できるのか？　というものである．

あなたは，自分の顧客に対して違い[†1]を生み，その違いをビジネス価値として
刈り取ることを可能にするスプリントゴールをどのように設定するのだろうか？
自分が提供したフィーチャーが，価値の提供という結果をもたらしていることを
どのように確認できるのだろうか？　要するに，価値の提供を駆動するスプリン
トゴールをどのようにつくるのだろうか？

本章では，あなたが期待する価値の高い成果を駆動するアウトプットをどのよ
うにしたら見つけることができるかを探る．さらに，価値の提供を最大化する便
利な枠組みについても検討する．

バックログにフィーチャーしかないのは不十分である

世の中で私が目にするほとんどのプロダクトバックログは，フィーチャーの一

---

†1　顧客の仕事や生活を変えるという意味であり，仕事や生活における違いを生むということである．

覧である．それは，価値を提供するための散弾アプローチ[†2]である．プロダクト
バックログ上の何かを提供するために引き金を引くのは容易いが，それはあなた
が違いをつくるということを意味しない．

　フィーチャーを提供することは，あなたが価値を提供したことを意味するもの
ではない．まさに冗談をいうことで，人々が必ず笑うわけではない，ということ
と同じである．聴衆が笑うとき，それはあなたの冗談が聴衆と共鳴しているので
ある．あるフィーチャーをリリースするときに，あなたは笑いにも耳を傾けるべ
きであるが，冗談に対する笑いに相当するような信号をフィーチャーに対して定
義するのは，はるかに難しい．

　あなたがリリースするすべてのフィーチャーは，実験である．その新しい
フィーチャーは，あなたの顧客にとって違いをつくるだろうか？　そして，あな
たはそれをどのようにして知るだろうか？　そして，あなたが顧客に価値を提供
しているとしても，あなたは，自分のビジネスに対する価値を獲得しているだろ
うか？　顧客に対する**価値創造**では不十分であり，あなたにはビジネスにおいて
金を稼ぐための**価値獲得**も必要である．

　これらの質問に答えるのは困難だが，多くの会社がフィーチャー提供成功劇場
に隠れることを好む理由を説明しよう．あるフィーチャーが提供された時期や，
それが合意内容の通りに正確に機能するかどうかを測定するのは容易い．自分の
顧客にとって何が価値が高く，そして自分のビジネスに対する価値をどのように
獲得するかを理解するという雑然とした現実よりも，予定に沿ってフィーチャー
を提供するように統制する方がはるかに容易である．

　フィーチャーの代わりに，あなたは実験をプロダクトバックログに含めるべき
であり，その実験では自分のプロダクトであなたが変えようとしていること，そ
してその影響をどのように測定するかを事前に定義するのである．と口でいうの
は容易いが，あなたは実際にそれをどのように行うのか？

　プロダクトを構築し，価値を熟考するときに，私たちはすぐにビジネス価値に
ついて話し始める．持続可能なビジネス価値は，顧客価値から流れてくる．価値
の提供は，顧客とそれらの顧客の生活にどのように進歩をもたらすことができる
かということから始まる．私たちのプロダクトは，顧客たちが自らのゴールを達

---

†2　散弾のように数打てばその中で当たるものもあるだろうというアプローチ．

成することを助けるべきである．しかし，顧客が自らのゴールを達成することを私たちのプロダクトがどのように助けるのか，そして顧客向けにつくったその価値を十分なビジネス価値として刈り取っているか否かを，透明化する実用的なモデルを私たちはどのようにつくることができるのか？

　自分たちのプロダクトがどのように価値を提供するかに対する実用的なモデルをもたらすところで，ノーススターフレームワークが登場する．ノーススターフレームワークは，プロダクトを分析するモデルであり，自分のプロダクトが顧客とビジネスに提供する中心的な価値を捉える単一のメトリックを定義することを求めるものである．

すべてを支配する単一のメトリックだって？

　今，あなたは，「単一のメトリックだって？　馬鹿な！」と考えているかもしれない．心配しないでほしい．ノーススターフレームワークには，単一のノーススターメトリック以外にもっと多くのものがある．あなたは，自分のノーススターメトリックに影響する一群のインプットも定義しなければならない．You-Tube からノーススターメトリックの具体例を提供することで，この天界の会話を地上に引き戻そうではないか．

　YouTube のノーススターメトリックは，視聴に費やした時間だと想像してみよう．ノーススターメトリックが素晴らしいのは，それが顧客とビジネスの両方の価値を捉えるということである．ノーススターメトリックは，価値の創造と価値の獲得を網羅的に示す．顧客価値とビジネス価値の両極端にある二つの例を提供することで，説明させてほしい．

- YouTube がそのリコメンデーションを改善すると想像してほしい．より良いリコメンデーションは，顧客が自分たちにより良く合ったコンテンツを提供され，その結果として YouTube のより多くのコンテンツを視聴するようになることを意味する．YouTube でビデオを視聴するのにより多くの時間を費やせば費やすほど，より多くの広告が提供され，より多くのお金をもたらす．より多くの広告が提供されれば，広告に非常にうんざりし，広告がない YouTube プレミアムサブスクリプションにアップグレードするユーザー

がより増えるだろう.

- YouTube が，そのサブスクリプションのアップグレードフローの摩擦を取り除くと想像してほしい．摩擦がより少ないことは，プレミアムサブスクリプションにアップグレードする人々が増え，広告が減り，そしてユーザーがYouTube 上のビデオを視聴するのに効果的により多くの時間を費やすことを意味する．この変更は，より多くのビジネス価値をもたらすが，その変更前に YouTube や YouTube プレミアムがすでに提供していた顧客価値を基本的に変えない．アップグレードへの意欲は，摩擦を取り除くことで増えない．摩擦を減らすことにより，その会社はすでに作成されている顧客価値を現金化することができる.

　ノーススターメトリックフレームワークを見つけるときに，あなたは，自分のプロダクトがどのように価値を提供するかを単一のメトリックで表現しなければならない．ノーススターは，持続可能な顧客とビジネスの価値の先行指標だと考えられている．ノーススターが正あるいは負に影響されるとき，あなたは，自分のビジネスが変化することの（遅れて現れる）結果も予期すべきである．ノーススターは，基本的には，あなたが影響を及ぼし，測定できる価値を代理するものであり，最終的に顧客とビジネスの価値を駆動するためのものである.

　ノーススターは，代理的なメトリックである．というのは，あなたが先行指標であるノーススターに影響を与えれば，自分の興味の対象である，遅れて現れてくるビジネス結果に肯定的な影響を与えるだろうと仮定しているからだ．あなたは，収入に直接的に影響を及ぼせないので，自分のプロダクトが顧客価値とビジネス価値に影響を及ぼす，その正確なレバーとメカニズム[†3]を理解しなければならない．ノーススターフレームワークは，顧客とビジネスの価値に影響を及ぼすプロダクト中のすべてのレバーを可視化するモデルを作成するのに役立つものである.

　ノーススターは，単独で存在しない．あなたは，自分がノーススターメトリックに最も直接的に影響すると信じ，自分のプロダクトを変えることであなたが直接影響を及ぼすことができる一群のインプットを定義しなければならない．一群

[†3]　価値に影響を及ぼすために操作できるものがレバーで，レバーの操作を価値に変換する仕組みがメカニズムである.

のインプットは，ノーススターよりも先行するものである．ノーススターは，あなたが達成しようとしているビジネスと顧客の成果よりも先行するものである．

　ノーススターフレームワークを使って仕事をするのは，基本的にビリヤードに似ている．つまり，あなたが，ノーススターをそっと動かすために，一群のインプットに影響を及ぼそうとするが，それがその後自分の顧客とビジネスの価値に影響することになるのである．あなたが，ポケット（成果）に入れようとしている玉をコールし，そしてそこから遡って考えて，それを入れるために自分のキューでどの玉を突くか（アウトプット）を理解するのである．

　あなたのノーススターは，あなたのプロダクトの価値の創造と価値の獲得を代理するものである．ノーススターメトリックのアウトプットに影響を及ぼす一群のインプットを定義することで，あなたは，フィーチャーレベルから，自分の顧客とビジネスへの価値提供をもたらすだろう特定の成果を駆動するアウトプットへと議論を基本的に移すことができる．

　ノーススターメトリックとその一群のインプットは，自分のプロダクトがどのように価値を提供するかについての実用的なモデルをもたらすが，それはあなたが実験を行い，うまくいくことといかないことについて学ぶにつれて発展しうる．ノーススターフレームワークは，あなたがフィーチャーについてすぐに話をするのではなく，特定の成果を駆動するように影響を及ぼそうと試みるインプットを，より戦術的なレベルで，優先順位づけすることを可能にする．

　図12.1が私たちのノーススターフレームワークモデルだと想像してほしい．フィーチャー「提案されたプレイリスト」を自分たちのプロダクトバックログに追加する代わりに，自分たちは，セッション当たりのYouTubeの視聴に費やす時間を増したいと思い，これをエピックとして追加することを一緒に決断すべきである．その後，私たちは，顧客と話をして，ビデオを見るのに費やす時間を増すために必要なことを理解するための実験を行うことで，一緒に発見をすることができる．

　今，「提案されたプレイリスト」フィーチャーをリリースして，セッション当たりのビデオ視聴に費やす時間に，それがどのように影響するかを測定するとあなたが決断したと想像してほしい．それが機能しない―人々が新しいフィーチャーを見つけることができなかったので視聴に費やす時間は増えない―ことをあなたが見つけたとしよう．すぐに，あなたは，いくつかのユーザーインター

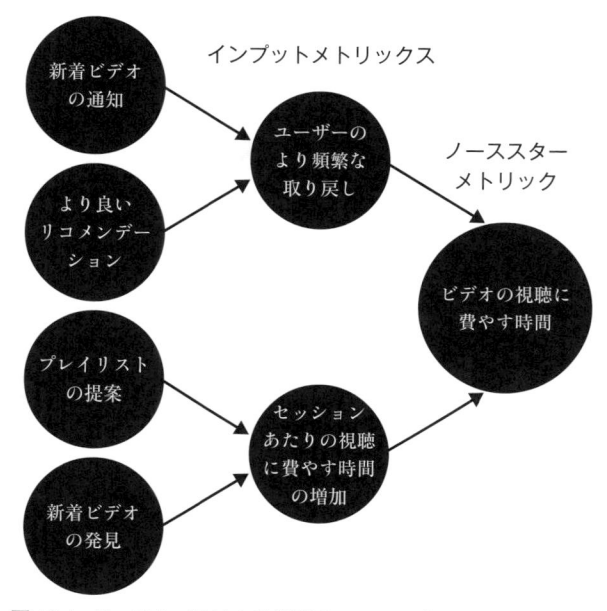

図 12.1　YouTube に対する仮説のノーススターフレームワーク

フェース改善を投入し，そしてそれが突如として自分のユーザーにうける．

　フィーチャーのリリースを，自分が影響を及ぼしたいアウトプットをモニターすることと結びつけることで，あなたは，そのフィーチャーがどれくらいのパフォーマンスなのかについてのフィードバックをすぐに得ることができる．十分な実験と学びとともに，あなたは，そのような先行指標が，自分が達成しようとする成果の望ましい遅延指標での値の増加をもたらすことで強い確信を育むことができる．

　ノーススターフレームワークをプロダクトバックログへと立ち戻って結びつけようではないか．プロダクトバックログは，自分のプロダクトで変更したいことの一覧を，その一覧が自分の一群のインプットにどのような影響を及ぼすかについての仮説とともにもたらす．自分の一群のインプットに影響を及ぼすことにより，あなたは，自分のノーススターメトリックに影響を及ぼし，顧客価値とビジネス価値の駆動に役立てることができる（図12.2）．

　ノーススターフレームワークが素晴らしいのは，一群のインプットが，すばやいフィードバックを集めるために測定できる先行メトリックスを構成するという

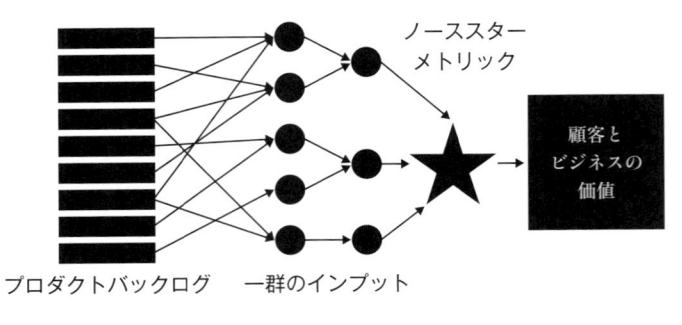

図 12.2　ノーススターメトリックに影響するアウトプットにどのように仕事が影響を及ぼす
　　　　か，そしてノーススターメトリックが中期そして長期のビジネス結果と顧客価値を代理
　　　　する

ことである．ノーススターメトリックは，顧客価値もビジネス価値もともに変化
が遅れて現れるが，それらを直接変化させることができない――一群のインプット
を通じてのみ変化させることができるのだ．

　本質的に，あなたがリリースするすべてのフィーチャーは以下のようなフィー
ドバックをもたらす．

- あなたのフィーチャーが興味の対象である先行メトリックスに影響を及ぼす
  のにどれくらい成功しているか？
- 興味の対象である先行メトリックスに影響を及ぼすことで，あなたのノース
  スターも正の影響を受けたか？
- 正の影響を受けたあなたのノーススターは，より多くの顧客とビジネスの価
  値を生み出すか？　あなたのプロダクトがどのように価値を提供するかを
  ノーススターフレームワークは，どれくらいよく捉えているのか？

　あなたは，ノーススターフレームワークの真の威力が１番目の点―興味の対
象の先行メトリックスに影響を及ぼす―にあると考えているかもしれない．自分
のフィーチャーが自分の顧客に対してどのように違いをつくるかについて―あな
たはそれらの人々の振る舞いの変化を測定できるので―ノーススターフレーム
ワークはフィードバックループを確立することを可能にする．しかしながら，時

間の経過とともに 3 番目の点がより重要になる．あなたのすべての実験がノーススターフレームワークに洞察をフィードバックすることにより，自分のプロダクトが価値をどのように創造し獲得するかを，理解しやすく示す実用的なモデルをつくることが可能になる．

　時間が経つにつれて，ノーススターフレームワークは，自分のプロダクトで違いをつくるものについて話をするための共通の言語をもたらす．重要なステークホルダーがそういうので，その通知センターをもたねばならないか否かではない．あなたがすでに知っていること，および実験を通じて学んだことに基づいて，自らのフィーチャーの要求がプロダクトにおける価値を駆動するということを，自分のステークホルダーがいかにして信じたかを質問するために使える実用的なモデルをノーススターフレームワークはもたらす．

　私たちがすでに論じたように，ノーススターフレームワークは，学びを加速する助けになりうる．しかしながら，この学びを可能にするために，あなたが自分のプロダクトバックログを短く保つことがきわめて重要である．

自分のプロダクトバックログをなぜ短くすべきか？

　第 1 章で紹介した，暗闇の中で置き去りにされて，自分たちの帰り道を見つけなければならないという私のフリーラント島での子ども時代の話を用いて説明するならば，道のりのすべての歩みが経路を形づくる．同じ論理的思考が，あなたがプロダクトを構築する際に当てはまる．自分のプロダクトに何か新しいものを追加するたびに，あなたは，より多くの情報と，自分の顧客とビジネスに自分のプロダクトがどのように価値を提供するかについての理解を得るべきである．

　すべてのスプリントの間，あなたはその存在すら知らなかった自分の顧客，あるいはビジネス，技術的ハードル，障害について学ぶ．大きなプロダクトバックログは，古い知識を取り込むのに大きな労力を浪費していることを意味する．あなたがより良い経路を見つけたときは，多くのプロダクトバックログアイテムが捨てられる必要がある．ところが，あなたがプロダクトバックログを短く保てば，すべての項目が自分の思うように最新で最善の情報を含む．あなたは，プロダクトバックログアイテムを再作業し，あるいは磨き，捨てるために貴重な時間を無駄にすることもない．

プロダクトバックログアイテムは，あなたがそれらを選ばなければ，古くなる．ここに，プロダクトバックログアイテムが古くなる一般的な理由を挙げる．

- その会社の方向性の変化により，その仕事がもはや重要ではなくなる．
- それは，他の問題の一部として，偶然あるいは意図的のいずれかで，すでに解決された．
- その仕事はもはや必要ない．というのは，私たちが代わりのフィーチャーに近い将来取り組むからである．
- 時間とともにアーキテクチャーが発展したことで，ソリューションの方向性が変わった．プロダクトバックログアイテム全体が，再作業され，再見積もりされる必要がある．
- 最新の理解を得て，私たちは，当初思ったほどその仕事の価値が高くないことを今や知っている．

自分のプロダクトバックログを短く保つことで，あなたは，先立つ霧を受け入れ，憶測の霧を制限する．また，自分の計画を謙虚で，現実に根差したものに保ち，かつ，学びと発見の余地を残す．そうすれば，あなたのプロダクトバックログは新鮮である．というのは，それは，最新の洞察と発見が吹き込まれているからである．あなたがさらに多く学び，発見し，そしてあなたのノーススターフレームワークが発展するにつれて，プロダクトバックログは，あなたの思い通りに最善の知識と理解で形づくられる．

さて，私たちは，自分のプロダクトバックログを短く保つことの長所を論じてきたが次に，プロダクトバックログをどのように優先順位づけするかを考えてみよう．

「先験的」な優先順位づけに時間をかけすぎないようにしよう

複雑な仕事を行うとき，あなたは絶えず学ぶが，それは自分が学んだことに基づいて絶えず自分のプロダクトバックログをシャッフルすることを意味する．このようにあちこちをシャッフルすることは，良いことである．しかしながら，労力の量と期待される価値のような仮説に基づく，価値提供の優先順位づけを推奨

する．多くの異なる優先順位づけフレームワークが存在する．

　これらの優先順位づけフレームワークの多くの問題は，会社が，「先験的な（a priori）」優先順位づけを行うためにそれらを導入することにある．あなたは，仕事あるいは実験をまったく行うことなく，推測と限られた情報に基づいてプロダクトバックログを優先順位づけする．最初にソリューションの方向を見つけることで，労力とそれから自分が得る価値を推測して見積もることができる．

　問題なのは，私たちが仕事を始める前は課題，ソリューション，労力，そして価値が非常に不確実であることが多いということである．それゆえ，自分たちが最も知らない時点で，雑音と不確実性に基づいて私たちは優先順位づけするのである．私たちは，優先順位づけのために用いる単一の数字に行き着くために，基本的に雑音にさらなる雑音を乗ずるが，その数字自身にさらに多くの雑音が詰まっている．

　優先順位づけフレームワークは，これから取り組む項目の長いリストがあり，その価値と労力についての確実性が高い場合に有意義である．問題は，あなたが複雑な仕事を行うときに，価値や労力について確実性が低いレベルにあることが多いことであり，その場合は自分がこれから取り組むことの長いリストをもつべきではない．これゆえに，優先順位づけの重要性が大幅に低下する．実験の小さなリストをあちこちシャッフルすることは，価値創造で大きな違いをつくらない．

　あなたが適切な発見を行うとき―つまり，価値の不確実性を減らし，自分が取り組んでいることの価値が高いという自信を増すために，小さな実験を行うとき―これらの提供するものの優先順位づけフレームワークの重要性は大幅に低下する．発見は，ジャストーインータイム風[†4]に行われ，そしてあなたは取り組むべき提供項目の大きな一覧を決してもつことはない．発見は，自分が何かを進めるべきか否かについて，自分の水晶玉をこすったり，スプレッドシートで何らかのつくられた数字の掛け算をするのと比べると，はるかに正確な情報をあなたにもたらす．

　私は，優先順位づけが，順序づけと同じではないと強調したい．最も優先度が高いものが，必ずしも 1 番目に選ばれないかもしれない―例えば，他のシステムへの依存性のためにである．プロダクトバックログの順序づけが，最初に選ば

---

†4　前工程に見込みで多くの仕掛かり品を積むのではなく，トヨタ生産方式のように，後工程の必要に応じて前工程の仕掛かり品を引き取ること．

れることを決め，そして順序づけは，優先度，依存性，そして他の要因を考慮に入れることを可能にする．

　複雑な仕事を行うとき，あなたは短いフィードバックループをもつべきである．これは，フィードバックをすばやく得られるように，可能な限り小さなものを提供しようと試みるべきであるということを意味する．あなたが短いプロダクトバックログをもち，小さなものを提供していると，情報と理解をすばやく得るだろうし，現実の世界に根差した優先順位の判断を下すことができるようになる．

　あなたが優先順位づけを行いたいならば，戦術的なレベルに基づいて優先順位づけを行うべきである—自分が達成しようとしている成果における戦術的なレベルである．あなたは，発見を行う前に，そのざっくりとした大きさを理解するために，ビジネスケース[†5]をつくるべきである．それでも，それらのビジネスケースで，開発提供の仕事をあちこちにシャッフルしたり，自分自身が金持ちと思うだけではなく，ある実験を追求するかどうかという自分の発見に関する決断を導かせよう．

　チームがそれらのより戦術的な目標に取り組み始めるとき，チームの人たちにはまだソリューションを見つける必要が残されている．それが，ソリューションと，それに要する労力についてあなたが決断を下せるタイミングである．

　本章で，私たちは，スプリントゴールでどのように価値を駆動しうるかを探究した．それでも，特定の成果を駆動するアウトプットを追跡することでは不十分である．つまり，それらの異なる仕事の断片を一緒に結びつける，全体的な方向性がなければならないのであり，そしてそれが次章の主題である．

重要な学び

- 自分のプロダクトがどのように顧客に価値を提供し，あなたがビジネスに対する価値をどのように獲得するかに対する実用的なモデルをつくることが重要である．ノーススターフレームワークは，よい出発点であり，それは自分のプロダクトがどのように価値を提供するかを可視化するために用いること

[†5]　それがどのようなビジネスをもたらす可能性があるかを記述したもの．

ができる，シンプルなモデルをもたらすからである．

- シンプルなノーススターフレームワークモデルで始めて，そしてあなたがより多くの仕事をし，自分の経験から学ぶにつれて，そのモデルが発展し，姿を現すようにする．
- プロダクトバックログを短く保つことが不可欠である．そうすることで，あなたは，プロダクトバックログを最新の洞察と理解で新鮮に保つことができ，そして価値の提供を減らす不必要な無駄を防ぐことができる．
- フィーチャーレベルで自分のプロダクトバックログを優先順位づけせず，あなたが解決したい問題の種類に基づくより戦術的なレベルで優先順位づけしよう．

第 13 章

プロダクトビジョン：自分のプロダクトに対する意図した方向性

> 「ビジョンは，他の人たちに見えないものを見るという技能である」
>
> ―ジョナサン・スウィフト

特定のアウトプットを変えようとすることで，価値の高い成果を追求することに役立つ明確なゴールをもつだけでは不十分である．そのゴールがどこにあなたを連れていくのかが分からなければ，小さな一歩一歩を積み重ねても，目的地に近づくことはできない．それらすべての異なるゴールを一緒に結びつける全体的な方向性がなければならない．プロダクトにとって，それらのゴールを結びつけるものがプロダクトビジョンである．

プロダクトビジョンの神秘を払いのける

プロダクトビジョンは，プロダクトマネージャーやプロダクトオーナーの募集の際に，ほぼいつもあなたが目にする，魔法のようで，神秘的なフレーズである．ここに，いくつかの実際の求人例がある．

「素晴らしいプロダクトビジョンを築くための強力なプロダクトに対する本能」
「プロダクトビジョンの推進において奉仕型リーダーシップを示す」
「ステークホルダーと一緒にプロダクトビジョンをつくる」

プロダクトビジョンが意味することを 10 社に尋ねれば，あなたは 10 個の異なる回答を得ると私は断言する．それは，10 人のアジャイルコーチにアジャイルが意味することを尋ねるのと同じ結果を生むだろうが，本筋から離れてしまう

ので割愛する．プロダクトビジョンは，プロダクトオーナーによって生まれつきもっていたり，もっていなかったりする魔法のような直観の類として示されることが多い．

私は，プロダクトビジョンを以下のように定義する．

自分のプロダクトが将来いるべき場所に対する，顧客に根差すビジョンであり，それにより焦点を絞り，そこにどのように至るかについて協調した努力が可能になる．

正しい方向への 1 歩では，あなたは自分の目的地に行き着けない．後に続く歩みは，あなたのビジョンで描かれるように，自分が行きたい**方向**に向かうべきである．自分たちのプロダクトで私たちは何を達成しようとしているのか？　自分たちの顧客のために自分たちがつくろうとする有意義な未来とは何だろうか？プロダクトを構築するとき，あなたは毎日決断を下す必要がある．高いレベルでは，プロダクトビジョンは，すべての小さな決断を足し合わせて，確実に首尾一貫した単一の方向に向けるものであり，それが世界に影響を残しうるのである．

確固としたプロダクトビジョンは，**焦点を絞る**．プロダクトビジョンは，世界と，自分のプロダクトに対して下す必要があるすべての決断を眺めるレンズのように作用する．何かに焦点を絞ると，他の部分は焦点から外れることを意味する．あなたは，視野の他の部分を無視することで，興味の対象の領域を最も詳しく見ることができる．

強力なプロダクトビジョンも，同じことを行うべきである．つまり，プロダクトビジョンが，重要なことを焦点の内側に入れ，重要ではないことから焦点を外すように動かす働きをもつべきである．プロダクトビジョンは，物事に対してあなたが「いいえ」といいやすいようにすべきである．自分が取り組むべきではない種類のフィーチャーをあなたが除外したり，取り除けないようであれば，そのプロダクトビジョンは汎用的すぎるのか弱すぎる．

プロダクトビジョンは，**協調した努力を可能にする**．というのは，自分たちが行っていることとその理由を全員が理解できるからである．あなたが明確なプロダクトビジョンをもたないと，全チームは，それを即興でつくり，それぞれの最善と思われる意図でプロダクトに関する決断を下すだろう．これらすべての異な

る決断は，あなたのプロダクトを薄め，あなたがそうなってほしいところに行き着かないようにする．

　ここまでの議論の多くは，一つのプロダクトに対する観点を仮定してきたが，究極的には，あなたのプロダクトビジョンは自分のプロダクトについてのものではない．プロダクトビジョンは，プロダクトが自分の顧客の生活をどのように良くするのか，顧客の人生においてどのような進歩を適えてくれるのだろうか，ということに関するものである．これが，「プロダクトビジョン」というレッテルをなんとなく誤解を招くものにしている．プロダクトビジョンは，プロダクトが自分のユーザーに対して解き放つ将来の状態に対するビジョンであり，それをビジネス価値としてどのように自分が刈り取るかのビジョンである．

　私の知る限りにおいて，人々がプロダクトをどのように，そしてなぜ使うのかを最もよく説明する科学的理論は，ジョブ理論（Jobs-to-Be-Done（JTBD））と呼ばれる．ここでは，詳細に立ち入らないが，人々がプロダクトを使う理由をより良く理解したいならば，ジョブ理論を見てほしい．次に挙げるのは，ジョブ理論の考え方を見事に捉えたキャシー・シエラ（Kathy Sierra）の引用である．「あなたのプロダクトではなく，あなたのユーザーをアップグレードしよう．より良いカメラをつくり上げるのではなく，より良い写真家をつくり上げよう」．いい換えると，あなたのプロダクトが行うことが大事なのではなく，自分のユーザーを解放し新たな可能性を開くこと，それらの人が以前に行えなかったことを達成できるようにすることが大事なのである．

　すべてがとても抽象的に聞こえるかもしれない．強いプロダクトビジョンの恩恵を示す三つの興味深い話を見ていくことで，現実的なレベルに引きもどそうではないか．

より大きなことに向けた研究用のマウス

　1979 年に，24 歳の起業家は，Xerox PARC の研究施設を訪問し，Xerox PARC の人たちが取り組んでいる素敵な発明すべてを見学するという取引を交渉した．彼は，カルフォルニア州クパチーノの小さなスタートアップの創業者だった．その若い起業家は，スティーブ・ジョブズ（Steve Jobs）であった．

　1970 年代において，Xerox PARC は，世界での最大級のイノベーションハブ

の一つであった．将来の光景を垣間見たければ，Xerox PARC はうってつけの場所であった．ジョブズはこれを理解し，Xerox PARC の人たちが取り組んでいるすべての驚異的な発明を見学することを許される代わりに，百万ドルで Apple 社の株 100,000 株を購入するオプションをゼロックス社に申し入れた．

　デモの一つの間に，ジョブズは，「なぜ，あなた方は，これで何もしないのですか？　これは，最も素晴らしいものです．これは，革命的だ！」と感嘆した．

　ジョブズが，マウスでコントロールされるグラフィカル・ユーザー・インターフェース（GUI）を見た直後だった．彼は，その後，技術者にいくつかの質問をして，そのデバイスの利用者にコンピューターの専門家を想定していることを見つけ出した．ゼロックス社のマウスには三つのボタンがあり，スムーズに転がらず，そして製造に 300 ドルかかった．マウスはたびたび壊れて，使いものにならなかった．

　ジョブズは，以下の基準に基づいてマウスを製造できる技術者をすぐに探し出した．

- 15 ドル以下で製造可能な 1 ボタンモデル．
- 数年間は機能しつづけるべきである．
- フォーマイカ[†1]のカウンター天板とジーンズの上で操作可能でなければならない．

　ジョブズは，研究用のマウスが専門家の利用者だけに限らず，より大きなことに向いていると見た．彼には，この技術が大衆の利用者に向けたものと捉えるビジョンがあった．彼は，設計の選択肢を限定し，素晴らしいプロダクトを思いつくことを可能にするかもしれない三つの制約を思いついた．

　1983 年に，Apple 社が，Lisa—グラフィカル・ユーザー・インターフェースとマウスを備えた最初の商業コンピューター—をリリースして世界中の人たちを驚かせた．ジョブズは，後にゼロックス社について「ゼロックス社が，自分がもっているものを知り，その本当の機会を利用していたならば，IBM とマイクロソフトとゼロックス社を合わせたぐらい大きくなり，世界で最大のハイテク企

---

†1　滑りのよいメラミンを用いた表面仕上げのこと．

業になりえただろう」と述べた．

　Xerox PARC では，研究者が限界を超えて，見事なプロトタイプをつくっていた．しかし，彼らは，自分たちがもっているチャンスを活かすためのビジョンを欠いていた．プロトタイプから成功するプロダクトに至るためには，あなたが渡らねばならない大きな割れ目（Chasm）がある．あなたには，素晴らしいプロダクトビジョンをもつスティーブ・ジョブズのような人が必要である．

失敗を思い出させるものとしての木のブロック

　1989 年に，GriDPad がリリースされた．あなたは，「GriDPad だって？　聞いたことがないぞ」と今思っているかもしれない．もっともである．というのは，そのプロダクトは市場で大失敗だったからである．それでも，それをつくった会社—パーム社—を聞いたことがあるだろう．

　GriDPad は，驚くような技術だったが，市場では成功しなかった．ユーザーは，その機能を愛したが，重すぎて大きすぎたのであった．実際のサイズと立体的な寸法が，プロダクトは有用であっても，ユーザーに対して克服できない障害を生んだ．GriDPad は，寸法が $22.9 \times 30.5 \times 3.6\,cm$ で，重さが 2 kg だった．簡単にいえば，A4 の紙 1 枚に収まらず，チワワ犬ほどの重さだった．

　パーム社の共同創業者であるジェフ・ホーキンス（Jeff Hawkins）は，それ以前に GriDPad に従事してきたが，当時パームパイロットと呼ばれる新プロダクトに従事していた．パームパイロットで同じ間違いを犯したくなかったので，彼は，パームパイロットが「シャツのポケットに収まるべきである」と決めた．

　このことを全員が忘れないために，ジェフは，パームパイロットのプロトタイプを木のブロックでつくり，打合せに絶えず持ち歩き，コンピューターとして使う真似をした．議論や下すべき決断があるときにはいつでも，彼は，そのブロックを自分のシャツのポケットから取り出して，「それは私のポケットにまだ収まるだろうか？」と尋ねた．

　パームパイロットがリリースされたとき，それは，大きな成功を収め，パーム社はパーソナル・デジタル・アシスタント（PDA）市場のリーダーとしての地位を確立した．

イタリア人の女性と結婚したスイスの航空工学エンジニア

　アナーマリア（Anna-Maria）というイタリア人の女性と結婚したスイスの航空力学エンジニアであるエリック・ファーブ（Eric Farve）は，妻とコーヒーについての論争が絶えなかった．彼女は，スイスのコーヒーは味気ないと不平をいった．そのカップルがしばらくイタリアに住んでいたときに，彼らは，ローマのあちこちのカフェに行き，その国が提供する最高のエスプレッソを試してみた．彼らは，ローマ随一のエスプレッソを提供することで知られている，有名なカフェ・サン・エウスタキオ（Café Sant Eustachio）でエスプレッソを毎日飲み続けた．

　エリックは，スイスのコーヒーがまずいと妻にからかわれ続けることに，もううんざりだと思った．彼は，自分が究極のエスプレッソを淹れることができることを妻に証明しようと決めた．彼は，自分たちカップルがイタリアで楽しんだような高い品質のエスプレッソを淹れる方法を見つけて，プロのバリスタだけではなく，誰でもそれができるようになる日が来ると，彼女に語った．

　長い年月にわたりエスプレッソの味と格闘した後，エリックは，簡単に高い品質のエスプレッソを淹れる方法をついに発明し，それがネスプレッソの誕生へと導いた．この話で興味深いことは，それが明確な問題とともに始まったことである．つまり，スイスのコーヒーの大半は味気なく，高価な機械と十分なスキルがないと家でバリスタレベルのエスプレッソを淹れるのは難しいという問題である．ネスプレッソは，両方の問題を誰でも操作できる簡単な機械で解決した．

　後から考えると，ネスプレッソが解決した問題は明白であるが，私は，その装置を初めて見たとき，そのアイデアを思いついた人がいることに驚いたことを覚えている．私たちは，家でコーヒーを淹れるという問題をそのときまでに解決していなかったのか？　利用可能な多くの異なる選択肢が存在した―さらなる選択肢の利点は何だったのだろうか？　そこで，自分のために誰かがネスプレッソのコーヒーを淹れてくれた．エスプレッソを見て，そして味わった後，私は，すぐにその魅力を理解した．

　これらの異なる話のすべてが，強いプロダクトビジョンをもつことの重要性を説明している．顧客に根差し，自分のプロダクトを連れていきたい先についての

明確なビジョンをもたないと，プロダクトを成功させるのは難しい．スティーブ・ジョブズが Xerox PARC 研究所からマウスを拾い上げなければ，そこの技術者は，マウスを発売して，Apple 社がなしたのと同じ成功を収めるというビジョンを欠いたままだっただろうと私は確信している．

　プロダクトビジョンをどのようにつくり，思いつくかは，それ自身が一つのまとまったトピックであり，本書の範囲を超える．本章で，自分が向かっている先，そして自分のプロダクトでどんな種類の未来をつくろうとしているかが分からないならば，成り行き任せになるだろうことを心に留めてほしい．それこそが，あなたがプロダクトゴールとスプリントゴールを話し始める前に，自分のプロダクトビジョンに取り組む必要がある理由である．

　いったんあなたがプロダクトビジョンをもてば，それは素晴らしい始まりである．それは，プロダクトビジョンが進むべき方向をもたらすだろうからである．明確なプロダクトビジョンは，自分が望む目的地の近くに連れて行かないアイデアや要求に異議を唱えるようにその組織の全員を力づけるだろう．しかしながら，目的地に至る，多くの異なる道がある．目的地に成功裏に至る最も有望な道をどのように見つけるのか？　次章は，プロダクト戦略を探究することでその質問に回答する．

重要な学び

- プロダクトビジョンは，あなたのプロダクトに対して有意義な方向をもたらす．プロダクトビジョンは，日々の小さな決断すべてが足し合わされたものが確実にプロダクトになるようにする．その全体は部分の合計よりも素晴らしいものになり，あなたが可能にしたいと思う顧客にとっての未来を創る．
- プロダクトビジョンを評価するときに，それが要求，あるいはアイデアに対して「いいえ」というように自分を力づけるかどうかをあなたは自身に問うべきである．あなたのビジョンは，行わないことについての選択をより容易にするべきである．自分がどこに向かい，何を達成しようとしているかがあなたに分かっているとき，そこに自分を連れていくものと，連れていかないものがあなたに分かる．あなたが，物事に対して「いいえ」といえないとき，それは，あなたの目的地があいまいで，行き当たりばったりの歩行でも

事足りると思っていることを意味している．
- 同じプロダクトに多くの異なるチームが従事するとき，それらのチームは，ユーザーによるプロダクトに対する体験に影響を及ぼす判断を日々下す．あなたのプロダクトに対するビジョンは，それらの異なる努力がすべて一緒に協力して働き，方向性がそろうことを可能にする．

第 14 章

プロダクト戦略

「戦争において，とるべき道は，強いものを避けて，弱いものを叩くことである」
—孫武将軍

　米国のマイケル・チャン（Michael Chang）は，史上最年少でグランドスラムタイトルをとったテニス選手である．彼は，1989 年のフレンチオープンタイトルを 17 歳 3 か月で勝ち取った．フレンチオープンタイトルは，彼の最初で唯一のグランドスラムでの勝利である．それでも，その勝利は，完敗と紙一重の際どいものだった．

　グランドスラムの試合の 4 回戦で，彼は第 1 シードで史上最も偉大なテニス選手の一人であるイワン・レンドル（Ivan Lendl）と対戦した．チャンは，先に 3 セット取れば勝ちの試合において，6-4，6-4 と 2 セットを連取されていた．状況は，厳しいように見えた．さらに悪いことに，チャンは足に痙攣を起こして，動くことができなかった．本来の彼の強みは動作のスピードであったが，彼はコートでほとんどじっと立ち，意志の力だけでボールを打ち返していた．

　レンドルを負かすショットがほしいならば，もはや自分の足に頼ることはできないとチャンは悟った．彼は，自分が勝つチャンスを最大化するために自分のゲーム戦略を全面的に変えた．彼は，自分のボールを高く打ち上げゲームの速度を遅くし，自分自身に回復時間をもたらそうとした．すべてのラリーにおいて，彼は，すぐに勝者となることで，ラリーを可能な限り短く保つことを目指した．休憩の間，チャンは，足の痙攣をなくすために，バナナを食べ，水を飲んだ．

　レンドルは，冷静で沈着な選手として知られていたが，試合が続くにつれて，チャンのふざけた行動が彼をいらだたせ始めた．レンドルは，審判と観衆に悪態をつき始めた．その試合は，思いもかけない 5 セット目に入り，そのセットの

間に，チャンはアンダーハンドサーブを行うことでレンドルにショックを与えた．足の痙攣に依然として悩まされながらも，チャンは，最終セットで 5-3 とリードし，レンドルのサーブで 2 回のマッチポイントを迎えた．

チャンは，レンドルのサーブを返すためにコートの真ん中で待つことで，マッチポイントに対して大胆な行動をとることを決断した．観衆は，異様な状況に笑い始めて，レンドルは，自分が馬鹿にされていると信じた．レンドルは，集中を失い，ダブルフォールトを犯して，チャンにそのマッチの勝利を与えた．7 日後，マイケル・チャンには，史上最年少のグランドスラム勝者としての栄誉が与えられた．

かろうじて動くことができたマイケル・チャンが，イワン・レンドルを相手にその試合に勝ったことは奇跡である．その試合の間，チャンは，自分の身体の調子が最大の弱点であることを悟った．彼が勝つための唯一の道は，その試合をどちらかといえば心理ゲームへと転ずることだった．また，チャンは，そのゲームのスピードを落とし，走るのを減らすために行いうることを何でも行ったので，自分の脚力をいくらか回復することができた．

狡猾な戦略は，彼が 5 セット目で伝説的なアンダーハンドサーブを行うことで頂点に達した．そのサーブは，狡猾でスポーツマンらしくないことで有名になった．卑怯なサーブは，レンドルの集中を破るのに絶好のタイミングだった．

30 年以上経った今，チャンとレンドルはお互いに偶然出会うと，いまだにテニスについて話をする．しかし，1989 年のフレンチオープンの 4 回戦については決して話さない．イワン・レンドルが勝つはずだった，彼が負けるまでは．そうならなかった唯一の理由は，チャンが自分の戦略を変えることを決意し，異なる試合をプレイしたからであった．

戦略は弱点を突くことを意味する

レンドル-チャンの試合の場合において，チャンにとって活用すべき最高の弱点，そして成功のために最も有望なチャンスは，試合を失速させて，レンドルの心を読むことであった．テニスについての話はここまでとして，議論をソフトウェア開発に戻し，Apple 社からの，プロダクト戦略のより親しみやすい事例を見てみよう．

　スティーブ・ジョブズは，素晴らしいプロダクトの背後にいる指導者としてよく認識されている．それでも，彼が最初の iPhone の開発に頑固に反対したことを知っている人は少ない．彼は，携帯電話をオタク向けのものと考えた．また，iPhone を現実のものとするのに必要な，大きな電話通信会社と提携することにも躊躇した．

　iPhone の前に，Apple 社は，音楽 MP3 プレーヤーの iPod で儲けていた．ある時点で，Apple 社の売り上げの半分以上が iPod に由来していた．実際，かなりの長期間にわたり，iPod は Apple 社の最大のドル箱だった．その間に，複数の会社が MP3 音源を再生できる電話をリリースし始めた．Apple 社の役員が MP3 を再生する新しい電話を見たときに，デバイスがそれほど素晴らしくなかったにもかかわらず，彼らは，電話が自分たちのマーケットシェアすべてを奪い去ることを理解した．そして，手遅れになる前に自分たちが行動しなければならないと悟った．

　Apple 社の役員は，電話市場に参入することがどれほど不可欠であるかをスティーブ・ジョブズに語り続けたが，彼は，役員たちの懇願を長い年数にわたり無視した．それらの役員たちの懇願に嫌気がさした後に，ジョブズは，モトローラ社とともに電話，ROKR E1 をつくることに同意した．この電話は iTune を統合していた．

　ROKR E1 は，大失敗に終わった．キャリアの電話をベースにして，iTunes と統合することでは不十分だった．このプロジェクトを通じて，ジョブズは，通信事業者とともに働くことが，Apple 社が誇りをもち，有名になりうるような種類のプロダクトを決してもたらさないこと，そして，その計画がうまくいきうる唯一の道が，Apple 社が自分自身で電話をつくり上げることだということを理解した．彼は，Apple 電話をつくり上げるプロジェクトにゴーサインを出した．

　Apple 社が最初にとったアプローチは，クラシック iPod をベースにして，それに携帯電話機能を追加するものであった．iPod のスクロールホイールを使うことで，電話をかけたり，テキストメッセージを送信することができた．Apple 社の開発者は，おおよそ 7 〜 8 か月の間にスクロールホイールを機能させようとしたが，それを成功させることができなかった．

　「iPod に電話を追加する」実験が終わった後，Apple 社は電話がかけられて，タッチスクリーンをもつポケットサイズのコンピューターをつくり上げることを

決断した．これが，最終的に私たちみんなにおなじみの iPhone であり，それは大きな成功をもたらすものだった．

この話からの主な学びは次のとおりである．役員は，携帯電話市場が iPod に課した大きな脅威を理解した．そのことのもう一つの面は，この脅威が，Apple 社に対して大きなチャンスを示していることであった．Apple 社が，電話と音楽再生の脅威とチャンスを理解していなかったならば，Apple 社はそれを活用できなかっただろう．

iPhone の話は，プロダクト戦略の素晴らしい例である．つまり，最も有望なチャンスへの強みの適用である．では，素晴らしい戦略を思いつくために必要な主たる要素はなんだろうか？

戦略は，課題に対処する方法を設計している

Good Strategy / Bad Strategy（邦訳『良い戦略，悪い戦略』，日経 BP マーケティング，2012）の著者であるリチャード・ルメルト（Richard Rumelt）によれば，戦略は以下の三つの部分で構成されるべきである．

- **診断（Diagnosis）**．私たちが直面している課題は何であり，その重要な側面は何だろうか？
- **先導する方針（Guiding policy）**．その課題に対処するための最善の全体的な方針は何だろうか？
- **首尾一貫した行動群（Set of coherent actions）**．先導する方針を実行するために私たちがとるべき行動は何だろうか？

良い戦略の三つの要素は，とても抽象的である．Tesla 社について語ることで，それをよりなじみがあるものにしよう．イーロン・マスク（Elon Musk）が Tesla 社に加わったときに，彼は，以下の障害に直面した．

- 自動車の市場は，電気自動車に対してまだ準備ができていなかった．電気自動車は，奇妙なもので，一般的ではなかった．
- Tesla 社は，電気自動車を大規模に製造する準備ができていなかった．自動

車をつくり上げることは難しく，そしてそれをコスト効率の良いやり方でスケールアップすることはさらに難しい．

- Tesla 社が，電気自動車を大規模につくるという立場にいるためには，お金と自動車をつくるためのより多くの経験が必要だった．

これらの特定の課題を克服するために，Tesla 社は，以下のマスタープランを打ち出した．

1. 少量の自動車をつくる．それは必然的に高価になるだろう．
2. そのお金を使って，より価格が低い中量の自動車を開発する．
3. そのお金を使って，手ごろな価格の大量の自動車を開発する．

少量で，高価でそしてプレミアムな自動車をつくることで，Tesla 社は，電気自動車に対して最も準備ができている市場のセグメントに注力できる．そこで，大規模に製造できない問題を回避し，車をつくり上げるためにより多くの経験を得ることで，後に大規模生産ができるようになる．

私は，Tesla 社がこれを会社のマスタープランと呼んでいるにもかかわらず，計画は戦略ではないことを**強調**したい．良い戦略は計画の作成を導く．あなたは，戦略の部分を飛ばして，直接計画にいくことはできない．それを行うならば，あなたは戦略を行っているのではなく，計画策定を行っているのである．私は，計画が戦略として示されている多くの会社で働いてきたが，これは危険である．というのは，これは，計画を支える戦略がまったくないことを通常意味するからである．

ここに示すのは，SpaceX 社の戦略の三つのステップの例である．

- **診断**．他の惑星に移住するための最大の障害の一つは，コストである．ロケットは高価であり，それらのペイロード（打ち上げる荷物）を届けた後は，ロケットが大気中で燃え尽きるままにしている．ロケットを再利用可能にすることで，宇宙へのアクセスコストを大幅に下げることができる．
- **先導する方針**．宇宙にペイロードを運ぶ商業的サービスを売り，そしてそのお金を再利用可能なロケットの開発の資金を供給するために使う．

- **首尾一貫した行動群**．長年にわたり，小さなロケットからスタートし，そしてより大きく，より強力なロケットへと広げ，会社がロケットを再利用可能にする方法が分かるまで実験を行う．

多くの会社が，良い戦略を思いつくために自分たちの課題を診断するという最初のステップを飛ばす．自分たちの課題の診断は難しく，そのために重要性が低い課題を選ぶことになる．会社がそのような決断を下す失敗を犯すと，計画ですべてを一括りにして，それを戦略と安易に呼んでしまう．自社の最大の障害，あるいは最も有望なチャンスを識別するという，この最初のステップを完了しなければ，戦略を打ち出すことができない．

いったん克服すべき障害を識別すると，次のステップは，先導する方針を打ち出すことである．それに最も近いものが，Tesla 社のマスタープランである．そのマスタープランは，Tesla 社が直面する特定の障害を克服するアプローチをもたらすが，障害を克服するために必要な行動を定めない．

良い戦略は，これら三つの部分が一緒に作用することが必要になる．三つの部分が一致して作用するときにのみ，Apple 社，Tesla 社，そして SpaceX 社をその他の会社から際立たせる類の集中力を発揮できるのである．

今や，プロダクトビジョンとプロダクト戦略，そしてそれらとスプリントゴールとの関係を探究し，第Ⅲ部の終わりに行き着いた．本書の最終部である第Ⅳ部では，スプリントゴールを導入したり，あるいはスプリントゴールとともに働くときに，自分たちが最もよく遭遇する障害を記述し，それらを克服するいくつかのやり方を紹介する．摩擦を増やし，不必要な驚きを生むスクラムチームの間で一般的なアンチパターンも探索する．最後の章では，本書のすべてのアイデアと概念をまとめることで，高いパフォーマンスのスクラムチームが，価値を提供するより良いやり方を一緒に発見する際の姿を描く．

重要な学び

- 戦略の考案は，競争上の優位性を得るために，あなたが克服しなければならない障害の診断で始まる．自分の課題を明示的に定義する，このステップを飛ばすならば，あなたは戦略をもつことができない．

- 診断に基づいて，その課題を克服するための先導する方針を定めるべきであり，自分がとらねばならない類の行動（そして行うべきではないこと）をその方針が知らせてくれる．
- 先導する方針に基づいて，実行されるべき一群の行動が定められるべきである．

第Ⅲ部全体の学び

第Ⅲ部を締めくくるために，10 ～ 13 章の主な教訓を要約しよう．

- スプリントゴールは，スプリントプランニングの間にスクラムチームにより念入りにつくられるが，FOCUS という略語は，効果的なスプリントゴールをまとめるのを助ける便利な方法である．
    - ➤　楽しさ（Fun）．覚えらえるタイトルを掲げ，楽しさの要素の注入を試みよう（必須ではないが，推奨される）．
    - ➤　成果指向（Outcome-oriented）．スプリントゴールは，自分たちが成し遂げようとしていることについて共通の理解をもたらすべきである．
    - ➤　協働（Collaborative）．スクラムチーム全体が，一緒にスプリントゴールを作成する．
    - ➤　究極の理由（Ultimate）．スクプリントゴールは，理由（why）―自分たちが達成しようとすることの背後にある究極的な理由―を含むべきである．
    - ➤　単一（Singular）．スプリントゴールは，複数の競合する目的ではなく，単一の共通の目標で構成されるべきである．
- スプリントゴールは，スプリントプランニングにおいてスクラムチーム全体で作成され，完成される．スクラムチームは，キャパシティーいっぱいに計画すべきではない．というのは，キャパシティーいっぱいでは，予期しないことに対処する余地がなく，学びや創発に取り組んだり，あるいは必要に応じて他のチームを助けたりする余裕がなくなるからである．
- あなたのプロダクトがどのように自分の顧客に対して価値を生み，自分がどのようにビジネスのための価値を獲得するかに対する実用的なモデルをつく

ることが大事である．ノーススターフレームワークは，良い出発点である．というのは，ノーススターフレームワークは，自分のプロダクトがどのように価値を提供するかを可視化するためにあなたが使うことができるシンプルなモデルをもたらすからである．

- プロダクトビジョンは，あなたのプロダクトに対して有意義な方向をもたらす．それは，小さな日々の決断すべてが足し合わさって確実にプロダクトになるようにする．そのプロダクト全体は部分の合計よりも素晴らしいものであり，あなたが達成したい自分の顧客に対する未来をつくる．

- プロダクトビジョンを評価するとき，それが要求もしくはアイデアに対して「いいえ」といえるように自分を力づけるかどうかを自問しよう．あなたのビジョンは，行わないことについて選択することをより容易にするべきである．自分が向かう先，そして自分が達成しようとしていることが分かっているときに，あなたは，そこに自分を連れていかないものと，連れていくものが分かる．あなたが，物事に「いいえ」といえないとき，それは，目的地があいまいで，行き当たりばったりな歩みで十分だと思っていることを意味する．

- プロダクト戦略は，本質的に，自分がどこで勝ち，どの弱みを利用するかを決断することである．プロダクト戦略は，自分のプロダクトビジョンを現実にするために追うべき有望な道を見つけることを意味する．あなたは，すべてに長じることはできず，プロダクト戦略は勝つためにあなたがプレイすべき場を知らせる．

スプリントゴールのよくある障害を克服する

多くのスクラムチームは，摩擦を増幅し，無用な驚きをつくり出すアンチパターンに悩まされている．最もよくあるアンチパターンはどのようなもので，それらを私たちはどのように解決できるか？　スプリントゴールとともに仕事をし始めた際に，最も頻繁に発生する障害にどのように対処するか？　スプリントゴールを採用するようステークホルダーを説得するために，彼らをどのように巻き込むか？　スプリントゴールの設定や価値の提供にステークホルダーにどのように参加してもらうか？　これらの質問を第IV部で取り上げる．

第IV部では，あなたのスクラムの実装を拡大させるために備わっていなければならない基本的な事項も取り上げる．最後の章では，本書で検討したすべての概念をどのように活用して，フィーチャー工場を打ち負かすような仕事のより良いやり方を生み出す，委任されたチームを築けるかを論ずることで，全体をまとめる．

第 15 章

摩擦と驚きを増幅するスクラムのアンチパターン

> 「成果の予見性を高めるために，私たちは，決断をする際に入る憶測の量を減らす
> 必要がある」
>
> ——メアリーとトムのポッペンディーク夫妻

　スプリントゴールは，霧の中で明るく輝く灯台のように，自分たちが見つけ，学んだことに基づいて短いフィードバックループを生み出す役割を果たす．

　しかしながら，短いフィードバックループを生み出すには，スプリントゴールを単純に適用する以外にも多くのことがある．多くのスクラムチームが，摩擦を強め，無用な驚きを招き，憶測を注入し，そしてより長いフィードバックループをつくるプラクティスを採用している．増えた摩擦により，望まれる結果を生み出すための計画や行動の調整がより困難になる．

　複雑な仕事を行い，そして摩擦に対処するということは，見通し，行動，後知恵，そして内省の適切なバランスをもつ必要があることを意味する．本章では，摩擦に対処することをより困難にし，価値の提供を妨げることで，あなたのスクラムの実装を損なうおそれのある一般的なスクラムのアンチパターンを私たちは考察する．私たちは，自分のスクラムチームが摩擦を効果的に取り扱っていないことを示す兆候を探究するが，それであなたはそれらの兆候を認識できるだろう．摩擦に対するこれらの最適ではない反応が起きる根底には，多くの異なる理由がありうる．

　これらの問題の根底にたどり着き，すべてのありうる根本原因を徹底的に論ずることは，本書の範囲を超えている．大切なことは，あなたが，これらの効果的ではない，よくある反応を認識できることである．その後，それらが起きる原因について何らかの対処を試みることができるように，それらの原因を理解するのはあなた次第である．

摩擦を生み出す三つのギャップを以下にまとめる（第 1 章参照）．

- 知識のギャップ：知りたいことと，実際に知っていることの違い．
- 狙いのギャップ：人々に行ってほしいことと，それらの人々が実際に行うことの違い．
- 効果のギャップ：自分たちの行動で達成を期待することと，それらの行動が実際に達成することの違い．

摩擦の抽象的な世界から離れて，見通しを曇らせ，行動を遅らせ，そして内省をしないスクラムチームにおける最も一般的で具体的な反応に注目しよう．

- 何にでもスパイク：過剰な数のスパイクを適用する．
- クリスマスのウイッシュリストバックログ：何年もかかりそうな膨大な仕事を伴う，長いプロダクトバックログをもつ．
- デジャ・ブなリファインメント[†1]：リファインメントの間に同じプロダクトバックログアイテムに際限なく立ち戻る．
- 永遠のスプリントプランニング：スプリントプランニングでありとあらゆる詳細の議論に多くの時間を費やす．
- 割り込み計画策定：小さな割り込みすべてをスプリントバックログの項目として計画する．
- 準備完了の定義：仕事の一環として把握できる可能性がある情報が足りないために，行動を遅らせる．
- きれいなバーンダウンチャートにこだわる：バーンダウンチャートの直線に沿うか，あるいは下になることを，素晴らしい仕事をしていることと同一視する．

これらのアンチパターンを各々展開して，これらがどのように摩擦を悪化させうるかを説明しよう．

---

†1　原書では，"Groundhog Day refinement" と記されているが，この "Groundhog Day" は映画のタイトル（邦題は『恋はデジャ・ブ』）である．ここでは，映画の邦題を参考に訳語を設定した．

何にでもスパイク：知識のギャップ

　ソフトウェア開発で，自分たちが望むほどには知らないということは，ごく普通のことである．このようなことをスクラムチームが取り扱おうとする際の一般的なやり方は，「スパイク」を実行することである．**スパイク**という用語は，ロッククライミングに根差しており，エクストリーム・プログラミング（Extreme Programming）に由来する．ロッククライミングをするときに，処置なしではさらに登ることが不可能なことがある．具体的にいえば，登り続けるために，あなたは岩の表面にスパイクを打ち込む必要がある．そのスパイクは，あなたを頂上に近づけてはくれないが，あなたが登り続けることを可能にする経路をつくり出す．

　ソフトウェア開発におけるスパイクも，同じ目的に役立つ．あなたに，何かを構築するための情報，あるいは理解が足りないと想像してみよう．自分が行わなければならないことが分からないときに，スパイクを実行することが，あなたのチームが前進することを助ける．スパイクは，時間枠が課せられた調査であり，その間に，スクラムチームは，不確実性の源を減らし，自分たちが前進するために必要な答えにたどり着こうと試みる．

　スパイクは，具体的な問題を解決し，適切に使われれば，信じられないぐらい有用である．あなたがスパイクをまれにしか使わなければ，スプリントの間に克服できない大きな障害にドンと突き当たるかもしれない．スパイクを頻繁に使いすぎれば，価値の高いフィーチャーを市場に遅れて投入することになり，大きな無駄を招く．

　スパイクの効果的ではない適用がいかに高い代償を払うことになるかを，私の個人的な話で説明することを許してほしい．私はかつて，すべてのスプリントでおおよそ 95% のスプリントバックログアイテムを完了したスクラムチームに参加した．そのチームは，私がかつて働いた中で最も一貫性の高いチームの一つだった．マネジメントは，そのチームにとてもご機嫌だった．というのは，そのチームは，時計仕掛けのように計画どおりに機能を提供したからだった．

　一貫して提供できた理由は，簡単だった．つまり，マネージャーは，チームをベロシティーの安定性だけで判断したのだった．私は，当初「うわー，このチー

ムは，きわめて成熟しているに違いない」と思った．しかし，そのチームのより近くで仕事をした後，私が早とちりしていたことが明らかになった．

　各スプリントでそのチームが選択したスプリントバックログアイテムの半分以上が，スパイクだったのだ．そのチームは，実際に何かを提供することよりも，何を行うべきかを調べることにより多くの時間を費やしていた．スパイクを過剰に使うことは，マネジメント向けに安定したベロシティーをでっち上げるという強迫観念の兆候である．結果として，そのチームは，物事に取り組むキャパシティーが 50 % 以下であり，そして新フィーチャーの市場への投入時期が著しく遅れた．マネジメントは，スパイクを実行するために無駄にされていた時間に気づいていなかった．そうでなければ，マネジメントはそれほどご機嫌ではなかっただろう．

　すべてを知らなかったり，あるいは自分がどのようにフィーチャーを構築するかについて正確に理解していないことは，スパイクを実行する理由にならない．時として，あなたの知らないことが，スプリントの間にまったく問題なく解決されることがある．あなたが，それをスプリントの間に解決できるだろうことにそこそこ自信があるのであれば，それで十分である．自分のチームがスプリントバックログアイテムを完了できないことがあることをあなたは防げないというのが現実である．あなたは，失敗を防ごうという不毛な試みのために，よりゆっくりと動くことを受け入れるのではなく，この事実を我慢して受け入れることを学んだ方がよい．

　複雑な仕事を行うとき，あなたが何をしようとも，失敗が予期される．あなたは，その仕事を行う前に，自分が知る必要があることが決して分からないだろう．準備の量で，先立つ霧を完全に取り除くことはできない．起こりうる唯一のことは，あなたが憶測の霧を招いてしまうことである．

　重要なことは，あなたがどのようにその失敗に反応し，その後に自分の進路を変えるかである．過剰な数のスパイクを行うことは，失敗を防がず，実際の仕事を行うことを遅らせ，複雑な仕事で本当に必要な短いフィードバックループを長くしてしまう．それでも，私は，スパイクを行うことは何ら間違ったことではないことを強調したい．スパイクは，きわめて有用であり，スパイクを行うことが少なすぎても遅れを招くおそれがある．

クリスマスのウイッシュリストバックログ：知識のギャップ

　あなたがクリスマスのウイッシュリストバックログをもつとき，次の数年間に取り組みたいことがプロダクトバックログに追加されている．結果として，プロダクトバックログは，あなたが実際に行うことの一覧ではなく，クリスマスのウイッシュリストのようなものに変貌する．残念ながら，ウイッシュリストに載っているものの提供を助ける魔法のサンタは周りにいない．

　クリスマスのウイッシュリストに陥る会社が多い．というのは，それらの会社が本当に知りたいのは，すべてを完了するのにどれほどの時間を要するかということだからだ．それらの会社は，それに要する正確な時間が自分たちに分からないという事実に対処できない．そこで，それに対応するために，見積もることができるプロダクトバックログにすべてを追加するのである．より多くのリソースを追加するため，自分たちの予算を増やす必要があるのだろうか？　その結果，事前にプロダクトバックログをリファインするために多くの時間を費やすことになる．

　長いプロダクトバックログのもう一つの原因は，プロダクトオーナーのステークホルダーマネジメントの拙さである．ステークホルダーマネジメントスキルが不十分なプロダクトオーナーは，自分たちのステークホルダーに「いいえ」ということに悪戦苦闘する．「はい」というのは容易である．というのは，私たちは，ステークホルダーがその言葉を聞きたいということが分かっているからである．「はい」は，平穏で難しくなく，そしてそれは進捗に対する幻想をつくり，あらゆる対立を遅らせる．「いいえ」ということは，即座に刺さり，ステークホルダーとの関係を傷つけかねない．十分な政治的知識があれば，あなたは，「はい」と安請け合いして，後に多すぎる約束の名残りの破片をうやむやにすることができる．

　長期間にわたり取り組むであろうすべてのことの一覧をもつことは高くつく．ステークホルダーは，戻ってきて，バックログ中の自分たちが望む素晴らしいフィーチャーに，あなたがいつ取り組むことができるかを尋ねることで，あなたを悩ますだろう[12]．あなたが，先立ってつくるすべてのものは，自分の現在の理解で制限されており，その理解が不適切なことが私たちには分かっている．ある

フィーチャーに取り組み始めることが可能なときには，それはもはや重要ではなかったり，あるいは自分が取り組んでいる他のもののために完全につくり直すべきだったりする．

　古いプロダクトバックログアイテムは，その仕事を実際に開始するときに，共通理解が少なく，失敗するリスクが高まるという問題がある．あなたが進む際に，そのようなアイテムを詳細化せずきわめて高いレベルでプロダクトバックログのずっと下の方に保ち，そしてすべてをジャスト・イン・タイム流にリファインする方がはるかによい．

　あなたは，自分のプロダクトバックログを牛乳のように取り扱い，そのアイテムに対する理解を新鮮に保つべき[3]である．時間とともに，それらのリファインされたプロダクトバックログアイテムは，古くさくなり，あなたの最新の理解で再び新鮮にするのに努力を要する．現実が変わらなくても，すでに議論された仕事（バックログアイテム）は，あなたのスクラムチームの内心では過去議論した時点での理解のままで，理解が新鮮ではない[4]だろう．プロダクトバックログアイテムを選ぶ直前の漸進的なリファインメントは，あなたが取り掛かろうとしているバックログアイテムに対応する仕事が最新の洞察と理解で強化されていること，そしてあなたが不適切もしくは古くなった情報に基づいて行動しないことを保証する．

　私たちは，現実が自分たちの顔をぴしゃりと打ち，自分たちの仮定が間違っていることを証明するまで，実際に知っているよりも，多くを知っていると考えることが多い．漸進的なリファインメントは，仮定を少なくする．ぎりぎり最後の時点で項目をリファインするとき，あなたは，より多くの仕事を行ってきたということだけでより多くのことが分かっているだろう．十分に先行してリファインすることは，バランスをとる行為である．それは，あなたが，遅れてしまうこともありうるからだ．自分のリファインが少なくかつ遅すぎると，その解決にあな

---

[2]　自分が望むフィーチャーがバックログ中にあるので，その開発がもう予定されているとステークホルダーが考えて，PO はステークホルダーから「いつ取り組むのか？」としつこく聞かれて悩むという意味．

[3]　バックログリファインメントを繰り返すうちに，以前検討したバックログアイテムの理解のままで固定化してしまうことを「古くなる」と捉えている．それに対して，実際の開発の直前にバックログリファインメントをすることで，その時点での状況や新たに分かったことに基づいてバックログアイテムをリファインすると「理解が新鮮に保たれる」ことになる．

[4]　本来は，現実が変わっていなくても，状況や新たに分かったことに基づいて理解をすべき（＝理解を新鮮に保つ）であるという意味．

たが十分な時間をとれないという障害にぶつかるのだ.

デジャ・ブなリファインメント：知識のギャップ

　欠けている知識にスクラムチームが対処するもう一つのやり方は，リファインメントの間にプロダクトバックログアイテムに際限なく立ち戻ることである. その根底にある仮説は，これから行うことについて多くの時間を費やすことで，必要な答えがすべて得られるだろうというものである.

　私たちがすでに知っているように，このアプローチは機能しない. というのは，取り掛かる前に，あなたは，先立つ霧で制限されるからである. あなたが，本から顔を上げて，やってみることでのみ得られる情報が不足しているだけである.

　私は，かつて，予定を守るために大きなプレッシャーのもとにいたスクラムチームのプロダクトオーナーになった. どれほど多くの詳細がもたらされようと，そのスクラムチームは，決して満足しないようだった. 彼らは，私が提供できるよりも多くのことを知りたがっていた. 彼らの際限のない詳細に対する飢えは，懲罰の恐れに根差していた. そのチームは，自分たちが知らないということで期限を守れない危険にさらされ，その結果，速やかにマネジメントから懲罰を受けることになると感じていた.

　そのチームの締め切りに対する強迫観念ゆえに，リファインメントへの参加は，映画『恋はデジャ・ブ』で際限のないループに閉じ込められたように—何度も何度も同じプロダクトバックログアイテムの議論の際限ないループに感じた. 私がもたらすすべての回答が，留まるところを知らない質問群の深みへとはまっていったのである. プロダクトバックログが，取り組むために十分に明確だと思われるまで，くまなく調べられた.

　リファインメントのゴールは，事前にすべての詳細を確定することではない. というのは，詳細のいくらかは，仕事を行う際に，先立つ霧が晴れるにつれて常に立ち現れるからである. それよりも，リファインメントのゴールは，仕事のその部分をそのスプリントの間に完了させることができると，スクラムチームがそこそこ信じることができるほど十分なレベルの明確さに達することである.

　リファインメントに対する問題が再び現れ続けるならば，それらの詳細が重要

なのかどうか，あるいは進んでいくにつれてそれらを自分が解決できるどうかを
尋ねることが大事である．その後に，この詳細に対する過剰な飢えがどこに由来
しているかを理解し，その根本原因に対処すべきである．その源は，ベロシ
ティーの強迫観念，あるいは締め切りを満たすことへの過剰な注力で，心理的安
全性をもてないような組織ダイナミクスに関係することが多い．

永遠のスプリントプランニング：知識と狙いのギャップ

　自分たちの計画がスプリントの間に期待したとおりに展開しないとき，よく提
案される解決策は，より多くの時間をスプリントプランニングに費やすことであ
る．そのスプリントの各々の日に自分たちが行うことについて何時間も話をし，
そのスプリントのすべての作業項目をサブタスクに分解することで，私たちは，
自分たちの計画が次回成功することを保証しようとする．不幸にも，自分たちの
計画は，それでもよく失敗し，私たちは，自分たちの完璧な計画にこだわろうと
して，さらにもっと奮闘するが，その完璧な計画は現実に直面するとすぐに不適
切なものになる．

　あなたがこのようにスプリントプランニングをこれまで行ったことがあるなら
ば，長いスプリントプランニングがどれほど疲れるものになりうるかを知ってい
る．そして，会議室で費やす時間がどれほど多くても，そのスプリントの間に，
計画に対する避けられない変更にあなたはやはり直面する．計画策定にどれほど
多くの時間を費やしても，あなたは，摩擦と先立つ霧から決して逃れることはで
きない．

　知っていることよりも知らないことが多いときに，大切なことは，実行と学び
を同時に行うことである．初日にスプリント全体の計画を立てて，すべてを分解
するとき，あなたは，創発と学びへの門戸を閉ざす．予期せぬことがドアをノッ
クするときに，誰もが反応に躊躇するだろう．というのは，古くなった計画と関
係のない指示が大挙して押し寄せ，自分たちの頭を乗っ取るからである．まさに
イエナーアウエルシュタットの戦いにおいて哀れなプロセイン軍のフランス軍と
の遭遇のようにである．

　私は，スプリント期間2週間に対して4時間をスプリントプランニングに費
やすチームと働いていたが，その努力のメリットを決して目撃したことがなかっ

た．私たちは，実行する前に計画全体を理解しようとしたので，自分たちがより多くを学ぶにつれて積極的に調整する軽量の計画よりも，正確ではない大量の計画に自分たち自身を固定した．

　スプリントプランニングで多くの時間を費やしすぎるときに起こる唯一のことは，有意義な仕事に使える時間を減らすということである．あなたは，スプリントプランニングの間に現実とは切り離された詳細を議論することに貴重な時間を失い，そしてその後，現実が顕在化し，自分の期待が現実に一致しないときに，完全だと思われた計画を見直すことでさらに多くの時間を失う．

割り込み計画策定：狙いのギャップ

　スクラムチームの開発者は，スプリントの間に面接，あるいはトレーニング，新たなチームメンバーのオリエンテーションなどで忙しいことが多い．スプリントの最後で，スクラムチームは，スプリント中の他の用件が多すぎたことを何も提供できないことの言い訳にするかもしれない．

　同じ間違いを再び犯すことを防ぐために，スクラムチームは，集中することを邪魔することや割り込みのすべてを一つずつスプリントバックログに追加することを決めるかもしれない．それでも，当初良いアイデアに思えたことが，事態を悪化させるだけだと分かる．つまり，スプリントバックログが雑音ととるに足らない打合せであふれるのである．デイリースクラムは，15分の時間枠内に決して終わらない．チームが現在そして今後数日で直面する割り込みや気を散らすことすべてを議論して，デイリースクラムでの貴重な時間と注意は失われる．

　スクラムチームは，自分たちの仕事を計画すべきだが，割り込みすべてを計画すべきではない．割り込みは常にあるだろうが，それらを計画の一部にすることは，自分たちが達成しようとしていることから気を逸らす．あなたに割り込みが多すぎるならば，より少ないキャパシティーでそのスプリントを計画し，それらすべての気を逸らすことで自分のスプリントを汚さないようにしよう．気を逸らすことが，そのスプリントの仕事，あるいはスクラムチームのゴールと関係しなければ，それらは，あなたが仕事を行うキャパシティーだけに影響する．あなたが何を行っているかは大事ではない—あなたはコーヒーを飲んでさえいるかもしれない．重要な唯一のことは，気を逸らすことが，自分がそのスプリントで意義

のある仕事を行わねばならない時間の量にどのような影響を及ぼすかということである．

準備完了の定義：知識と効果のギャップ

　チームが十分に知らなかったり，あるいはチームの行動が期待された結果を導かないとき，一般的なアプローチは，準備完了の定義（DoR：Definition of Ready）と呼ばれる統制メカニズムを導入することである．DoR の公式の説明はないが，私であれば次のように定義する．つまり，チームが一つの仕事をそのスプリントへと引き取る前に，満たされる必要がある約束と定義する．DoR チェックリストに記述されたように，特定の基準を満たす仕事だけを，そのスプリントに引き取ることができる．

　自分たちが知りたいと望むほど実際には知らないときに，その約束は，特定の知識をもっていることを強いることで，チームが自分たちの時間を無駄にすることを防ぐと思われている．私たちは，仕事を始める前にその約束をまず満たさねばならない．しかしながら，私たちは，約束も無駄の一つかもしれないことを忘れるべきではない．チームが行わなければならないことについて共通の理解があれば，時としてたった一文でも仕事を始めるために十分であることもある．そうでない場合は，DoR チェックリストで示されるよりも，はるかにより詳細な文章が必要かもしれない．あなたが複雑な仕事を行うとき，「すべての場合に合う一つのやり方」というものは存在しない．

　DoR のもう一つの目的は，プロダクトバックログアイテムを意図通りに完了するために，十分な指示が確実にあるようにすることである．その約束は，ステークホルダーが期待するものをチームが確実に構築するようにする．当初約束したそのままに提供することが，最善の結果を達成することよりも重要になる．

　私は，あるものが自分たちの DoR を満たさないので，チームがそれに取り掛かることを拒絶するという場面に何回も遭遇してきた．そのチームがその仕事を受け取れば，実行中にその詳細を理解することが完璧にできたと思われるにもかかわらずである．私は，実行するのにたった数時間しか要しないタスクをチームが受け取ることを拒絶したことさえ見てきた．結果として，価値の高いフィーチャーが何週間も遅れた．DoR の官僚主義にこだわることが，これらのケース

で適切なことを行うことよりも，重要だったのである．

　複雑な仕事を行うとき，あなたは，常に知識と理解が不足しており，そして自分の手を汚すことでのみ，準備ができた状態になる．実行することで現実が見えるようになる一方で，分析のしすぎはあなたを現実から遠ざける．

きれいなバーンダウンチャートにこだわる：知識，狙い，そして効果のギャップ

　あなたのチームが不確実性と複雑さに間違ったやり方で対処していることを示す最大の兆候の一つは，きれいなバーンダウンチャートへの強迫観念である．理想的なバーンダウンチャートを目指すことは，あなたが，三つのギャップすべてに効果的に対処していないことを示す．

　バーンダウンチャートは，仕事が完了される理想的なペースを示す1本の直線である．あなたがその線よりも上であると，あなたは十分に進捗していない．その線よりも下であると，あなたは素晴らしく仕事を実行している．その線の下に留まっていることは，あなたが期待されたよりも速い速度で仕事を完了していることを意味する．

　その理想線に従う，完璧なバーンダウンチャートが示すことは以下のとおりである．

- あなたの計画が変わらない．スプリントの最初であなたが決めたすべてが，変更されないままである．
- あなたの行動は，期待された結果しか生んでいない．あなたは，何を行うべきか，そしてその結果として何が起きるだろうかを常に正確に知っている．
- あなたは，学んでいない．最初から，自分が知る必要のあることすべてをあなたは知っており，そしてその結果として自分の計画と行動への変更は必要ない．

　これを，以下のような特徴をもつ，見苦しいバーンダウンチャートと対比してみよう．

- **適応**. 計画と行動が期待された結果を生みださないときに，それらが調整される．
- **創発**. あなたのチームは，そのスプリントの間により多くを学ぶにつれて，行うべき最善のことを理解する．
- **柔軟性**. そのチームは，スプリントの間の変更を歓迎し，それが理に適っているならば追加の仕事に取り組む．

自分たちの計画が不完全で，自分たちの実行に間違いがあり，そして自分たちが生み出す結果が予見できないことを前提にすれば，理想線に沿うバーンダウンチャートは，健全な懐疑心を呼び起すべきである．自分たちの計画を変更し，タスクを実行するにつれてそれらのタスクを理解し，そしてそれらが生み出す結果に応じて自分たちの進路を変更することが期待される．見苦しいバーンダウンチャートは健全であり，そして複雑な仕事を行うのに必要な一部である．というのは，私たちは，自分たちがその仕事を行う前に先立つ霧を決して取り除けないからである．

ここまで，スクラムチームの間で最も一般的に遭遇される兆候で，必要以上に長いフィードバックループをもつものを論じてきたが，私たちが学んだことをまとめようではないか．

知らないことを受け入れて，即座に行動する

チームが以下のような状態であれば，摩擦に対する効果的ではない反応が起きることが多い．

- 自分たちが知りたいと思うほども実際には知らない．
- 自分たちが実際に行って分かることよりも，多くを知っていると信じている．
- 指示を多く出しすぎて，行動を妨げる．
- 多くの統制を課して，自分たちが学び，見つけることに対する反応が遅れる．

　安全な環境をつくり，事前にすべてが分かっていないことで自分たちを責めないことをチームに教えることが重要である．私たちは，現実が明らかになるにつれて，現実に最もよく対処できるようになるような働き方を育むことを目指すべきである．私たちは，自分たちのチームが謙虚な計画から出発し，理解が増し，自由になるより良い情報をもつにつれて，その計画が発展することを助けるべきである．現実は，ややこしく，きれいではなく，そして不確実である．私たちは，自分の計画と行動に現実を決して完全に取り込むことができない．私たちが行いうる最善のことは，自分たちが学び，見つけたことに基づいて計画と行動を調整することである．

　スクラムは，私たちにそのフレームワークを補い，自分たち自身の働き方を考え出すことを求める．それらを行うときに摩擦に対処する自分たちの能力を妨げたり，あるいは不必要な驚きをつくらないことが不可欠である．本章が示唆するように，スクラムチームが自分たち自身を制限し，複雑な仕事の一部には必ず現れる変化に適切に反応できなくなっていくのには，多くの道筋がある．

　第16章で，私たちは，先に進み，スプリントゴールを導入するときに自分たちが直面するだろう最も一般的な障害と，それらに対して自分たちがなしうることを考えていく．

重要な学び

- 熱心な計画策定に注力し，行動を遅らせ，そして統制を課すことで自分が学び，見つけることに基づいて反応することをより難しくするスクラムのアンチパターンに気をつけよう．
- 摩擦に効果的に対処できない典型は，自分のバーンダウンチャートが理想線に従うように執拗に注力してしまうことである．バーンダウンチャートは，きれいではないものである．混沌としたバーンダウンチャートは，学び，適応し，そしてそのスプリントの間で現実に遭遇するときに現実を前にして柔軟であるスクラムチームの特徴である．
- 自分たちの計画，行動，そして結果から私たちが学ぶことに基づいて変更することが，仕事の規定のやり方であるべきである．柔軟であり続けることで，状況の現実が明らかになるにつれてその状況の現実を自分たちの計画に

組み入れることができる．この柔軟性が発揮されることを妨げるいかなるものも，アンチパターンである．

第 16 章

よくあるスプリントゴールの障害に対処する

「可能性の限界を見つける唯一の方法は，不可能なことへとそれらの限界を思い
切って少し超えることである」

—アーサー・C・クラーク

　私たちは，スプリントゴールが重要な理由とスプリントゴールを用いるべき理
由を論じるために多くの時間を費やしてきた．スプリントゴールの適用がうまく
いかなくなる道筋も多数ある．私たちは，理論に多くの時間を費やしたが，今
や，スプリントゴールが失敗するすべての異なる道筋の例とそれらに対処する最
善の方法を検討するときである．

　前章までで，本章が網羅的に示す機能不全のうちのいくつかに言及した．理論
と実践のギャップを埋めるために，これらの機能不全のいくつかをここでもっと
探究したい．一般的なスプリントゴールにまつわる障害を克服するために実行で
きる具体的なステップを検討する．

競合する優先事項が多すぎる

　スプリントゴールを実行することは，一時に一つの重要なことに焦点を当て，
取り組むことを意味する．ステークホルダーは，これを好まないことが多い．と
いうのは，それが自分たちの貴重な要求を遅らせ，それにより取り組み始めるの
が遅くなると彼らが信じているからである．結果として，よく起きることは，あ
なたが一度に三つの異なることに取り組まなければならないということである―
というのは，そうすれば一挙に三つの重要な目的に対して進捗するからである．

　私たちが一時に一つの重要なことに取り組むということを，自分のステークホ
ルダーが嫌だと感じるときに，私はそれらのステークホルダーに常に次の質問を

する．つまり「これらの二つの選択肢のどちらかを選んでください」という質問
である．

- 私たちは，同時に三つの目的に取り組む．あなたは，どれが最初に提供され
  るかを左右できない．3 つの目的すべての提供が遅れる．
- 私たちは，一時に一つの目的に注力する．あなたは，どれが最初に提供され
  るかを左右できる．三つの目的すべてが，より速く提供される．

注力することを選ぶことは，何を最も進捗させるかをあなたが左右できること
を意味する．三つの目的で忙しくなることは，最も進捗することを意味しない．
というのは，価値は，目的が完了された後でのみ提供されるからである．三つの
目的が 99% 完了していることは，顧客の手にはまだ何も届いていないことを意
味する．

自分のステークホルダーに「一時に一つの目的」というアプローチの正しさを
納得させる別の方法は，リソース効率とフロー効率の間の違いを論じることであ
る．リソース効率は，リソースが仕事を行う時間を，仕事を行うことに使える全
時間で割ったものだと定義される．フロー効率は，取り組まれている仕事に価値
が追加される時間を，その仕事に要する全時間で割ったものである．

あなたは，実際には自分のスクラムチームを 100% かかりきりにしたくはな
いのだ．私は，これをありふれた例で説明しよう．あなたが，スーパーマーケッ
トにいると想像しよう．レジが 100% 忙しく，店員の待機時間がないとき，顧
客には待ち時間ができ，待ち行列ができることになる．今，スーパーマーケット
で 5 人のレジ係が無駄におしゃべりをしているとしよう．あなたは，一人の顧
客として待ち時間がなく，そのためあなたのフロー効率は 100% である．

この並置の目的は，リソース効率とフロー効率の間の違いを明らかにすること
である．両方とも重要である．あなたは，リソース効率だけに注力したくない．
というのは，そうすれば待ち行列ができるだろうからである．あなたは，フロー
効率だけを最適化したくない．というのは，過剰な数のレジをもつことは，コス
トが高くつくからである．あなたは，二つをバランスさせる必要がある．

リソース効率の苦痛を説明するためにあなたが使える別の例は，病院である．
医師と病院で使う機械は，高価で希少である．それゆえ，病院は，これらのリ

ソースが稼働している時間を最大化したい．患者は，まあ，我慢しなければならない．患者の待ち時間は，病院にとって大して問題ではない．患者は，病院で何時間も待たされることが多々ある．というのは，病院は，フロー効率を実際にはそれほど気にしないからである．

ソフトウェア開発において，スクラムチームの全員が 100% 忙しいと，待ち行列も形成される．つまり，そのスプリントで完了されていないフィーチャーが積み上がり始めて，完了までに要する時間が長くなる．開発者がテスティング，あるいはコードレビュー，何らかの質問へ答えるために誰かの助けを必要とすることになっても，チームの人たちは忙しくて，お互いに助け合えないだろう．

あなたが開発者を 100% 忙しくさせ続けることに注力するならば，フィーチャーは待たされ，より長い時間を要するだろう．フィーチャーがフローし続けることにあなたが注力するならば，開発者は余裕をもち，100% 忙しくない状態である必要がある．まさにスーパーマーケットが待ち行列を持ちたくないならば，暇なレジをもつ必要があるということと同じである．

要するに，そのチームによって行われる仕事を最大化することが大事なのではなく，価値が高い結果のスループットを最大化することが大事なのである．

あなたが心に留めるべきもう一つのことは，あなたが単一のスプリントゴールを設定するときに，そのスプリントゴールに関係しないことに取り組んではいけない，ということではない．そのスプリントゴールの達成を犠牲にしてまで，それを実行すべきではない，ということを単純に意味するにすぎない．というのは，私たちは，スプリントゴールが最も重要な一つのことであることを決断したからである．

単一のスプリントゴールを設定できない

あなたが単一のスプリントゴールを設定できない場合があるかもしれないが，これは互いに関係がない多くの小さなことに同時に取り組んでいるからである．例えば，あなたは，終わりを迎えつつあったり，あるいは下り坂になっているプロダクトに従事しており，そして新バージョンがじきに登場するので波風を立てたり，大きな変更をしたくないかもしれない．

そのような場合において，あなたは，複雑というよりもややこしい側に寄った

仕事[†1]を行ってもいるかもしれない．あなたは，プロダクトと，自分が非常によく知っているコードベースに小さな変更を行っている．これは，まったく新しいモジュールを一から開発する場合よりも，その仕事を予見しやすくする．

　この場合，私は，あなたが加える互いに関係しない多くの小変更に関係するスプリントゴールを設定することを勧めるだろう．それがきれいな解決であるとは私は思わないが，現実主義は非現実的な理想主義を負かす．私は，単一のスプリントゴールを設定できない場合にのみ，この道を進むべきだと**強調**したい．最もよくあるのは，自分たちが単一のスプリントゴールを設定できないと人々がいうときに，本当の問題は，それらの人たちが最も重要なことを決められず，すべてを重要にすると決めることである．

スプリントバックログがゴールである

　格言にもあるとおり，もしすべてが重要ならば，何も重要ではないのである．あなたが，優先することを決めなければ，あなたのために優先順位づけが行われる．あなたが，スプリントバックログ中のすべてを完了することをゴールとして定めれば，以下のことが起きる．

- あなたは技術的負債をつくる．というのは，時間（スプリントの期間），スコープ（スプリントバックログ），品質（完成の定義），そしてリソース（同じスプリントの間のチームメンバー）がすべて固定されているので，自分たちの見積もりが間違っていることが分かると，そのチームは，そのスプリントですべてを完了させるために品質で手を抜く．
- 明確なゴールを欠いているために，チームが何か新しいことを学んだり，あるいは見つけるために決断する必要があっても，チームは決断を行うことを委任されることはないだろう．結果として，チームは，普通ではないことが起きるたびに，何度も作業を中断し，質問をすることに時間を費やすことになる．

---

†1　第2章で説明されているクネビンフレームワークでの「複雑」と「ややこしい」という仕事の分類を意味している．

　スプリントバックログを完了することがゴールであるチームに参加するときには，私は，チームにそのスプリントで自分たちが取り組む最も重要なことを識別するように頼む．彼らに「私たちがこのスプリントで完了しなければならないことが一つあるならば，それは何だろうか？」と尋ねる．それが，スプリントゴールであるべきである．そのスプリントにすでに追加された他のことは，それらがストレッチゴールでなければ，残ることができる．私たちは，追加された他のことを提供することを約束しない．私たちは，最も重要なことを一つ提供することを約束するだけである．

　もし自分たちの見積もりが正しければ，私たちは，そのスプリントで，おそらくスプリントゴールとストレッチゴールを含む，すべてを完了できるだろう．不幸にもこの場合に当てはまることが多いが，自分たちの見積もりが間違っていることが分かったとしても，そのチームは優先すべき事項が分かっている．そのチームは，ストレッチゴールにまだ取り組むことができるが，決してスプリントゴールを犠牲にしない．

　これを行うことで，あなたは，そのチームにスプリント全体のスコープに対する柔軟性を与える．これに加えて，スプリントゴールは，自分たちが達成しようとすることが述べられているので，スプリントゴール自体のスコープにもいくらかの柔軟性がある．この余地が，品質で手抜きをすることなく，予期しないことに対処する柔軟性をつくる．

後知恵としてのスプリントゴール

　前の節で，私は，スプリントバックログを見て，そのチームが取り組む最も重要なことを識別することで，スプリントゴールを考え出すことを提案した．これは理想的な方法ではない．あなたは，まず自分のプロダクトゴールに導かれるスプリントゴールを念入りにつくるべきである（図 16.1）．

　スプリントバックログは，スプリントゴールに基づいてそのスプリントに引き取られる．スプリントゴールなしには，自分がスプリントプランニングで頑張ったかどうかを判断することができない．これが，あなたがスプリントゴールとともに始めるべき理由である．というのは，それがそのスプリントの間に達成すべき目的だからである．あなたは，その後，スプリントプランニングがどのように

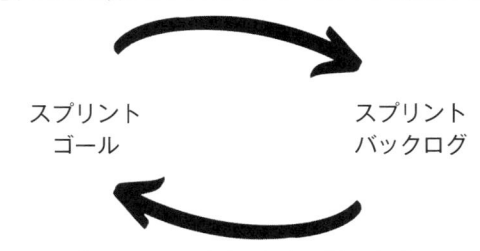

そのスプリントの間に自分たちがスプリントゴールを
完了できると信じるまでスプリントバックログを調整する

スプリント
ゴール

スプリント
バックログ

そのスプリントの間に自分たちがスプリントゴールを
完了できると信じるまでスプリントゴールを調整する

図 16.1　スプリントバックログとスプリントゴールの両方が整合するまでそれらを見直し，調整する

進むかに応じて，スプリントゴールをより小さいもの，あるいはより大きいものに修正するかもしれない．もう一つの結果は，スプリントプランニングの間に，あなたが当初考慮していなかった障害により，そのスプリントで十分に進捗できないことを見つけることである．これが，スプリントゴールを見直す，もう一つの場合である．

スプリントゴールがソリューションの方向性に結びついている

　私には，自分たち固有のソリューションの方向に根差したスプリントゴールをもっていた事例が複数あった．そのスプリントの間，自分たちの元々のアプローチでは成功できないことが分かった．これがあなたのチームで起きれば，そのスプリントゴールを決して完了できないだろう．もちろん，私たちは，新しいソリューションの方向性に合うようにスプリントゴールを見直したが，スクラムガイドによれば，これは厳密にいえば許されない．

　自分が最終的にどのようなソリューションを選ぶかは分からないものとして，スプリントゴールを述べた方がはるかに賢明である．ソリューションの方向は，スプリントバックログにあり，そしてあなたは，自分がより多く学び，見つけるにつれてそれを変更する完全な自由がある．自分自身をあなたが思いついた当初のソリューションに限定しないようにしよう．自分が見落としていた小さな詳細が，元々のアプローチを過去のものにするかもしれないが，あなたはそれを事前

に決して知ることはない.

プロダクトオーナーがスプリントゴールを決める

　プロダクトオーナーは, ステークホルダーからの多くのプレッシャーを受けることが多い. その結果, 時としてプロダクトオーナーは, このプレッシャーをスクラムチームへと転嫁し, 自分たちがそれに成功できないだろうとスクラムチームが信じているにもかかわらず, スクラムチームに特定のスプリントゴールに取り組むように促す. そのチームはみじめである. というのは, そのチームは, 始めから自分たちの運命が決まっていると感じるからである. 一方, プロダクトオーナーは, そのスプリントの最後までに自分たちが期待された成果を達成するだろうとステークホルダーに語ることができるので, うれしいのである.

　この難問を解決するさまざまな方法がある. プロダクトオーナーが, 本当に苦境におり, そのスプリントの終わりまでに何かを提供しなければならないと想定しよう. はるかに良いアプローチは, スクラムチームを議論の中に入れて, プロダクトオーナーが困った立場にいることを次のように認めることである.「私たちは, 特定の目的をそのスプリントの終わりまでに達成する必要がある. 私たちはこれをどのように行えるだろうか?」

　これは, 会話の種類を完全に変える. 自分たちがその目的を果たせると確信するために, 最初の週の終わりまでに何を提供すべきだろうか? スコープをより小さくできるか? 全員をその議論に入れて, 自分たちが行うことの重要な理由の背景全体が分かってくると, 私たちは最善の解決策を思いつくことができる.

　ここで, プロダクトオーナーが本当は困った立場にいないが, ステークホルダーマネジメントスキルが不十分なために, 単にプレッシャーをそのチームに転嫁すると想像しよう. そうなれば, このアプローチがどれくらい力を奪い, より少ない価値しか実際に提供されないことをプロダクトオーナーに思い出させることが重要である. 自分たちが取り組むことが可能な仕事の量は, チームだけが知りえ, そしてプロダクトオーナーがスプリントゴールを設定すると, チームはおそらく負荷が過剰となる(不幸にも, 私の経験では, 決して負荷が過小ではない)ことを意味する.

　チームの負荷が過剰なときに, 進歩の錯覚がある. 全員が忙しさでいっぱいだ

ろうが, 顕著な進歩はない. というのは, 自分たちのチームメイトを助ける時間がある人がいないからである. さらに, これは, 期限どおりと期待されたものを自分たちが提供できないだろうとプロダクトオーナーがステークホルダーに語らなくてはならない可能性が高いことを意味する.

　より小さく, より現実的なゴールを設定することで, あなたは, より大きく, より非現実的なゴールを設定するときよりも, 多くの進歩を遂げる. その主な違いは, より小さなゴールを思いつくことの刺すような痛みはすぐに感じられるのに対して, より大きなゴールを達成しないことの打撃は遅れてしか感じられないことである[2]. もちろん, より大きな問題は, より大きなゴールを目指すことにより, チームがより小さなゴールを目指すと決断したときほどの進歩すらも遂げない可能性も高めてしまうことである.

他のチームへの依存性が多すぎる

　スクラムチームは, 機能横断的であるべきと思われていて, それは各スプリントで価値をつくるための必要なすべてのスキルをもっていることを意味するにもかかわらず, 実際には依存性がよく見られる. 以下に, 依存性の例が二つある.

- スキルの依存性：チームに, 本番稼働へとフィーチャーをデプロイする特定の専門性がない. 結果として, チームは他のチームの支援に依存する.
- 技術的な依存性：特定のフィーチャーが稼働するために, それが別のチームに属する多くの異なる技術コンポーネントと相互作用する必要がある. その結果として, そのフィーチャーは, すべての依存先で求められていることを別のチームが完成したときにのみ稼働することができる. 1 チームが遅れれば, フィーチャー全体が遅れる.

　複数のチームと働くとき, あなたは, 常に依存性をもつだろう. あなたは, すべての依存性を決して取り除くことができない. というのは, あなたは, 常に他

---

†2　小さなゴールと大きなゴールでは, 痛みや打撃のようなダメージを受けるタイミングが異なるということである. さらに, 小さなゴールは着実な進歩をもたらすものであり, そのすぐに感じる痛みを恐れるなということ.

のチームからの助けを必要とするからである．しかしながら，その状況の重大さ次第だが，依存性が多すぎることは，あなたのチームの構造，あるいはチームの構成に大きな問題があることを示しているかもしれない．

スクラムの核心は，委任されたチームである．あなたは，チームに委任できるように，自分のチームと，それらのチームに存在するスキルを組織化すべきである．自分たちのチーム内で調整して解決できるような協働の問題を，他のチームと調整しなければならないことほど力を奪うものはない．

大きな問題は，上役がチームの構造や構成を調整することを怖がることが多いことである．それを行うことは，所属を統合したり，特定の所属を廃れさせたりすることを意味するおそれがあり，それは，それらの所属の力が消滅することも意味する．あなたがその話題を切り出すとき，それらのマネージャーはすぐに防御的になるが，それは，自分たちの小さな領国（自分たちのボーナスと結びついていることも多い）を維持したいからである．

このような状況で私がうまく対処した方法は以下の通りである．

1. 依存性の管理のために，どれくらい自分たちがスピード（そして，可能であれば，お金）を失っているかを可視化する．この話題をもち出す良いタイミングは，大きなプロジェクトによる開発と提供が遅れたことにみんなが怒っているときである．その開発と提供の遅れを，あなたが管理する必要がある膨大な量の不要な依存性へと結びつけてみる．

2. 新しいチーム構造を思いつく．新たなチーム構造により失敗したプロジェクトがどのように見えるかを示す，仮説的な作業分解をつくる．依存性の数がどれくらい減っただろうか，それによってそのプロジェクトを可能な限りすばやく提供するチャンスがどのように増えると見込まれるかを示す．

チームの構造と構成を変えることは，政治的な知識と影響力の問題であることが多い．正しくあることが重要ではなく，むしろそのことに何か意見をもっている異なるステークホルダーを巻き込んで適切な方法を探すことが重要なのである．これをより早く理解すればするほど，あなたの行動はより良くなるだろう．

人間は，物語と感情で突き動かされる感情的な生き物である．数字をいっぱい列挙することでは，不十分である．あなたは，重要なステークホルダーと自分が

確実に良い関係を築き上げ，それらの人たちが関心をもつことを見つける必要がある．この理解と良い関係を備えることで，あなたは，この種の難しい会話をもつ道を開くだろう．これらの会話が難しいのは，激しい抵抗によく遭遇するからである．

もう一つのアドバイスは，漸進的なアプローチを試みることである．すべてのチームの構造と構成を一気に変えずに，徐々に行おうと試みよう．つまり，一つ以上のチームで始めて，そしてそれがどれくらいうまく機能するかを評価する．これは，変化がより破壊的ではないことを意味するし，それがうまく機能するかを徐々に発見し，将来の展開において遭遇するであろう障害から学ぶことができる．もちろん，それが途中で打ち切られないと仮定している．

スクラム純粋主義者は，そのチームを巻き込み，そしてそのチームにチームの構造と構成を決めさせろと主張するだろう．どうぞ，あなたができるならば，チームを実際に巻き込んでみてほしい．しかしながら，私の経験では，あなたがこの種のことを実験するために上役から完全なサポートを得るという贅沢な地位にいることはまれである．あなたは，新しいチームの構造と構成を決めるために，会議室に全員を招くことはできない．あなたは，自分のアイデアを支持し，あなたがチーム構造の草案を思いつくのを助けてくれる人々の小グループを見つける必要がある．

チームがスプリントゴールを確約するのを怖がる

チームがスプリントゴールを確約するのを怖がるとき，これはスプリントゴールとは無関係である．これは，以下に示すような他の問題の兆候である．

- 心理的安全性の欠如．そのチームは，実験を行い，新しいことを試してみることを安全と感じない．
- 不健全なプレッシャー．常軌を逸したプレッシャーのもとにあるとき，確約することを怖がるようになる．
- 信頼の欠如．チームメンバーがお互いを信頼しないとき，ゴールを一緒に確約することを怖がる．

　チームがスプリントゴールを確約するのを怖がる他の理由もあるかもしれない．最も大事なことは，起きつつあることを理解しようとする会話をあなたがもつことである．その後，状況の理解に基づいて，あなたは，それを解決するアプローチを打ち出すのである．

　これらの三つの兆候すべての問題は，それらが委任されたチームを打ちのめすことである．そのチームに心理的安全性が欠けているときに，そのチームは，より良い仕事のやり方を見つけるために，スクラムフレームワークに必要な補足をするための新たなことの実験や試行を行えない．そのチームが不健全なプレッシャーのもとにいるとき，自分たちが提供するものが達成するだろうことに関心をもつのではなく，全員がチェック項目を満たし，何かを提供することにしか関心をもたない．チームメンバーがお互いに信頼しないとき，それらの人たちは，価値の提供を最大化するために必要な協働を決してせず，緩慢さの中に隠れたり，孤独に働くことを好む．

　これらの問題を解決する方法に関する指南書を提供するのは困難である．というのは，それらの解決策は，その問題が起きる理由次第だからである．その根本原因を理解し，それについて何かを行うステップを計画することが重要である．

WIP（仕掛かり作業）[3]が多すぎる

　会社のなかで，チームが同じ時期に，あまりにもたくさんの異なる仕事に追われて忙しいとき，以下のような兆候を目撃するだろう．

- 協働する時間がない．協働は，それが起こりうる前に調整される必要がある．つまり，必要なときに場当たり的な打合せへと人々を引っ張り込んだり，あるいは他のチームに自分を助けてもらうことは難しい．
- そのスプリントの仕事は積み上がっているが，終わったものがとても少ない．多くの仕事が着手されるが，完了したものがとても少ない．
- 自分たちが忙しいと全員がいうが，自分たちの目的に向けて少ししか前進していない．

---

[3] WIP は，"Work In Process" の頭字語で，着手し，作業中の（完成していない）仕事を意味する．

- 優先度の高い仕事を完了させるための裏ルートの存在．マネージャーが開発者に話をすると，突然何かに取り組む時間が生まれるようになる．
- 提供されたものが少ないので，達成する満足感が非常に少なく，絶えずストレスを受けている感覚．

異なるスクラムチームが共通のゴールに向けて働くには，協働が必要である．あらゆる協働が調整される必要があるのであれば，あなたは失敗する運命にある．フィードバックループが長くなり，望まれる結果を提供することは難しくなるだろう．仕掛かり作業（WIP）が多すぎることで直感に反することは，人々がそれほど懸命に仕事をするのを本当は決して見たくはないはずだということである．忙しすぎる人々は，価値を提供するために必要な協働から魂を奪い取る．

最大の問題は，自分たちの開発者が働いているのをマネージャーが見ると，マネージャーはうれしいということである．全員が忙しく，仕事に励んでいる．人々が暇にしているのをマネージャーが見るならば，それは創造性や協働の余地をもつために実際には必要なのだが，マネージャーは何かが間違っていると思い込むかもしれない．

大事なのは，自分たちが従事しているのが何であれ，それに価値を追加するためにどれくらいの時間が費やされたかであり，これを，上役に説明することが重要である．私たちが従事していることが行き詰まるならば，それは，開発者がひたすら無為にいることよりも，はるかに多くの金を失うことを意味する．簡単な例をあげることで，これを説明させてほしい．

私たちが，毎月 40,000 ドルの売上増をもたらすと期待される，新たな支払いオプションを e コマースサイト向けに投入すると想像してみよう．仮に，私たちには，毎月 10,000 ドルのコストがかかる開発者がいるとしよう．支払いオプションが 1 週間遅れるならば，私たちはおおよそ 10,000 ドルを失うだろう．私たちが，その開発者を 1 週間，家で待機させるならば，私たちは 2,500 ドルしか失わない．もし，私たちが行うことの価値が高いならば，一人が何もせず座っていることよりも，そのフィーチャーを遅らせることの方が，もっともっと悪いのである．この概念は，遅延のコスト[4] と呼ばれる．

---

[4] 「遅延のコスト」は，機能などの提供が遅れることによる潜在的な損失（機会損失）を意味する．

　レジを常に 100% 忙しく保つことを目指して，結果，顧客の待ち時間が長くなることとまさに同じように，開発者を 100% 忙しく保つことはそのフィーチャーの提供が遅れることを意味し，そしてそれで一人の開発者の給与よりもはるかに多くのお金を失う．もしも，そうでないならば，暇な開発者がいることよりも，おそらくより大きな問題を抱えているのだ．

　あなたが，マネージャーにフロー効率とリソース効率との違い，そして両方に注力すべき理由を気づかせないならば，あなたは，リソース効率に注力する運命となり，不幸な結果として価値の減少に陥ることになるだろう．

チームの間の対立するゴール

　複数のスクラムチームが，同じプロダクトに一緒に取り組むとき，チームはお互いを必要とする．それらのチームが弊害をもたらす独自のゴールをもつことほど，協働を阻害するものはない．どのチームも自分たちの利益のために行動し，全体的な最適ではなく，局所最適を目指すだろう．

　あなたの複数のチームがどれほど機能横断的だったり，あるいは，依存性を最小にするために複数のチームを完璧に組織しても，それらのチームは，依然としてお互いを必要とする．全チームが対立する，異なるゴールをもつとき，助けを求めるすべての叫びは，どのチームのゴールが最も重要であるかを決めるために戦う口論へと転じかねない．

　スクラムは，プロダクトごとに単一のプロダクトバックログを求める．そのプロダクトにおいて自分たちが変更することの単一のリストは，対立するゴールによってもたらされるこの種の会話を抑えることを意図している．しかしながら，不幸な現実は，これらのチームが単一のプロダクトバックログをもっていたとしても，各チームは，依然として自分たちが確約する必要がある，対立するチームレベルのロードマップをもっているかもしれない．

　この問題を解決するために，本当に重要なことは以下のステップをとることである．

- すべてのチームを横断して，単一の優先順位のリストをもつことを強く求める．そのリストで，同じ優先順位をもつものはない．というのは，同じ優先

順位をもつことは，どのチームもより重要なことが分からなくなることを意味しているからである．その場合，どうしても選択を下さねばならないときに，それらのチームは，落とすべきものと注力すべきものが選別できない．あなたが，これを，全チームを横断した単一のプロダクトバックログで達成するか，あるいは単一のロードマップで達成するかは，重要ではない．

● ロードマップ上の項目が多すぎないようにしよう．マネージャーは，そこにより多くのものを置くことで，自分たちのチームに多くを達成させられると信じていることが多い．これは，交通渋滞を引き起こすことなく，より多くの車を道路に置きうると信じるのと同じぐらい間違っている．完了しなければならない仕事が多すぎるならば，あなたは，価値を提供するために必要な協働，学び，そして創発を止めてしまう．

フィーチャー工場に対する上役の愛

ここまでであなたがすでに知っているように，特定の時間枠で一連のフィーチャーを提供することを強いられることは，価値を提供し，スプリントゴールとともに成功裏に働くこととは対立する．しかしながら，多くの会社はこのように業務を行っていて，そしてあなたがそのような会社に入ってしまったときには，自分がそれらの会社にこうあってほしいと思うのではなく，それらの会社の現状に合わせて対応しなければならないことを心に留めておくことが重要である．

キャリアの早い時期に，私は，人々にそれらの人たちが間違っており，自分が正しい理由を話すことに力を注いでいた．私が正しかったかどうかは，重要ではない．というのは，私が行っていたことが愚かだったからである．そのように行動することで貴重な関係を損なっていた．今や，私は，他の人たちが自分と異なる観点をもっていることを理解しており，そして自分がかつてそれらの人たちと同じ観点をもっていたことを心の片隅に留めてもいる．若手のプロダクトオーナーとして，私は，自分たちはただフィーチャーを構築すべきであり，それで保証された価値をもてるだろうと信じていた．他の人々が考えることは，完全に正常であり，それを変えることは容易ではない．

本当に大事なことは，感情的な親密さを築き，それらの人たちの信頼を得ることである．定期的にそれらの人たちに話しをして，相手が関心をもっていること

を理解しようとする．そうすれば，相手は，あなたが関心をもつことに自然に関心を示すだろう．それらの人たちの観点と言葉を理解することで，あなたは，それらの人たちがより良く理解できるように物事をいうことができる．

　ステークホルダーを仲間に引き入れずに，思い切った変更を行おうとしないようにしよう．というのは，そのような横暴は，怒りを生むかもしれないからである．あなたのチームが徐々に異なる観点を育むように助けることを目指そう．これを行う良い方法は，誰かが価値が高いと信じたゆえにあなたが提供したすべてのフィーチャーの一覧を保持し，それらのフィーチャーが期待されたほど価値が高くなかったことをデータや洞察によって示すのである．

　用心しなければならないのは，評価や責任の指摘なしに，この話題を切り出すことである．あなたが，何か多くのお金がかかり，実際にはそれほど価値が高くないものを示すとき，その暴露は，怒りを招き，あなたに食って掛かるように人々を駆り立てるかもしれない．しかしながら，あなたが，現在の働き方のままでは価値が減ったものしか生み出さないことを示さなければ，それらの人たちに異なる働き方が必要なことを納得させられないだろう．

　私は，かつてある新しい会社に入社したが，そこでは開発者が一つのプロジェクトに6か月間従事していた．それは，誰かが良いアイデアだと思ったからだった．私は，そのプロジェクトを完了させるのに少なくともさらに6か月を要するのではないかと思い，そのプロジェクトを止めるようにステークホルダーを説得した．私は，これを想像した数字で説明するのでなく，完了したプロダクトがどのように機能し，それがどんな限界をもつかをそれらの人たちとともに見ていくことで説得を試みた．その後，私は，「あなたは，このプロジェクトを追求することが良いアイデアだとまだ思っていますか？」と尋ねた．

OKR に誘発された摩擦

　私は，かつて OKR—目標と主要な成果（Objectives and Key Results）—が3回導入され，3回すべてでその実装に失敗した会社で働いた．事態をさらにより残念なものにしたのは，すべての回で同じ理由でその取組みが失敗したことだった．私は，自分が OKR に反対ではないことを強調したい．OKR は，素晴らしいものになりうるが，それには特定のレベルの成熟度が求められる．多くの組織

は，OKR を導入するのに必要な成熟度に達していないが，それを行うことを決める．OKR が，格好良いと思われるからである（Google も使っている！）．

　OKR が間違って行われると，それらは，摩擦に対処し，より多くの価値を提供するためにスプリントゴールを利用し，あなたの能力を損なう副作用をもつかもしれない．OKR が間違って行われると，以下のような望ましくない結末をもたらす可能性がある．

- 大量の WIP．多すぎる優先順位に直面するとき，チームはフィーチャーを提供し，お互いに助け合おうとあがくだろうが，それが複雑な仕事に必要な協働を止める．
- フィーチャー工場への注力．OKR が，あなたの顧客とビジネスに違いをもたらす結果を達成することではなく，フィーチャーを提供することに注力するようになる．
- 競合するゴール．OKR は，孤立して存在しない．それらが，他のチームにどのように伝達されるかに応じて，結果として，各チームが対立するゴールに向けて仕事を行うおそれがある．

OKR がうまくいかなくなりうるすべての道を示す前に，OKR の定義をしよう．OKR は，以下の三つの質問に回答すべきである．

- 私たちは何を達成しようとしているのか？
- 私たちの目的は何か？
- 私たちの目的に向けた成功を裏づけるために達成したい測定可能なマイルストーンは何か？

ここで，私が見てきた最も一般的な OKR の間違いを 3 点以下にまとめる．

- 主要な成果をタスクとして表現する．「いいか，新しいモバイルアプリ，あるいは通知センターを投入しようじゃないか！」と誰かがいう．しかし，フィーチャーを提供することが要点ではなく，結果を達成することが要点なのである．私たちは，代わりに，それらのフィーチャーを提供し，それを

（もちろん，それが目的に関係するならば）測定するときに，成功がどのように見えるかを尋ねるべきである．

- OKRが多すぎる．OKRが多すぎるときに，チームは，焦点を合わすことができず，多量のWIPがあるだろう．それが，進捗に関する幻想をつくるが，実際の進捗は遅れる．
- 方向性がばらばらのOKR．チームのロードマップ，プロダクトゴール，そしてスプリントゴールがお互いに整合していないとき，複数のスクラムチームは，利害が競合し，対立するゴールに向かって仕事をする．部署のOKRと会社レベルのOKRがお互いに適切に整合しないこともありえるが，それがさらにチームワークを阻害する．会社によっては，個人に対してOKRを使うこともあり，それは，それらの人たちのOKRがチーム，部署，そして会社のOKRと整合しないかもしれないことを意味する．

これは，私が見てきたすべてのOKRの間違いの網羅的なリストではない．実際，OKRを正しく行う方法，そしてそれらを間違って行うすべての方法については本を丸ごと1冊容易く書けるだろう．私があなたにまず覚えてほしいことは，OKRは，うまく活用するのが難しいということである．OKRを間違ったやり方で実装すると，それらは，まったく期待に反した結果をもたらし，あなたのすべての努力の速度を低下させかねないのである．

私は，OKRに対する不満はないことも再度強調したい．OKRは，強力で価値の高い武器になりうる．OKRは，プロダクトゴールやスプリントゴールとともに完璧に機能しうる．OKRを実装することを決めたら，この取組みであなたを助ける専門家を見つけることを試みよう．あなたは，本当に慎重になり，自分がそれを正しく行っているかを確かめなければならない．OKRを使わねばならない人全員が確実にそれらの深い理解を育むか，あるいは少なくとも全員がOKRを正しく行うことを誰かが確認するようにしなければならない．

スクラムを間違って行うのが容易いのと同様に，OKRを間違って行うことは容易い．それが，スクラムにスクラムマスターがいる理由であり，そしてあなたがOKRを行うときにあなたが専門家とともに取り組むべき理由である．私自身のつらい経験からすれば，OKRを理解し，良いように適用することは容易くない，といえる．

重要な学び

- スプリントゴールの適用は，多くのさまざまな形で失敗しうる．スプリント
  ゴールで成功するためにこれらの障害を解決することが重要である．
- 最も解決が困難なスプリントゴールの問題は，どのようにその組織が構造化
  されているか，あるいはフィーチャーの提供に向けた上役の考え方がどうで
  あるかのように，チームのレベルを超えて存在する．そのような問題の解決
  には，忍耐，政治的な知識，影響を及ぼすスキル，そしてガッツを要する．
- スプリントゴールの最も重要な恩恵は，統制である．あなたは，適切な決断
  を下せ，短いフィードバックループをもつことができる委任されたチームが
  ほしいだろうか？　あなたは，最も大事なことを統制したいか，あるいは偶
  然に頼りたいだろうか？

第 17 章

ステークホルダーのマネジメントから
ステークホルダーの巻き込みへ

> 「私が子どものとき，協働はなかった．カメラを持った自分が友だちをこき使って
> いた．しかし，大人になると，映画製作は，自分自身の周りの人たちの才能を認
> 識し，それらの映画を自分自身だけでは決してつくりえなかったと知ることなの
> だ」
>
> ──スティーブン・スピルバーグ

　プロダクトオーナーであることの最も難しい部分の一つは，ステークホルダー
への対処である．つまり，不満をもつ顧客から，他のプロダクトオーナー，ある
いはあなたが昇進するチャンスに大きな発言権をもつ経営幹部レベルの人々まで
に及ぶ，すべての種類のステークホルダーに対処できなければならないのであ
る．自分のスクラムチームで一緒に働く開発者に影響を及ぼすときにうまくいく
ことが，対処しなければならない経営幹部レベル，あるいは他の種類のステーク
ホルダーには通用しないかもしれない．

　プロダクトオーナーとしてさまざまな個性と異なる専門性をもつ人々とやりと
りしなければならないのは，その仕事の能力が最も試される部分の一つである．
プロダクトオーナーとして多くの年数にわたり，あなたが異なる種類のステーク
ホルダーと仕事をするときに，いずれ気づくだろう，以下のような2点の厳し
い真実がある．

- あなたは，絶え間のない不快な状態でも気持ちよく仕事するようにならねば
  ならない．というのは，あなたは，すべてのステークホルダーにその人たち
  がほしいものをそのとおりに決して与えられないからである．
- あなたが，自分のステークホルダーが求めるものをそのとおりに与えたとし

ても，それを見たとたんに，それらの人たちは突然何か別のものがほしくなったり，あるいは求めていたほどそれが速く提供されなかった，というように感じることが通常である．

要するに，自分が決して全員を幸せにはできないという事実とともに生きることを学ばねばならない．あなたのステークホルダーの何名かが不満であるとき，プロダクトオーナーとしてあなたは，それらの人たちの感情の矢面に立たねばならないことが多い．機嫌を損ねたステークホルダーは，エネルギーを消耗させ，あなたの仕事で大事なことからあなたの気を逸らしかねない．

あなたのプロダクトオーナーとしての主な仕事は，自分のステークホルダーを満足させ続けることでは**ない**が，それらの人たちを満足させ続けなければ，それらの人たちは，あなたが自分の顧客を満足させることを妨げかねない．あなたのステークホルダーは，足を引っ張ったり，あるいは積極的もしくは間接的に攻撃し始めたりするかもしれない．これは，価値の提供を最大化するという，あなたの本来の仕事ができなくなることを意味する．これが，それらの人たちに効果的に対処しなければならない理由である．プロダクトオーナーは，ステークホルダーがほしいものを（それらの人たちに）あげない一方で，それらの人たちが満足し続けるようにすべきである．あなたは，それをどのように行うかを学ぶことができるが，それはほとんどの人々にとって容易なことではない．

あなたが，ステークホルダーがほしいものをそれらの人たちに提供できない主な理由は，ステークホルダーのアイデアが生まれる速度が，あなたのスクラムチームの提供スピードよりも桁違いに速いからである．そして，あなたがそれらの人たちのアイデアに取り組んでいるときにさえ，それらの人たちがそのフィーチャーを完成してほしいスピードは，依然として桁違いに速いのである．

私が働いていたところでは，提供のペースについてステークホルダーは必ず不平をいってきた．確かにそれは，決して十分に速くなかった．というのは，提供できうるよりも，それらの人たちが新たなアイデアをよりすばやく思いつくことが常だったからである．

より速く提供するための確かな戦略は，スクラムチームが十分に焦点を絞ることや自分たちを薄く広げすぎないことを確実に行うことである．プロダクトゴールとスプリントゴールは，チームが確実に前進し，並行して多くの仕事をしすぎ

ないための良い方法である．しかし，チームが焦点を絞れるようにするためには，あなたが進んでステークホルダーを説得し，影響を及ぼす必要があることが多い．

ステークホルダーは，あなたが行っている仕事を詳しく観察していることが多い．焦点を絞ることで，あなたが同時に多くの異なることに取り組んでいないことをステークホルダーが知ることになる．多くのことに同時に取り組まないことで，複数のステークホルダーが**自分たちの**ことに取り組んでいないと不満をもつようになる．ステークホルダーにとって，焦点を絞ることは，自分たちが関心をもつものが止まっているように思えるので，あなたがより緩慢に動いていることになるのだ．

ステークホルダーのマネジメントを当初どのように行い，現在どのように行おうとしているかを対比して，私の旅路を語らせてほしい．

絶え間のない不快な状態で働く

新たな会社に入社して半年後に，私は，自分の上司に今後6か月がこれまでの6か月と同じであれば私は辞めると話をした．私のストレスレベルは，高まっていた．というのは，私は，まだ未熟であったにもかかわらず，五つの異なるスクラムチームのプロダクトオーナーに昇進したからであった．私は，シーシュポス[†1]になったように感じた．丘に岩を転がし上げるが，ただそれがすさまじい音とともに落ちてきて，私は再び始めることを強いられるのだ．

私の不平は，マネージャーがこの問題を解決するためにさらにプロダクトオーナーを雇うという結果をもたらした．私は，その後プロダクトオーナーの役割のうちのステークホルダーマネジメント側面に，より多くの時間を振り向けるようになった．私は，時間の不足（そして能力の不足も）に起因する，繕わねばならない，損なわれた関係がいくつかあることにすぐに気づいた．

私は，自分のステークホルダーを巻き込んでおらず，それらの人たちのマネジメントをお粗末に行っていた．私のステークホルダーへの対処方法によって，それらのステークホルダーが私の決断とプロダクトオーナーとしての私の職務を尊

---

†1 ギリシア神話に登場する人物であり，次の文に記されているように巨大な岩を山頂まで押し上げようとしては山頂目前で失敗することを際限なく繰り返す苦行を課せられている．

重することがより困難になっていた.

　スクラムガイドが述べるように,「プロダクトオーナーが成功するために, 組織全体がプロダクトオーナーの決断を尊重せねばならない」のである. これを多くの人が, プロダクトオーナーがプロダクトの CEO であり, 全員がプロダクトオーナーに耳を傾けるべきだという意味に解釈する. この文は, おとぎ話であり, 私は現実の世界で起きるのを決して見たことがない. 人々は, あなたを尊重すべきだが, あなたが CEO でないならば, 人々は, その背後の論拠に自分たちが従える範囲でのみ, あなたの決断を尊重するだろう.

　不幸な現実は, 以下のとおりである.

- ●実際には, プロダクトごとに通常複数のプロダクトオーナーがいる. スクラムガイドは, これをアンチパターンとしているが, 私の経験では, プロダクトオーナーは, おおよそ 1 チームから 3 チームと働くことを通常最も心地よいと感じる. これは, あるプロダクトに対する最善の決断を行うために, あなたは, 同じプロダクトに従事している複数のプロダクトオーナーと連携しなければならないことを意味する.
- ●あなたが, プロダクト全体のプロダクトオーナーであるとしても, あなたが他の人の影響から隔絶した状態にあることはまれである. あなたは, 自分よりも組織図のさらに上にいる, 影響力のあるステークホルダーに通常取り囲まれている. それらの人たちは, 全員そのプロダクトのパフォーマンスに影響を受けて, それゆえにそのプロダクトに含まれるべきことに対する自分たちの要望や願望を臆面もなく表明する.

　私は, 個人的に「ステークホルダーマネジメント」という用語が嫌いである. というのは, この用語が, あなたがステークホルダーを管理する人だと示唆するからである. 私は,「ステークホルダーの巻き込み」を語る方が好きであり, この言葉は, お互いに学ぶための対話にあなたが携わることを暗示する. ステークホルダーマネジメントの幅広さを考慮して, 図 17.1 は, あなたが自分の現在のステークホルダーの状況を記入するために用いることができるマス目を示す.

　私の個人的な旅路をマス目に描くことにより, このマス目に生命を与えさせてほしい. 私が, プロダクトオーナーとして出発したとき, 私はチームにとりつか

図 17.1　あなたのステークホルダーマネジメントのスキルをあなたの「いいえ」という能力と
　　　ともに場合分けした四つの異なる象限を示す 2 行 2 列のマス目

れて，何かを提供しようとしてチームとともに塹壕で自分の時間の大半を費やし
た．私は，フィーチャーを提供することに注力し，スプリントの幻想にはまって
いた．フィーチャーを確実に出荷することだけでも，私はすでに十分な頭痛にさ
いなまれた．

　私は，「カチカチ動く時限爆弾」象限で出発した．というのは，私は，新参者
で，人々に自分を好きになってほしかったからであり，多くの要求に「はい」と
いいすぎた．ステークホルダーの期待を管理する十分な時間がなく，私は大幅に
約束をしすぎてしまった．結果として，私のステークホルダーは私にとても不満
だった．私は，約束しすぎたことに起因するダメージを経験した．

　私は，「いいえ」とより頻繁にいうことで，自分たちがこの大きな混乱に陥ら
ないように確実にできることを悟った．私は，ほとんどの要求に「いいえ」とい
い始めた．問題は，私がそれを頻繁かつ即座に行ったことだった．自分たちが聞
いてもらえず，見てもらえず，そして尊重してもらえないとステークホルダーが
感じてしまうように，私は反応した．誰かが，即座の「いいえ」を聞き，あなた
がステークホルダーと真剣に話をしなかったり，あるいはステークホルダーがそ
れを重要と信じている理由を理解しないことに気づくならば，その後にそのしっ
ぺ返しを食らうだろう．結果として，私のステークホルダーは，裏でコミュニ
ケーションをとり，そして自分たちが要求した新しいフィーチャーを私のマネー
ジャーに承認させた．その時点で，私は，結局「ステークホルダーの妨害行為」

象限にいた.

　自分のステークホルダーが, 私を常に「いいえ」という, 知ったかぶりをするやつだと考えていることを認識したとき, 私は, それらの人たちがほしい何らかのものを与えることで, 長い時間を費やしながら関係を修復した. これは, その関係を繕う助けになったが,「ステークホルダー駆動開発」は, そのプロダクトに対して最も高い価値を提供しなかった. 私たちは, 多くのフィーチャーを提供したが, それらは期待外れだった.

　他のプロダクトオーナーの大半も, ステークホルダー駆動開発を行うのに忙しかったので, 私たちは, プロダクトが著しい技術的負債と, フィーチャーを有効にしたり, 無効にする何百ものフィーチャートグルに悩まされる羽目になった. これは, すべてのステークホルダーが満足しているにもかかわらず, ステークホルダー駆動開発がどのようにダメージを生むものになりうるかということを示している.

　自分のプロダクトが膨大な技術的負債をもつような状況に陥るとき, あなたがステークホルダー駆動開発を行っているとしても, 自分のステークホルダーを喜ばせる立場にはもはやいない. 新たなフィーチャーの提供があまりに遅く, 予見できなくなるので, ステークホルダーが, 絶えずあなたの机で自分たちのフィーチャーが完成する時期を尋ね, 物事の動きが遅すぎると文句をいうだろう.

　私は最終的に, ステークホルダーが私を好きになるようにステークホルダーとやりとりする方法を学んだが, それでもステークホルダーにほしいものをもたらすことはまれだった. 私は, 確かにステークホルダーとの関係を損なわないようにコミュニケーションをすることに未だに時々失敗するが, かなり上達することができた. 大事なことは, 私が影響力とコミュニケーション能力を改善させたことで, ステークホルダーを早いうちから巻き込んでも, 収拾がつかなくなってしまうのではないかと恐れることなく, 安心していられるようになったことだ.

ステークホルダーを巻き込むべき理由

　すべてのステークホルダーは, 自分自身の興味, 関心, 感覚, そして観点をもつ. それらの人たちを早く巻き込み, 定期的にやりとりをすることで, あなたは, それらの人たちが関心をもっていることを理解する. それらの人たちが行う

ことに興味を示し，その世界を気にかけることで，あなたは，感情的な親密さを築くことができ，それらの人たちがあなたの興味に関心をもつ土壌をつくることができる．

　自分のステークホルダーに耳を傾けることで，それまで知らなかったような，自分のプロダクトで問題になる重要なことをあなたは学ぶ．ステークホルダーは，あなたの観点に変化をもたらすかもしれない．あなたは，自分のステークホルダーを敵と見なすべきではない．ステークホルダーは，世界を異なるように見ており，異なる立場と他の興味をもち，それが意見の不一致をもたらす．これは，ステークホルダーが同意しないときにそれらの人たちが間違っていることを意味しない—立場が異なるだけである．

　プロダクトオーナーとして，自分のステークホルダーと共有された観点をつくることがとても重要である．この共通の観点は，以下の成果物を協働して編み出すことで形成される．

- ●プロダクトビジョン
- ●プロダクト戦略
- ●ロードマップ

これらの異なる成果物に自分のステークホルダーを巻き込むとき，あなたは，以下の三つのことを達成する．

- ●ステークホルダーの賛同と支持を得る．それらの人たちは，作成に巻き込まれ，そして自分が作成に巻き込まれたことに反対することは難しい．
- ●結末は，より良くなる．素晴らしいプロダクトは，多くの異なる分野からの多様な観点を含むことで築かれる．
- ●時間とともにそれらの人たちに「いいえ」といわねばならない頻度がより少なくなる．ステークホルダーがこれらすべての成果物の作成に巻き込まれると，それらの成果物が存在することを知るだけではなく，通常は暗記さえしてしまう．

あるステークホルダーが何かを求め，そしてそれがあなたのプロダクトの現在

の進路に合わないときはいつでも，その会話を遡ってプロダクトビジョン，あるいはプロダクト戦略，ロードマップに結びつけることを試みよう．そのようにすることで，あなたは，その議論を総意——一緒に合意したこと——に固定できる．

そのプロダクトの全体的な方向性に沿って，それが良いアイデアではないとあなたが考えている理由を説明しよう．しかし，確固たる理由を伴ってさえ，それらの人たちのアイデアをすぐに却下するときには注意を払おう．というのは，それでステークホルダーが軽視されていると感じるかもしれないからである．あなたがそれらの人たちのアイデアに関心をもち，それらのアイデアを真剣に受け取ることを示すことが不可欠である．さもなければ，怒りが高まるおそれがある．

もちろん，これは，合意したことのいずれかにあなたが決して変更を加えるべきではないということではない．少なくとも，あなたは，自分が一緒に合意した現在の進路とそれが矛盾するかを調べることができる．

あなたが共有された成果物に自分の回答を結びつけると，次回ステークホルダーは質問とともにあなたのところに戻ってきても，あなたの反応を予期しているだろう．あなたと会う前に，ステークホルダーは，プロダクトビジョン，プロダクト戦略，そしてロードマップを自分たちの頭でざっと理解するだろう．ステークホルダーは，自分たちのアイデアをより良く売り込み，現在の方向性と完全に調和するようにアイデアを調整するか，あるいは自分たちの心の中で「ダメだ（no）」というだけであなたのところには来ないかもしれない．これは，まさにあなたが求めていることである．つまり，ステークホルダーが多くの質問をしなくても，方向性のそろい具合が分かるという形での方向性の一致である．

ステークホルダーをどのように巻き込むか？

自分のステークホルダーを巻き込むことは，PowerPoint のプレゼンをつくり，プロダクトビジョン，プロダクト戦略，そしてロードマップを自分のすべてのステークホルダーに説明し，フィードバックを求めるべきだということを意味しない．その代わりに，それらの成果物の作成にステークホルダーに携わってもらうような形で，ステークホルダーを巻き込み，引き込むべきである．しかし，大勢のステークホルダーに対してどのように効果的に行うことができるだろうか？

　ここで，リベレイティング・ストラクチャー（Liberating Structures）が登場する．リベレイティング・ストラクチャーの理解しやすいマイクロ構造が，いかなるサイズのグループでも活発な参加を促し，信頼を築く．33個の異なるリベレイティング・ストラクチャーが存在し，それらをストリング（Strings）と呼ばれるさまざまな組合せで一緒に組み立てることができる．

　1-2-4-All というリベレイティング・ストラクチャーの簡単な例を説明しよう．あるプロダクトビジョンがあり，ロードマップを作成するために 16 名のステークホルダーを巻き込みたいと想像してほしい．そこで，あなたは，そのグループに「私たちが，自分たちのロードマップに何を載せるべきだろうか？」と尋ねる．

　1-2-4-All において，1 は，個人が当初 1 分間でアイデアを生み出すこと—それは，グループ思考ではなく全員が一人きりで始めること—を意味する．1 分間が終わると，個人たちがペアになり，2 分間で他の人がもたらしたアイデアをもとに新たなアイデアを生み出すように依頼される．その後，2 組のペアが合流して 4 人組となり，さらに多くのアイデアを共有し，育てる．その後，あなたは，「あなたたちの会話で際立った一つのアイデアは何でしょうか？」と尋ねる．4 人のグループごとに，自分たちのアイデアを全員に共有する．

　このグループ作業の最後までに，あなたは，自分が取り組めることの一覧を手に入れるだろう．あなたは，その後，自分が取り組むことを決めるために，継続する議論を行ったり，あるいはリベレイティング・ストラクチャーのストリングを使うことができる．私のお勧めは，これらのアイデアが適切だと十分な自信をもたないならば，それらに実際に取り組み始めないということである．まず見つけることが大事であり，そしてそれは時間がかかるものである．

　多くの異なるマイクロ構造が存在し，それらを行う方法とどのような状況に最適なのかをあなたは容易に見つけることができる．しかし，マイクロ構造を使うことだけでは十分ではない．他人に影響を及ぼすことは，自分自身を抑制することから始まる—つまり，自分の感情を支配するのである．

ステークホルダーに対処することは，自分の感情を支配する ことを意味する

　何年にもわたり，私は，理解があり，一緒に働いて楽しい，素晴らしいステークホルダーと協働してきた．私に良い仕事をさせないような，無礼で無分別なステークホルダーにも対処してきた．私が不満を募らせ，自分の感情を表せば，そのお返しにそれらの人たちも不満を募らせる．そして，それが生産的な会話の終わりになる．

　無分別なステークホルダーに怒りで応じることは，心を晴らすにはよいが，その状況を改善しない．それらのステークホルダーとあなたの関係に奇跡を起こさないし，そして会話を前進させる助けにならない．不満を表現することは，より多くの不満を募らせるだけのことが多い．

　あなたが不満を募らせるときには，感情が高ぶっているときにわざわざ反応しなくてもよい，ということを心に留めよう．あなたは，自分にとってより都合がいい別のときに反応することができる．自分がとても不満に感じたときに通常私が行うことは，質問を投げかけ，批判をせずに相手の立場を理解することである．私は，少し経ってから感情が落ち着いたときに，それらの人たちに連絡する．

　このアプローチの利点は，以下の２点である．

- ●あなたは，冷静で居続ける．あなたは，自分が信じられないほど不満を感じている時点で反応しない．あなたは，自分の考えと論拠を集めることができる．
- ●あなたは，ステークホルダーに質問をして，その人たちが手の内を見せるように仕向ける．あなたは，自分の感情を抑制し，冷静になっているときに自分がステークホルダーに伝えるべき適切な情報を手に入れる．

　このアプローチの最も難しい部分は，あなたがそれらの質問をするときに，自分の感情を再燃させないことである．しかしながら，それは，意識的な練習で上達できることである．

　ステークホルダーは，あなたがスクラムを用いて効果を上げられるかどうかに大きな影響を及ぼすかもしれない．あなたのステークホルダーとのやりとり次第で，それらの人たちは，あなたの価値を提供する能力を制限するか，増幅するかのどちらかになりうるだろう．

　しかしながら，優れたステークホルダーマネジメント—あるいは，私が呼びたいようにステークホルダーの巻き込み—だけでは十分ではない．あなたがスクラムを行うときに，多くのチームで同じプロダクトに取り組むことが多いだろうが，今度はスケーリングの問題が現れ始めるだろう．これらのスケーリングの問題をどのようにより良く解決できるのだろうか？　第18章では，スクラムのスケーリングについて話をする．

重要な学び

- ●ステークホルダーは，あなたの敵ではない．あなたは，最高のプロダクトを育むためにステークホルダーの価値のある観点を取り入れねばならない．これを達成する最善の方法は，ステークホルダーを後からマネジメントしようとするのではなく，始めから巻き込むことである．
- ●あなたが自分のステークホルダーを必要とする前に，それらの人たちと関係，信頼，そして感情的な親密さを築こう．これにより，問題を解決し，ステークホルダーたちの助けを求める確固とした土台が確実にできる．その関係が十分に強いときに，あなたは，健全な関係を保ちつつ，意見の相違をもつことができる．
- ●ステークホルダーに対処するとき，摩擦あるいは論争がもち上がったら，自分の感情を支配することが重要である．あなたは，即座に反応する必要はない．語るのはすべてステークホルダーにしてもらい，それらの人たちの観点をより良く理解するための質問をしよう．あなたが自分の感情を抑制し，ステークホルダーたちが手の内をすべて明かしたことに基づいて最善の行動の進路を決められる時点まで，自分の反応を遅らせよう．

第 18 章

フレームワークを使わずにスクラムを
スケーリングする

「ゆっくりはスムーズであり，スムーズは速い」

—米海軍特殊部隊に由来する信念

　第 15 章で，スクラムの有効性を損なう摩擦への一般的な反応について語った．そこでは，スクラムをスケールさせることをチームがどのように決めるかの議論を意図的にすべて省いた．というのは，私は，人々がスクラムをスケールさせようとするときに，非常に多くの間違いが起きるのを見てきたからである．スクラムをスケーリングするときに間違った選択をすると，あなたのチームがスクラムで価値を提供する能力を完全に失ってしまうことさえある．

　スケーリングフレームワークに潜む破滅的な影響ゆえに，私は，この話題を一つの章として特別の注意を捧げたかった．スケーリングについての自分の個人的な経験に由来する話を語ることから始めさせてほしい．

自分の開発チームの構造がなぜあなたの速度を下げる
おそれがあるのか

　2016 年に，私は，デジタル資産管理ソフトウェアを構築しているオランダのSaaS 会社に入社した．そのときに，その会社はオランダで最も成長の速いスタートアップの一つだった．私がそこにいた間の 2 年未満で会社は 100 名から300 名へと社員数を 3 倍に増やした．この会社で働くことは，宇宙船に乗っているような感覚だった．すべてが高速で動き，私は，ついて行くのに苦労した．

　その当時，私は，フィーチャー工場の考え方をもった未熟なプロダクトオーナーだった．私たちが社員数を 3 倍に増やしたときに，自分たちの開発のキャ

パシティーも 3 倍に増やした．私たちは，3 チームではなく，9 つの開発チームで同じプロダクトに取り組んでいた．ある時点で，私は，5 チームのプロダクトオーナーだった．開発キャパシティーの増加に伴い，私は，自分たちが提供できるフィーチャー数をチームが 3 倍に増やすと期待していた．それにもかかわらず，実際は，それ以前とまったく同じスピードで提供していた．私は，「どうしてこんなことが起こりうるのだ？　3 倍も開発者が増えたのに以前と同じスピードでしか提供できないということがどうして起こりうるのか？」と不思議に思い始めた．

　私の当初の仮説は，自分たちがブルックスの法則[†1]の変種に見舞われているというものであったが，その仮説は，遅れたプロジェクトへのソフトウェア開発者の増員は，そのプロジェクトをさらに遅らせると述べている．私たちが雇ったそれらの素晴らしい開発者たちには，まず立ち上げの時間が必要だった．それらの開発者のスピードが出るようになるまでの期間は，それらの人たちは，他の全員のスピードを下げる．

　6 か月後に，新たに加わった開発者が完全に立ち上がったが，それでも私たちは，新フィーチャーを以前よりも速く提供できていなかった．私は，その原因が何であるかまったく見当がつかなかった．その後，私たちは本番稼働の問題に苦しむことになり，それが根本原因に目を開かせてくれた．

　タグに対するフィルタリングは，私たちのプロダクトで機能していなかった．デジタル資産管理プロダクトでは，これは重要なフィーチャーである．私は，アップロードを担当しているチームのメンバーに話をして，アップロードでタグが保存されるかどうかを尋ねた．彼は，タグはインデックス付けされていないのではないかと疑い，エラスティックサーチチームに私を回した．

　エラスティックサーチチームの開発者は，エラスティックサーチフィーチャーを調べて，すべてのタグはインデックス付けされており，検索可能なはずだと結論づけた．彼女は，バックエンドですべてが正しく動作しているのであれば，これはフロントエンドの問題に違いないといった．彼女は，私をフォトアルバムのフロントエンドを担当しているチームに回した．

　フォトアルバムのフロントエンド担当者は，驚いて，これがフロントエンドの

---

†1　フレデリック・ブルックスが，著書『人月の神話』の中で提唱したもの．

問題だとは信じられないといった．彼は，さらに調べて，すぐに古いバージョンのフロントエンドがあってバージョンアップされていないことを見つけた．彼は，DevOps チームに話をすれば，彼らに正しいフロントエンドライブラリーを開発してもらえるだろうと私にいった．

たらい回しにされるのにうんざりし，忍耐力も尽きて，私は，フロントエンド担当者に直接 DevOps チームに話をして，この問題を解決するためにそれらの人たちと一緒に取り組んでほしいと頼んだ．やっと問題が解決された．

今，あなたは，「あなたが働いていたこの会社はスタートアップなのだろうか？これは，官僚主義的な悪夢のように思える」とおそらく考えているだろう．

これらの非効率なやりとりの後に，私は，自分たちのチームに，自分たちが構築しているものに対する責任感が欠けていることに気づいた．私たちのチームは，技術的なコンポーネントの周りに編成されていた．どの単一チームもフィーチャーに対する責任をまったく担っていなかった．つまり，各チームは，パズルの小さな技術的部分に対する責任しか担っていなかったのである．コンポーネントチーム[†2]の構造により，チームが価値を速く提供することが困難になっていた．それらのチームが開発，提供するための努力の多くが，強く結合されていた．

例えば，新しいフィルタリング機能の提供のために 4 チームが必要ならば，4つのチームすべてが自分たちの仕事を調整する必要があるだろう．もし 1 チームの提供が遅れたら，フィーチャー全体が遅れるからだ．

私たちは，このスケーリングの問題を，コンポーネントチームすべてをフィーチャーチーム[†3]に変えることで解決した．私は，自分たちが過去にリリースしたさまざまなフィーチャーについて話をし，そして古いチーム構造にどれだけ多くの依存性があるかを，提案したチーム構造と対比して話すことで，この組織変更を支持するようにリーダーを説得した．フィーチャーチームへの移行は，大きな成功であり，提供スピードを大幅に改善した．

[†2] 技術的なコンポーネントに基づいてチームを編成すること．通常，一つのフィーチャーの開発には複数の技術的なコンポーネントの変更が必要になるため，チーム間の依存性が生じる．

[†3] 各チームが一つ以上のフィーチャーを担当するようにチームを編成すること．1 チームで，フィーチャーの開発に必要な技術コンポーネントの変更や拡張を行うために，チーム間の依存性が生じない．

自分の問題を解決する：それをスケーリングフレームワークに期待しない

あなたが，自分はスケーリングの問題を抱えていると信じていると想像しよう．あなたは，それらの問題をスクラムのスケーリングフレームワークを導入することで解決しようとするが，大抵，結果的に以下の三つの問題に陥る．

- あなたは，自分の元々の問題を解決しなかった．
- あなたは，不必要なプロセスのオーバーヘッドを導入し，元々の問題を解決することがさらに難しくなってしまう．
- あなたのスケーリングフレームワークが，かつてなかった新たな問題を導入する．

私は，会社にスケーリングフレームワークを導入することについて話すときに，この冗談をいうのが好きである．しかしながら，この冗談には真実の芯がある．私は，スケーリングフレームワークを丸ごと導入することは，出発点としてふさわしくないと固く信じる．

この点を，自分が働いたある会社で経験したスケーリングの問題を私がどのように解決したかを紹介することで，説明させてほしい．スケーリングの問題に気づいたとき，私は，フィーチャーチームが含まれているという理由で LeSS[†4] フレームワーク全体を導入すると決断することもできた．しかし，自分がそのすべての要素を必要としているかが分からないならば，なぜスケーリングフレームワークを導入するのだろうか？

私は，フィーチャーチームだけを導入し，それ以上は導入しないことを決めた．それが十分ではないものの自分たちの問題のいくつかを解決するならば，私たちは，次のステップを計画するためにより多く，より良い情報を得るだろう．そうすることで，私たちは，とるべき最善の次のステップを決められる．あなたは，このアプローチに見覚えがあるように感じ始めただろうか？

---

†4 "Large-Scale Scrum" の略称であり，Craig Larman と Bas Vodde が考案したスクラムのスケーリングフレームワーク．

複雑な仕事に取り組むための最善のアプローチは，自分の仕事を行い，そして自分の働き方を見つけることにも当てはまる[5]．両方の場合において，あなたは一度に1歩ずつ歩むべきである．というのは，あなたにはより多くの歩数を歩むために十分な理解，あるいは情報が不足していることが多いからである．1歩ずつ歩みを進めることで，何が起きているかを明確に把握でき，あなたは，可能な限り最善の進路に沿って行動することができる．

スクラムは，フレームワークとして，価値のより良い提供に向けて自分が出会う問題を見つけて，解決することをあなたに期待している．そこいらにある多くのスケーリングフレームワークに触発され，そこから何かを学びとるために，それらのプラクティスを勉強するのはよいだろう．しかし，必要かどうかも分からないパッケージ化されたソリューションの束の全体をそもそもどうして導入するのだろうか？

あなたがまだ必要とはしないソリューションを求めることは，自分の邪魔をし，自分がより良いソリューションを見つけることを妨げかねない．あなたは，後に自分が把握する情報よりも，理解不足でより少ない情報しかもっていない状況での設計判断に縛られるだろう．有名なコンピューター科学者のドナルド・クヌース（Donald Knuth）の言葉では，「早まった最適化は，諸悪の根源である」なのだ．

自分がまだ経験していないより多くの問題を解決するために設計されたソリューションを実装しないようにしよう．そのようなソリューションは，不必要なプロセスのオーバーヘッドを伴い，あなたがそれ以前にもっていたものよりも悪い問題を導入しさえするおそれがある．ごった煮のソリューションをコピペしないようにしよう．そのようなソリューションは，あなたがまだもたない問題の早まった最適化をもたらす．

あなたの状況に合うソリューションの漸進的で創発的な設計は，早まった最適化の対極にある．機能するかもしれない最もシンプルなアプローチから始めよう．もしかすると，シンプルすぎるように思え，機能するだろうかとあなたが懐疑的に思うソリューションさえ求めてもいいかもしれない．それが機能しないときに，あなたは，より多く，より良い情報をもつだろう．そのソリューションを

---

[5] 複雑な仕事に取り組むための最善のアプローチが，複数チームで仕事をし，自分たちの働き方を見つけることにも当てはまるという意味．

機能させるために自分が追加できる，最小のものを目指すことができるのだ．そして，提案された最もシンプルなソリューションが実際に機能したならば，自分自身を不必要なプロセスのオーバーヘッドからまさしく救ったことになる．

　あなたのスクラムをスケーリングするときに，ジョン・ゴール（John Gall）の洞察を考慮することが大事である．この洞察は，以下のものであり，ゴールの法則として広く知られている．

> 機能する複雑系は，機能するシンプルな系から発展してきたことが常に発見されている．0から設計された複雑系は，決して機能せず，それが機能するように修復することはできない．あなたは，機能するシンプルな系からやり直さねばならない．

　あなたの現在の仕事のやり方を徐々に発展させ，複雑さを少しずつ増やそう．シンプルから複雑へと移ろう．機能することをさらに強化しよう．そうすることで，機能する仕事のやり方に最終的に行き着く．対照的に，あなたが過剰な複雑さを一気に加えるならば，直したり，解決するのが困難な，壊れた仕事のやり方に結局陥るおそれがある．

　ゴールの法則を尊重するスケーリングフレームワークの素晴らしい例が，ヨーガン・アペロ（Jurgen Appelo）による unFIX である．これは，実際にはフレームワークではなく，むしろ用途の広い組織設計のためのツールを提供するモデルである．unFIX 中のすべてが，パターンであり，オプションである．自分が取り入れたり，捨てるものの選択の決定は完全にあなた次第である．unFIX を使うときに実装せねばならない基本的で最小の構造はない．それこそが，unFIX をスケーリングに役立つ選択とせしめている．

　unFIX は，シンプルな変更から出発し，それらの変更が自分の状況（context）で機能することを見つけ，学ぶにつれて，より複雑な構造へと徐々に発展することを可能にする．規定されたことはない．自分の状況次第で機能するかもしれなかったり，あるいは機能しないかもしれないという条件のある実証されたパターンがあるだけである．それらが，自分の会社と固有の状況にどれくらい役立つかを理解するのはあなたに委ねられている．

　そこいらの多くのスケーリングフレームワークは，道具箱を提供しており，そ

こから自分のスケーリングの問題を解決するためのツール[6]をあなたが選ぶことができる．主たる違いは，それらのフレームワークが，そのフレームワークを使い始めるために，最少のツール群からなるパッケージの導入を必要としていることが多いということである．自分の状況に特有な問題の解決を助けるためのインスピレーションやパターンを求めて，スケーリングフレームワークを見るというのは良い考えである．しかしながら，あなたがそれを行うときに，それらのスケーリングフレームワークが述べている元々の概念を調べよう．というのは，それらの元々の概念は，自分が適用しようとしているものに対するあなたの理解を広げ，深めることに役立つからである．

　ほとんどのスケーリングフレームワークは，そのツール部分の説明において，借りて，取り入れている元々の概念[7]が確実に正確であるために多くの努力を払っている．しかしながら，スケーリングフレームワークによっては，取り入れた概念が自分たちのアプローチに確実に合うように，その概念への「創造的自由」を行使している．そのようなフレームワークにおいて，その概念がどのように説明されているかを元々の概念と対比するならば，元々のアイデアはもはや見る影もないかもしれない．

スケーリングの問題がなぜ起きるのか？

　スクラムのスケーリングについて直観に反するのは，スケーリングを始めるときに現れる多くの問題が，実際にはスケーリングの問題ではなく，むしろ単一チームのスクラムの問題だということである．スクラムが機能するために，以下の特徴をもったチームをもたねばならない．

- ●機能横断的．各スプリントで，価値をつくるために必要な，すべてのスキルをチームメンバーがもつ．
- ●自己管理．チームメンバーが，誰が，何を，いつ，そしてどのように行うかを決める．

---

[6]　特定の問題を解決するためのプラクティス，成果物などの解決策を意味する．
[7]　スケーリングフレームワークは，スクラムのようなフレームワークのプラクティスなどを「ツール」として取り入れている．その取り入れているプラクティスなどの元々の概念を意味する．

- 適応的．チームが，学んだことに基づいて，即座に変化に応答する能力をもつ．
- 価値を提供する．より良い方法でスクラムを強化できる．スクラムは，意図的に不完全であり，あなたがスクラムの働き方を補足しないならば不十分である．

　機能横断的なチームについての一般的な誤解は，スペシャリスト化することが許されないというものである．それは正しくない．スペシャリスト化は，歓迎されるが，誰もサイロ化して働くべきではない．チームは，サブチームを含むべきでない．全員が，自分の専門的知識に閉じこもらずに，共通のゴールを達成するために一緒に働くべきである．サイロ化した限られた観点ではなく，全体像を考慮する最善の決断を確実に行うためにスキルの重なりが必要になる．

　すぐ前に述べた四つの特徴すべてが，スクラムで価値を提供する方向を目指すための短いフィードバックをつくる前提条件である．1チームあるいは数チームでスクラムを行うとき，これらの特徴の重要性は下がり，摩擦に対処するためのアンチパターンを含む従来の働き方でもなんとかやっていける．その後，あなたがスケーリングするにつれて，根底にある問題は指数関数的に悪化し，すぐに表面化する．各々の具体例を私に挙げさせてほしい．

　あなたが，多数のスクラムチームをもち，それらのチームが機能横断的ではなく，価値を提供するためにお互いに依存していると想像しよう．このシナリオにおいて，異なるチームはそれらの依存性すべてをお互いに調整しようとする．調整に関する問題は，開始前に自分が知っていることに基づいてしか調整できないことであり，それは，あなたが先立つ霧に悩まされることを意味する．先立つ霧に対応して，チームは，お互いに話をし，協働し，そして分析をするのにより多くの時間を費やす．それは，各チームの計画に憶測の霧を注入する結果をもたらし，物事をさらに悪化させるだけである．

　各チームの計画が（否応なくそうなるように）失敗するときに，それらのチームの一つは，他のチームを助けるために，そのとき行っていることを止めるように頼まれたり，あるいはもしかしたらそのチームが自分たちの行っていることを止めることに合意しないので，私たちは待たねばならないだろう．この設定において，1チームが遅れるならば，そのチームに依存する他のチームすべても遅れ

る．そして，一つの遅れがあれば，それは次々と波及し，それらが複合した遅れをもたらす．

　それらの遅延に反応して，チームメンバーは，スクラムの振り返りで不満を表すことが多く，自分たちがより良く行う必要があると判断する．そのような場合の通常の計画は，その仕事の準備と他のチームとの調整の改善により一層時間を費やすことである．結果として，それ以前と同じ問題をまだ抱え，自分がつくっている憶測の濃い霧により，それらの問題はさらに悪化するだろう．より良いアプローチは，価値を提供するために必要な他のチームへの系統的な依存性を最小化することである．

　チームが自己管理をしていないとき，それは，チームが決断を下すためにチーム外の人たちに依存していることを意味する．決断のためにそれらのチームが依存する相手がすぐに利用できないならば，そのチームは，間違いなくそれらの相手を待たねばならない．あなたのチームが，自己管理することができなかったり，あるいは自己管理することができるが決断を下すことが許されていないならば，あなたはフィードバックループを長くしてしまう．このシナリオにおいて，あなたは，望まれる結果に向かってナマケモノのように反復するだけである．そして，チームが自己管理をせず，機能横断的でもないならば，それらのフィードバックループすべてはさらに長くなる．

　スクラムチームは，自分たちが大事なことを見つけ，学ぶにつれて，変化に対して適応するように早く反応しなければならない．基本的に，それらのチームは，ハチドリ・スタイル[8]のスクラムを実践すべきである．あなたのチームが，機能横断的で自己管理を行うものの，スプリントのスコープが固定され，計画の変更が失敗とみなされるアナコンダ・スタイルのスクラムを実践するならば，あなたは，遅いフィードバックループを生み出すしかない．

　現実の世界では，チームが他のチーム，あるいは他の意思決定者にまったく依存しないことはまれである．あなたが，誰かの助けを必要としている（これは依然として起きるだろう）とき，アナコンダ・スタイルのスクラムは，全員が自分たちのスプリントの走路に閉じ込められて[9]自分たち自身のことしかできず，他の人たちを助けられないことを意味する．

---

[8]　「ハチドリ・スタイル」と「アナコンダ・スタイル」については本書の第 8 章で説明されている．
[9]　スプリント（短距離走）の走路からはみ出せずにという意味．

チームがアナコンダ・スタイルのスクラムを実践していたり，あるいはチームが，驚きや予期せぬことに対処する余地がある謙虚な計画とともに働かないときには，価値を提供するために必要なチーム間の協働は起きないだろう．あなたは，プロダクトに関係する依存性，あるいは他のチームにある重要な知識，あるいは専門性に対する依存性を常にもつ．お互いに助け合う余地が存在する必要があるのだ．さもないと，チームは，自分たち自身の計画に捉われてしまい，結果として価値の減少を招くからである．

あなたのチームは，必要になる補足的なプラクティスでスクラムを補うことで，価値を提供するための仕事のやり方を総合的に考案できる必要がある．価値を提供するために必要なプラクティスでスクラムを補うことは，言うは易し行うは難しである．私は，7年以上プロダクトオーナーをしているが，今でもより良いプラクティスを毎年育み，学ぶ，とてつもない成長段階に自分がいると感じている．

チームは，必要な技術的なプラクティスでスクラムを補えることが多いが，価値提供のプラクティスは補えない．技術的なプラクティスだけに注目するスクラムチームは，自分たち自身をフィーチャーの提供に集中することに制限する運命にあり，ブンブンと稼働するフィーチャー工場がその不幸な結果である．

スケーリングフレームワークを標準とする代わりに行うべきこと

スケーリングフレームワークを展開する前に，自分自身に以下のことを尋ねよう．

- 自分たちのチームがどれほど機能横断的か？ チームをより機能横断的にするために，私たちは何を行うことができるか？
- 自分たちのチームがどれほど自己管理的か？ チームをより自己管理的にするために，私たちは何を行うことができるか？
- 自分たちのチームがどれほど適応的か？ チームを変化への対処においてより柔軟にするために，私たちは何を行うことができるか？ 予期せぬことに対処するための余地を残す謙虚な計画とともに，それらのチームは働いているか？

● 自分たちのスクラムチームは，価値を提供するより良いやり方を見つけるためのスクラムの強化をどれくらいできるか？　この探究において，それらのチームを支援するために，私たちは何を変えられるか？

あなたがこれらの質問に対する回答を思案するときに，自分が経験したスケーリングの問題について考えてほしい．それらの問題のどれかが，質問への回答と結びつくだろうか？　そして，それらの問題が質問への回答と結びつくならば，あなたは，スケーリングフレームワークの展開でそれらの問題を覆い隠す前に，それらの問題の解決を試みるべきでないだろうか？

機能横断的なチームは，大事である．というのは，チームが自分たちのゴールを満たすために必要な専門性を欠いているときに，自分たちのゴールを満たすために他のチームの人たちに依存していることが多いからである．あなたがこの問題を解決しないとき，チームの構成の問題は，調整や計画策定の問題になる．決断を下し，ものごとを理解する代わりに，あなたのチームは，他のチームを待って，結果としてより長いフィードバックループをもたらす．

チームが自己管理をしないとき，そのチームは決断を下すことを委任されない．チームが決断を下せなかったり，あるいは決断を下すために他のチームに依存するとき，結果はまたしてもより長いフィードバックループである．あなたは，自分が達成しようとしていることの元々の意図と合致するように決断を下すことができる委任されたチームをもつべきである．

チームが，そのチームに必要なすべての専門性を備えて決断を下すことを委任されたとしても，それは，そのチームがすばやい決断を下すことを意味しない．チームは，変化に対処するための決断を下すことに怖気づくことが多い．というのは，それは，チームの計画を諦め，自分たちの心地よい領域から出ることを意味するからである．チームは，柔軟であり，すぐに正しい決断を下すことで，明らかになったことに適応しなければならない．

チームに決断を下すことが委任され，機能横断的なチームが明らかになったことに柔軟に直面できるとしても，それだけでは十分でない．そのチームは，価値を提供する，より良いやり方でスクラムを強化する必要がある．これが起きるためには，プロダクト管理の専門性がスクラムチームの一部でなければならない．価値を提供するためのどの補足的なプラクティスが潜在的に導入可能であり，ど

の条件下でそれらのプラクティスが成功するかということをしっかりと理解しなければならない．

　これらの四つの面が大事であることを示す例がある．私は，かつてスケーリングフレームワークを導入した会社で働いていた．スケーリングフレームワークを実装する主たる理由は，さまざまなチームの連携が不十分で予定どおりに項目を提供できないというものだった．それらのチームは協働も調整もしなかったので，その解決策がスケーリングフレームワークの導入だった．

　スケーリングフレームワークの魅力は，スケーリングの問題を解決するためのレシピを提供してくれることである．不幸にも，あなたが経験する問題は，自分の状況に強く依存していることが多く，最善の解決策は，その時々のユニークな状況に合うように現れ，発展する．私の会社において，スケーリングフレームワークの導入後，起きた唯一のことは，根底にある問題をまったく解決することなしに，より多くの打合せでチームを悩ませたことであった．

　そこで働いた私の経験に基づくと，その会社の根底にある問題は以下のようなものであった．

- すべてのチームが，他のチームのロードマップと対立し，競合する独自のロードマップをもっていた．ロードマップ策定プロセスは，権力を求める競争であり，自分のチーム—ひいては自分の部署—が重要だという主張だった．あなたが他のチームからの助けを必要としているときに，その要求は政治的になる．その結果，チーム間の協働はまばらでお粗末になる．調整や打合せを増やすことを通じて，より良い協働を力ずくで行うことは不可能である．

- チームは，フィーチャーではなく，むしろコンポーネントに責任をもった．コンポーネントに責任をもつことは，単純な変更が，お互いに関わりたくない多くのチームを通り抜けなければならないことを意味した．各チームは，他のチームを助けるための時間をつくりたくなかった．というのは，チームレベルのロードマップに沿って提供できないことは，部署の長との不可避な衝突を意味したからである．

- チームは，自己管理しなかった．スプリントにおいて完了しなければならないどんなものがあろうと，チームは，その根底にあるビジネス価値に関心を

もたなかった．というのは，PowerPoint のスライドに概説された約束のとおりに提供することが，ゴールだったからである．それらのチームが管理したものは，予定通りにフィーチャーを出荷することだけだった．

●チームは，変化に対してまったく柔軟性がなかった．というのは，スプリント中のすべてを提供することがゴールだったからである．スプリントを変更することは，失敗を意味し，デリバリーマネージャーが何に失敗したのかを尋ねにくるだろう．

●チームは，価値を提供するより良い方法を育むために顧客とビジネスを十分に理解していなかった．その結果，チームは，より多くの価値を提供するために最も機能することを見つけようと，実験を行い，ものごとを試すのではなく，行うべきことに対する指示を待っていた．

スケーリングフレームワークの導入後，全員がフレームワークのルールやそれが提案する統制の幻想を守ることに注力した．根底にある問題すべては依然として存在していたので，何も変わらなかった．起きた唯一のことは，リーダーシップチームに，何か月にもわたる依存性をきれいにまとめた図が提供されたことだった．それらの人たちは，輝かしい統制の幻想で満足していた．リーダーシップチームが理解していなかったことは，それらの依存性の図がどれほど自分たちの仕事を行う能力を減じ，お互いに効果的に協働する能力を妨げるかということである．

最善の予測，計画策定，そして調整は，摩擦に対処するために十分ではない．というのは，あなたは，開始する前に自分が知りうることに制限されるからである．摩擦に対処するためには，短いフィードバックループが必要になる（図18.1）．短いフィードバックループを可能にするために，あなたは，委任された機能横断的で，自己管理ができる適応的なチームをもたねばならず，そのようなチームは自分自身の仕事のやり方を考案

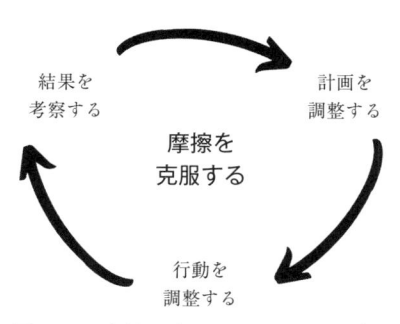

図 18.1　摩擦を克服するためにすばやいフィードバックループは不可欠である

でき，驚きと障害が突然現れたときにそれらに対処することができる．

　それら四つの要素[†10]は，摩擦に対処するために必要なフィードバックループを生み出すために不可欠である．どのスケーリングフレームワークも，あなたの状況にあったレシピを提供できない．スケーリングフレームワークを自分がすべきことに対する完全なガイドとみなさず，インスピレーションを得るためのものとして見よう．成功を保証するレシピはなく，従うべき確かなステップもない．成功するために自分自身の道を切り開かねばならない．あなたは問題を解決してスケーリングし，問題を解決するためにスケーリングしないようにしよう．

　自分の問題を解決するかもしれないとあなたが信じる，最も簡単なことを試そう．何か複雑なものをよりシンプルにするより，シンプルなものをより複雑にする方が容易である．シンプルな解決策が失敗したときに，あなたは，より良い解決策を思いつくために使える何かを学ぶ．複雑すぎる解決策を採用するならば，不必要なことがノイズをもたらし，なんら価値を付け加えることなくあなたの周りにまとわりつくであろう．

　同じプロダクトに一緒に取り組むチーム数が増えるにつれて，あなたが経験する摩擦も増える．あなたがより多くのチームをもつとき，影響を及ぼす，より多くのコミュニケーションの経路，依存性，そして人間関係が生まれる．複数のチームをどのように組織化しようと，複数のチームは，常にお互いのために存在し，そして支援するためにそこにいる必要があるのだ．

　ほとんどの会社がスケーリングの問題の解決に失敗している．というのは，それらの会社は，自分たちのスケーリングの問題を計画や調整でなくそうとするからである．複雑な仕事を行うときに，それは不可能である．スクラムをスケールさせるときの重要な要素は，チーム間の協働を改善する—つまり，異なるチームがお互いに協働する能力—ことである．

　チーム間でのチームワークは，一つのチーム内のチームワークよりも，達成がはるかに困難である．チームがどれほど協働するかは，協働を許容するシステムのレベルが整っているかにかかっている．スケーリングの問題が発生したときは，会議や計画策定により多くの時間を費やすのではなく，チームの間の協力を増し，それらのチームが発見し，学ぶことに基づき，一緒に反応することができ

---

†10　最善の予測，計画策定，調整，そして委任された機能横断的で，自己管理ができる適応的なチームの四つの要素．

るような働き方を育むようにしよう.

　より長いフィードバックループの原因であるシステムを解決しないフレームワークをコピペすることから始めても,短いフィードバックループを生み出すことはできない.それどころか,あなたが自分のシステムの複雑さを増しているという,まさにそのことが,自分の問題に対する良い解決策を容易に見つけ出す可能性を排除しかねないのだ.

重要な学び

- スケーリングフレームワークをまるごとコピペすることは,通常あなたの問題を解決せず,新たな問題をもたらすことが多い.自分の状況を配慮しない解決策の寄せ集めに身を委ねる前に,あなたのスケーリングの問題の背後にある根本原因を理解しよう.
- スクラムのスケーリングの問題は,通常単一チームのスクラムにすでに存在している.それらの問題は,新しく思えるが,それはそれらが,同じプロダクトでより多くのチームが一緒に働くときにだけ,見えるようになるからである.
- スクラムチームが機能横断的ではなかったり,あるいは自己管理しなかったり,適応しなかったり,補足するプラクティスでスクラムを強化できないならば,あなたがより多くのチームを加えるときに,おそらくスケーリングの問題を経験するだろう.
- あなたが,スケーリングの問題を経験するとき,何が起きているかを調べるために,これらの四つの要素を用いてみよう.つまり,スケーリングフレームワークは,インスピレーションを得るためだけに使おう.あなたの固有の状況にあつらえられ,自分の問題を解決するかもしれない,小さなものを実装しよう.それが,あなたの問題を解決しようとしまいと,それから何かを学べるだろう.

価値を提供するより良い方法を見つけることをチームに委ねる

> 「大きな秘密は，オーケストラは指揮者なしでも演奏できることである」
>
> —ジョシュア・ベル

　本書の各章には，重要な学びがあり，覚えておくべきキーポイントがまとめてある．この最終章では，すべてのポイントをつなぎ，自分たちのスクラムチームで達成を目指すべきことのイメージを描く．本書ですでに取り上げた話題すべてをまとめて説明しているため，あなたにはなじみのあるものに感じるかもしれない．

　音楽の素晴らしい世界について語ることで，すべてをまとめるという私たちの旅路に出発しようではないか．

音を出さずに音楽をつくる

　1943 年 11 月に，25 歳のアシスタント指揮者は，突然の知らせで急遽，有名なニューヨークフィルハーモニー交響楽団を指揮することとなった．予定していた指揮者が病に倒れたからだった．きわめて難しい楽曲をリハーサルなしで演奏し，その様子が米国の TV で生中継された．そのコンサートが，一夜でその若者をスーパースターにした．その男はレナード・バーンスタイン（Leonard Bernstein）であり，彼は，後に史上最高の指揮者の一人として知られるようになった．

　バーンスタインの初演は，伝説的であり，彼の驚異的な指揮の評判を下げるつもりはないが，オーケストラが演奏のために指揮者さえ必要としないことに気づいている人は少ない．1820 年以前には，ほとんどのオーケストラには専任の指

揮者がいなかった．指揮は，副業だと考えられており，それは合奏団の楽器演奏者の一人に授けられる職務であった．それらの人たちの主たる仕事は，楽器の演奏であり，そしてその合奏団をリードすることは副次的であった．

　オーケストラがより大きく成長し，オーケストラの規模が課題をもたらすにつれて，専任の指揮者が主流になり始めた．オーケストラが大きくなればなるほど，音が後ろから前に届くのにより長い時間を要する．距離が，例えばバイオリンとドラムのような二つの楽器に遅延をもたらし，ぶつかり合い，美しくなりうる音楽を台無しにするかもしれない．この問題を解決するために，オーケストラはすべてが確実にそろい続けるように専任の指揮者を任命した．

　何世紀にもわたり，指揮者の役割は，楽器がお互いにそろい続けるようにすることを超えて発展した．指揮者は，音を生み出さないが，オーケストラの演奏を最大限に活かすことを助け，それらの人たちの芸術的なビジョンに従って一つの楽曲を提供するように力づけるのである．

　バーンスタインがこの公演を成功させることができたのは，オーケストラが自己管理していた―指揮者なしでも音楽をつくることができた―からである．オーケストラにおける委任されたチームの力を，世界的に有名なバイオリニストのジョシュア・ベル（Joshua Bell）は次のように説明している．「良い指揮者は，オーケストラに指揮を任せるべきときを心得ている．指揮者がすることの 90 %は，リハーサルにある―ビジョン，構造，アーキテクチャーである」．

　この引用は，私たちがスクラムチームで目指すべきことを完璧に表している．つまり，チームが自らリードすることを委任するための十分な文脈と理解をチームに提供することである．

　自らをリードしたチームの，もう一つの素晴らしい例は，1974 年のサッカーワールドカップでのオランダチームである．その年以前のオランダチームのプレイでは，チームメンバー全員がサッカーチームでプレイするためのはっきりとした役割をもっていた．ディフェンダーはディフェンダーであり，ミッドフィルダーはミッドフィルダーであり，そしてアタッカーはアタッカーであった．すべてのポジションは，サイロ[†1]として行動し，他のサイロとやりとりせねばならなかった．

---

†1 ディフェンダーなど，それぞれの機能的な役割の範囲内でしかプレイしないこと．

その後，1974 年のワールドカップで，オランダチームは，その美しいプレイスタイルで世界中の人々の心をつかんだ．ヨハン・クライフ（Johan Cruyff）がキャプテンを務めるオランダ代表は，誰もかつて見たことがないようなプレイで決勝に進出した．オランダ代表が大会中に編み出したプレイスタイルは，「トータルフットボール」と呼ばれた．アタッカーは守備を助け，そしてディフェンダーは攻撃を助けた．すべてのポジションが流動的で，誰もが（ゴールキーパーを除く）他のプレイヤーのポジションを引き継ぐことができた．

キャプテンのヨハン・クライフは，自分の選手としてのキャリアを終えた後，コーチとしても大成功を収めた．クライフの次の言葉は，彼がトータルフットボールの哲学をどのようにチームで実践したかを例証する．「私のチームでは，キーパーが最初のアタッカーであり，そしてストライカーが最初のディフェンダーである」．

自らをリードするオーケストラとチームメンバーが流動的なポジションをもつサッカーの哲学が，スクラムとどのように関係するのかあなたは不思議に思うかもしれない．スクラムは，開発者，スクラムマスター，そしてプロダクトオーナーに対する明確な説明責任をもつ．それらの説明責任は，お互いの足を引っ張るべきではなく，むしろ最終的に，その部分の合計よりも大きな全体になるべきなのである．

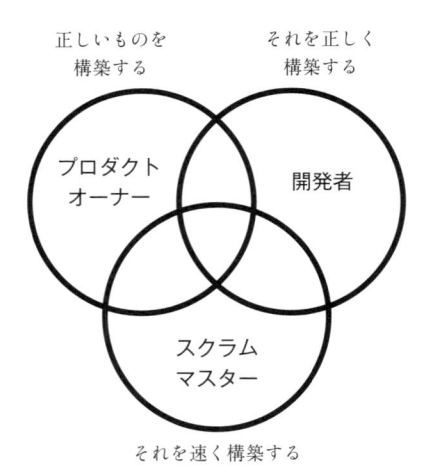

正しいものを構築する　それを正しく構築する

プロダクトオーナー　開発者

スクラムマスター

それを速く構築する

図 19.1 スクラムの説明責任と，それらが一部の人々に—間違って—意味すること

図 19.1 のベン図をかつて見たことがあるかもしれない．この図は，スクラムチームがどのようにともに働くべきかに関する誤解を招きやすい．正しい解決策を探すことは，常に正しい問題に取り組むことに根差している．私たちの主たる関心は，自分たちが正しいものを構築しているか否かであるべきである．というのは，それが自分たちの問題空間を定めるからである．解空間は，私たちが，自分たちが正しい問題を解いていると確信しているときに登場する．そのとき初めて，そのも

のを正しく構築することや，あるいはそれを速く構築することについて話をすることが意味をなすのである．

　仮に間違ったものを構築しているならば，自分たちがそれを速く構築するかどうか，あるいは完璧な品質で構築するかどうかは大事ではない．最善なのは，それを決して提供しないことだ．これが，自分たちが正しい問題を解いているかどうかが私たちの主たる関心事になるべき理由である—というのは，それ以外のすべてがそこから生じているからである．価値の創出は，顧客の生活の中で私たちが改善しようとするものから始まる．

　オーケストラとトータルフットボールを念頭に置くことで，委任されたチームがどのように見えるかについて明確なイメージをもてるはずである．しかしながら，委任されたチームをつくることは容易ではなく，成功するための全ステップを記したレシピを提供することは不可能である．しかし頻繁に遭遇する問題と，それらの問題を解決する方法を識別することは，可能である．チームの信条と職場環境の重要性を論じることから始めようではないか．

すべては信条に取り組むことから始まる

　複雑な仕事は，自分たちの計画が失敗し，実行で間違い，そして自分たちが得る結果は予見できないことを意味する．摩擦の概念は，これがなぜ起こるかを説明してくれる．摩擦は，単純なことが恐ろしいほど難しいと結局分からせ，私たちの進路に多くの驚きを投げ込む．私たちは，間違うし，それは，始める前に自分たちが知りうることに制限される—先立つ霧—からである．

　私たちの先立つ霧への一般的な反応は，事態を悪化させることを助長するだけである．ややこしいドメイン，あるいは単純なドメインで機能すること—自分たちが知っていることと専門性を頼りにする—は，複雑なドメインでは機能しない．自分たちの通常のアプローチを複雑なドメインに適用してしまうと，私たちは摩擦をより悪化させるだけだ．

　過剰な計画策定，より多くの指示，そして厳重な統制は，憶測の霧をもたらし，無為を招く．というのは，私たちは，自分たちの頭の中でお手上げ状態になり，自分たちの計画に閉じ込められるからである．どうしても間違えてしまうこともあるが，そのとき，私たちに憶測が同時に発生して，自分たちの足を引っ張

る重い錨が形成され，自分たちの計画と行動を調整して，望まれた結果を生み出すことがより難しくなる．

スクラムチームは，自分たちを正しい方向に先導するスプリントゴールを伴う謙虚な計画で出発しなければならない．それらのチームが，自分たちの目的に届くために必要なことを見つけ，学ぶにつれて，計画が現れ，継続的に調整される．謙虚な計画は，自信過剰な計画と同じような魅力をもたない．謙虚な計画は，自分が何を行っているかが分からないよう見えたり，あなたに怠惰であることすら提案するかもしれない．謙虚な計画は本当は怠惰ではないものの，始める前にあなたがどれほど知らないかをまさに認めている．怠惰だと思えることは，現実主義に根差しているのだ．

つまり，複雑な仕事を行うことの意味を全員が理解することが重要なのである．最も大きな課題の一つは，スクラムチームがやりとりする全員が，複雑な仕事の性質を理解しなければならないことである．さもなければ，あなたは自分が欲するように働いたり，価値の高いプロダクトを迅速に提供するために必要な短いフィードバックループをつくることができない．あなたのステークホルダーは，あなたが提供できないような高いレベルの確実性を求めてくるかもしれない．ステークホルダーたちは，統制ができるという幻想をもった計画を要求し，それらを生み出すことに時間を浪費することをあなたに求めるだろう．そのような確実性の幻想しかもたらさない実りのない努力に自分の時間を浪費することで，あなたは，多くの価値を提供する機会を確実に減らすことになる．

不幸なことに，ステークホルダーは以下のような迷信を信じていることが多い．

- フィーチャーが多いほど，より良い．ベロシティーが高いほど，より良い．
- 価値のあるものを予測できる．自分たちが告げるものをただ構築すればよい，それで成功が保証される．
- 仕事を完璧に計画することは可能である．それを行えないことは，無能であることを意味する．自分が行わなければならないことのすべてが分からないとき，あなたは自分が行っていることが分かっていない．

事態をさらに悪化させることに，自分たちが構築すべきものが分かっていると

きでさえ計画に従って開発提供するのは難しいが，最大の不確実性は開発提供とは無関係なのである．価値の不確実性は，価値を提供するうえで最も当てにならない不確実な要素である．それが，非常に多くのスタートアップが消滅するか，生き残るためにピボットしなければならない理由である．しかしながら，ほとんどの会社は，自分たちの顧客とビジネスにとって価値が高いものは何かをすでに知っているという仮説に基づいて，計画通りに，あるいはより速く提供することに悩むのに多くの時間を捧げすぎていて，この事実を読み飛ばしている．

それらの思い込みに取り組まなければ，価値を提供する，より良い方法を見つけることができる委任されたチームをあなたは決して築けないだろう．価値を提供するために必要な，異なる部署とスクラムチームとの間で短いフィードバックループをもつことは不可能だろう．すべてのチームは，完璧な計画でフィーチャーを提供することに注力させられ，それらの計画を予定通り実行し，フィーチャーを提供することによりチームの能力が評価されるだろう．

今，あなたがそれらの賢明ではない思い込みを払拭したと想像しよう．あなたは，すべてのステークホルダーに，より多くのフィーチャーを提供することが必ずしもより良いことではないと納得させている．あなたは，何が価値が高いかを絶対的な自信をもって知っているわけではないし，自分の仕事の計画策定を完璧に行うこともできない．この状態から，あなたはどうすればいいのだろうか？

ものごとを試してみるには，心理的安全性が必要

ハイパフォーマンスを発揮するスクラムチームの土台は，心理的安全性である．チームが心理的安全性を感じているとき，それらのチームは，処罰，あるいは自分たちの自己イメージ，あるいは地位，経歴に対する他の否定的な結末を恐れることなく，安心してリスクをとる．

複雑な仕事とは，あなたが，ものごとを試して，うまくいくことを見つけねばならないことを意味する．チームに心理的安全性が欠けているとき，それらのチームは，反動を恐れて，新しいこと，実験をあまり進んでは試さないだろう．委任されたチームは即座に決断を下さねばならないが，そのためにはリスクをとる必要がある．チームに心理的安全性があるとき，そのリスクをとることは，恐ろしいと感じることなく，むしろ最善の結果を生み出すために必要な，避けられ

ないこととして理解される．対照的に，チームに心理的安全性が欠けているとき，恐れが侵入し，麻痺と無為をもたらす．スクラムチームが，期限を守り，自分たちのベロシティーを増すことに注力しすぎているとき，複雑な仕事に求められる短いフィードバックループを生み出すために必要な心理的安全性を築くには，ある程度の時間を要する．

スクラムチームが期待するほど速く提供しないとき，リーダーは容易に自分たちの従来の考え方に逆戻りし，期待されたよりも進捗が少ないことでチームを罰する．リーダーとして，この誘惑に負けず，そのような事態が起きないようにすることが重要である．複雑な仕事の性質上，予測が外れることは避けられないのであり，あなたは，実際上チームの力の及ばないことに対してチームを罰していることになる．

あなたが統制できること—価値の提供に向けた短いフィードバックループをもつ委任されたチームを築くこと—に注力しよう．それを行うことで，あなたは，自分が大切に思うゴールに向けて，スクラムチームが可能な限り最大の進捗を確実にあげるようにできる．その進捗は，あなたが望むほど速くないかもしれないが，ベロシティーに対する自分の期待は，間違っており，もっぱら自分の想像を縛ってしまうことを思い出そう．

委任されたスクラムチームはどのように見えるか？

委任されたスクラムチームは，顧客とビジネスの両方を心に留める．それらのチームは，スクラムについて滅多に話をしない．顧客について話をすること，そして自分たちが行っていることが自分たちの顧客の生活の改善をどのように助けるかということを考えることに，自分たちの時間の大半を費やす．自分たちが，その顧客の価値をその後どのようにビジネス価値として刈り取ることができるかも考える．技術的な議論は頻繁に行う必要があるが，その技術がその顧客，あるいはそのビジネス，価値を提供するチームの能力にどのように影響するかということと切り離して考えてはいけない．

私たちが書くすべてのコード，そして私たちのすべての技術アーキテクチャ上の判断は，目的に対する手段である．委任されたチームでは，顧客とビジネスの確固たる理解があるので，技術的な観点だけではなく，全体像とさまざまな観

点を考慮した適切な判断とトレードオフを行うことができる.

　オーケストラと対比すると, 聞き手が自分たちの演奏を楽しまないならば, すべての入念なプラクティスや楽曲をどのように演奏したいかについて語ることは大事ではない. テクニックが完璧であろうと, 聞き手の心に届いていないならば, そのオーケストラは失敗するだろう.

　委任されたチームが, 決断を下すためにプロダクトオーナーあるいはスクラムマスターを必要とすることはまれである. というのは, その両者は, スクラムと自分たちのプロダクトで達成しようとしていることを十分に伝え, チームが自分たちに相談せずに決断できるようになってもらうために力を尽くすからである. もちろん, プロダクトオーナーとスクラムマスターは依然として必要であり, それらの人たちの行く手に現れる質問もあるだろうが, これは相対的にまれであるべきである. 問い合わせが実際に来たとき, それらの人たちは, 次回は, チームが他の人たちに依存しなくても決断できるように, そのチームが特定の知識, あるいは原則を把握する必要があるか否かを理解しようとする.

　もちろん, このすべては, プロダクトオーナーもしくはスクラムマスターの責務が消えるということではない. それは, フィードバックループを可能な限り短く保つことできるときにはいつでも, チームがそれらの人たちの職務を引き受けることを示唆しているだけである.

　私たちは, 十分な背景と方向性とともにチームに委任することでのみ, このレベルの独立性を達成できる.

あなたはどのように十分な方向性と背景を提供するか？

　同じプロダクトに取り組む複数のスクラムチームに方向性と背景を提供するために, 以下の構成要素がなければならない.

- プロダクトビジョン
- プロダクト戦略
- ロードマップ

　プロダクトビジョンは, 顧客に根差したビジョンであり, 自分たちのプロダク

トが将来いてほしい場所を示すものである．プロダクトビジョンは，集中力を生み出し，チームによる協力した努力を可能にする．プロダクトビジョンは，そのプロダクトで自分たちが行こうとしている場所とその理由を全員が理解できるようにするものである．それは，自分たちのプロダクトに対する方向性を設定し，行きたくない場所をはっきりと説明することで自分たちの焦点を定める．

　プロダクト戦略は，自分たちの努力を注力したい場所を識別する．私たちは，あらゆるところにいて，あらゆることを行っていては最善になれない．何が自分たちの最大の機会であり，私たちはどのようにそれからお金を得ることができるか？　プロダクト戦略に従うことは，多くの選択肢を捨てることを意味し，その代わりに自分たちの計画で私たちが最も大きな違いを生むことができるところに注力する．

　ここに，良い戦略をもつことの重要性を説明する例がある．私の友人の一人は，プロのポーカープレイヤーである．彼は，全世界を巡り，多くの金を稼いだ．彼は素晴らしいポーカープレイヤーだったが，彼の成功の主たる理由は，プレイをする適切なテーブルを選ぶことにさらに長けていたことであった．彼は，有名なサッカー選手を認めれば，それらの選手のテーブルでプレイをし始める．彼は，それらの選手が現金をたんまりもっており，負けを嫌い（そのため，負けているときも選手たちはプレイを続ける），そしてポーカーのプレイではそれほど偉大ではないことが多いと知っているからである．戦略は，勝つ可能性が高いテーブルを選ぶことである．

　今，あなたが明確なプロダクトビジョンと強いプロダクト戦略をもつと想像しよう．あなたが取り組みたい事柄のロードマップをつくるためにそれらを活用することができる．あなたがこの道を歩き出すとき，ものごとを高いレベルでシンプルに保つべきである．というのは，そのロードマップは，あなたの現在の限られた理解に基づいているからである．そのロードマップ上の大きな項目に取り組むときに，あなたは，それらの項目を自分のスクラムチームが取り組める具体的なプロダクトバックログアイテムへと徐々に分割することができる．

　それでも，これらの項目すべてをもつだけでは十分ではない．あなたは，自分のプロダクトがどのように価値を提供し，自分がどのようにその価値を獲得することができるかも理解する必要がある．

自分のプロダクトがどのように価値を提供するかのモデルをつくる

　ノーススターフレームワークは，自分のプロダクトがどのように価値を提供し，ビジネスにおいてその価値を効果的に獲得しているかどうかのイメージを時間とともに築くことに役立つ素晴らしい手段である．このフレームワークは，あなたに単一のノーススターメトリックを確立することを求めるが，このメトリックは，ビジネスと顧客の両方の価値を代理するものとして機能する．Uber にとって，良いノーススターメトリックは，週ごとの乗車数である．週ごとの乗車数が増えるとき，より多くの乗客が自分たちの目的地に着き，顧客価値をもたらし，運転手が支払いを受け，Uber にとってより多くのビジネス価値をもたらす．

　しかしながら，乗車数は，遅れて変化が現れる指標である．あなたが，それに影響を及ぼす方法は多数ある．一群の入力—自分のノーススターに影響を及ぼしうるメトリックス—を定めることで，あなたは，自分のノーススターへのさまざまな影響のモデルを築くことができる．ノーススターは，顧客とビジネスの価値の両方を代理するものなので，自分のプロダクトが提供する価値をどのように制御できるかということ，そしてそのプロダクトのフィーチャーがより多くの顧客価値とビジネス価値をもたらしているかをどのように測定できるかのモデルを本質的に作成している．

発見，提供，そして妥当性の確認

　何かを構築することを決める前に，何を構築すべきかを決めるために必要な仕事をすべきである—ここで発見の出番となる．発見では，顧客と話をし，顧客の世界と何を達成したいと望んでいるかを理解することが必要になる．発見の最も難しい部分は，顧客はほしいものをあなたに快く語るだろうが，それがその人たちに必要なものではないかもしれないことである．広告分野の教祖的存在であるデイヴィッド・オグルヴィ（David Ogilvy）の有名な言葉に，このジレンマを要約したものがある．「人々は，自分たちがどのように感じるかを考えず，自分たちが考えることをいわず，そして自分たちがいうことを行わない」．

　あなたが顧客と話をするとき，述べられた好みと明らかになってくる好みとの

間の違いを心に留めることが大事である．人々が重要だと述べることは，必ずし
もそれらの人たちにとって本当に重要ではない．人々の行動と，それらの人たち
が現在どのように仕事を行っているかは，人々が重要だと信じていることを言語
化したものよりも，はるかに信頼できる．すぐさま顧客がほしいものに飛び込ん
だり，あるいは顧客にとって重要なことを尋ねたりするのではなく，彼らが現在
どのように仕事を行い，どのような苦労に直面しているかを尋ねよう．

　顧客が現在どのように働いているかに話を転ずることで，あなたは，彼らの
ワークフローと彼らが出会う課題，障害，そして不満に注目することができる．
あなたは，顧客が将来その仕事をどのようにすませたいかではなく，その仕事が
どのように行われているかという現実に根差した議論ができる．顧客がもってい
る将来像は，彼らが必要とする，あるいは思いつけると信じているソリューショ
ンに大きく影響されていることが多い．それらのソリューションは，素晴らしい
かもしれないが，それらの人たちが解決しようとしているのがどの問題かを理解
していなければ，あなたが構築すると決めるソリューションがいかなるものでも，その妥当性を確認できないだろう．

　例えば，自分の会社が計画策定モジュールで Google カレンダーとの統合を構
築できるかどうかをある顧客が私に尋ねた．私がその顧客と話をしたときに，彼
女が Google カレンダーとの統合を必要とする理由を尋ねなかった．私は，その
ときに彼女がどのように働くかに会話の焦点を絞った．当然，私たちは，彼女が
「これが，私が Google カレンダーとの統合をもちたいところなの」と述べたと
ころに行き着いたが—彼女が実際に望んでいるのは，仕事に対する締切りを見
て，それらの締切りを満たすために仕事を優先順位づけできることだということ
が分かった．Google カレンダーとの統合を単に構築する以外に，その問題を解
決する他の方法が存在するのだ．

　適切な発見を行う際の最大の課題は，この仕事をスプリントが始まる前に行わ
なければならないことが多いことである．私が自分の顧客へのインタビューの計
画を立てたいと想像してほしい．私は，インタビューの計画を立てるために顧客
にいくつかの電子メールを送信するが，それらの人たちは私のために直ぐに時間
を割けない．通常，私がそれらのインタビューをもてるまでに，数日，時として
1週間以上かかる．

　その間に，私は，自分が顧客に聞きたいことについて考えるためにいくらかの

時間を費やす．それから，そのインタビュー後に，自分たちが学んだことや，次の最善のステップを決めるために自分たちがどのようにこの情報を使えるかを熟考する必要がある．もしかすると，私たちは，モックアップ，あるいは見かけが忠実なプロトタイプを構築することを決めるかもしれない．それを行うためにはいくらかの時間が必要になる．もしかすると，フィードバックを得るために，それを数名の顧客に見せたくなるかもしれない．

　これらのすべてを，私たちが何かを構築し始める前に行わなければならない．ほとんどのスクラムチームが 2 週間のスプリントを実行しているので，発見−提供トラックをすべて同じスプリント内に行うのは難しいことが多いと私は信じている．これは，ジェフ・パットン（Jeff Patton）がデュアルトラック・アジャイル・アプローチ—発見と提供の努力を分ける—を奨励している理由でもある．

　私は，これが不十分だと個人的に信じている．3 番目のトラックもある—妥当性確認である．自分たちが提供したプロダクトとそれらのフィーチャーがどのように仕事を果たしているだろうか？　それらの有用性と適合性の確認は時間を要する．とりわけ，ビジネス成果は遅れて現れることが多いからである．あなたは，このフィードバックを同じスプリント内に得ることができないことが多い．自分がそのスプリントの終わりまでにフィーチャーをリリースするときに，あなたはいくらかのフィードバックを受け取るかもしれないが，決定的な結論を出せるまでに，おそらくより多くのフィードバックを集める必要がある．

　e コマースでは，トラフィック値，コンバージョン率，そしてあなたが検出できるようにしたい最少の効果に基づいてビジネス価値に対する素早いフィードバックを得ることが可能なことが多いが，そこにおいてさえ，A/B テストの結果を得るのに何週間，あるいは何か月もかかるかもしれない．それは，必ずしも同じスプリント内に起きないだろうし，そうならなければならないというわけでもない．

　スクラムは，こと開発し，提供することに関しては，比較的規定的である．対照的に，スクラムはあなたがどのように発見と妥当性確認を行うかについては沈黙している．というのは，それらのプラクティスはとても状況次第だからである．発見と妥当性確認のやり方を見つけるのは，あなたとスクラムチームに委ねられている．しかしながら，単一のスプリントで三つすべてが起きると期待するのは，非現実的である．

　スクラムが考案され，アジャイル宣言が起草された頃は，主たる問題は単純に動作する何かを提供する—何でも提供する—ことであった．これが，スクラムとアジャイル宣言が述べている問題である．あなたがWindows 98とWindows XPを覚えているならば，その当時私たちが苦しんでいた死のブルースクリーンすべてを覚えているだろう．それは，主たる問題が，機能するソフトウェアを提供することだったからである．その当時，会社は，信頼できるフィーチャーを量産するフィーチャー工場を喜んで生み出していただろう．

　今日，信頼できるソフトウェアを構築し，それを定期的に提供することは，もはやその当時ほど難しくない．現在の主たる課題は，より少なく提供し，あなたの顧客に違いをつくるものだけを提供することである．

スクラムは，価値を提供するより良い方法を見つけるためのものである

　スクラムを行うときの最大の危険性の一つは，チームがスプリントの泡にはまってしまうことだ．このシナリオでは，私たちが行うすべての仕事はそのスプリントの一部でなければならず，現在のスプリントゴールに関係しないものごとをそのスプリントの外で行う自由がないのである．スプリントに自分自身を箱詰めしないようにしよう．

　すべてのスプリントで，自分たちが目指すはっきりとしたスプリントゴールがある．しかしながら，スクラムガイドは，何に対しても「ゲームのルール」というサブタイトルをもたない．素晴らしいプロダクトを開発することには，スクラムのゲームをプレイすることよりも多くのことがある．スクラムガイドのどこにも，自分が価値を提供するために必要とするすべての仕事，あるいは状況に応じたプラクティスが，すべてのスプリントの一部であるべきだとは述べていない．

　スクラムチームは，機能横断的である必要があり，それは，価値をつくるために必要なすべてのスキルがあることを意味する．それでも，それは，同じスプリント内で価値がある何かを提供するために必要なすべての仕事を行うことを意味するのではない．スクラムがそのスプリントの最後で期待することのすべては，完成の定義を満たし，スプリントゴールを実現するプロダクトインクリメントである．

　あなたは，顧客のアイデアを同じスプリントのプロダクトインクリメントに入れることで，それらのアイデアを直ちに実行しないとしても，まずは顧客と話をすべきである．あなたは，UX調査，あるいはUXデザインが，現在のスプリントゴールに関係しなくても，それらを実行すべきである．

　スプリントの目的は，価値が高いと思われるものを提供するために焦点を絞ること，そして実際のプロダクトインクリメントに導かない際限のない調査，あるいは議論を防ぐことである．そうであっても，それが，将来のスプリントで自分たちが行うことの調査，あるいは議論を行うべきではないという意味ではない．

　何かを提供することが不確実であるのと同様に，構築すべきものを見つけることはさらに多くの不確実性をもつことであり，あなたは，何も構築せずに素早いフィードバックを得ることができる．しかしながら，自分の顧客の手にそれらの顧客のゴールの達成を助ける何かを渡すことは，究極的に自信を築いてくれる——自分が正しい進路にいることを示してくれる．

　それがスプリントが非常に有益である理由であるが，それは現在のスプリントに関係しないことをあなたが行うべきではないことまでは意味しない．従来のプロジェクト管理から決別する最大の悲劇の一つは，自分たちがジャスト・イン・タイムに何かをしなかったり，あるいは進捗するために1回のスプリントよりも多くの時間を要すると，急に居心地が悪く感じることである．

　そのことに居心地が悪いと感じないようにしよう．良いことは，時間，熟慮，そして熟考を要するのである．何かの提供を急いで進めることは，何かを世に出すためによいだろうが，自分の最善の仕事の成果を提供することに必ずしも資するものではない．

　本書の「はじめに」は，古いバージョン（2017年11月版）のスクラムガイドの私が好きな以下の段落で始まった．

　　スクラムの本質は，少人数制のチームである．個々のチームは非常に柔軟で適応力に優れている[†2]．

　スクラムは，人々が柔軟であることを求める．それは，プロフェッショナルで

---

†2　スクラムガイド（2017年11月版）の日本語訳を引用.

ある同僚とのやりとりにおける柔軟性であり，そして最大の価値を提供する方法を理解するための顧客とのやりとりにおける柔軟性である．また自分たちのプロセスにおける柔軟性であり，それによりチームメンバーはより良い働き方を見つけることができる．さらには自分たちの計画における柔軟性であり，それにより，より多くの情報が利用できるようになるにつれて，チームメンバーはより良い計画をつくり，従うことができる．あなたのスクラムチームにおいて，柔軟性は大事である．柔軟性がないことは，透明性，検査，そして適応に手が届かないことを意味する．

　ここに，読者であるあなたに次のような質問をしたい．あなたのスクラムチームはどれくらい柔軟であるだろうか？　あなたのチームが柔軟ではないならば，チームメンバーは摩擦や驚きにどれくらいうまく対処できるだろうか？　そして，驚きに効果的に対処できないならば，チームメンバーは，スクラムでどのように最大の価値を提供できるのだろうか？

　新米のスクラムチームは，通常柔軟性がより低い状態で出発する．というのは，それらの人たちはスクラムを安全にプレイしようとするからである．変化，不確実性，そしてリスクに直面して，そのスクラムチームは，自分たちの統制の感覚を復活させるために，自分たちの仕事の上におなじみで不必要なルールを積み重ねる．

　この安全にプレイすることの問題は，あなたが，実際には変わらないというリスクを冒すということである．スクラムフレームワークを導入することは，あなたが柔軟でリスクをとる場合にのみ，より良い仕事のやり方を見つける助けになりうる．変わるために，自分が快適なゾーンから外に出る必要がある．あなたがすでに知っているように，自分たちが複雑な仕事を行うときに通常のアプローチは失敗する．最もよく機能するものを見つけるために，ものごとを試す必要がある．結局，私たちが機能することを予測できるならば，複雑な仕事を行っていないのだ．

　スクラムについてのほとんどの問題や，スクラムの実装を制限する組織上の問題は，自分たちが主導権を握っていないことを受け入れられないという事実と関係することが多い．私たちは，そのフィーチャーがいつ提供されるかが正確には分からず，それがどのように機能するかも正確には分からない．

　価値を提供する，より良い方法を見つけることができる委任されたチームを築

くことは重要である．これを行うために，柔軟で，適切なときに適切な決断を下せるチームを支援する環境をつくる必要がある．

スクラムを上手に行うことは，あなたが，徹底的に事前の計画策定を行い，詳細な指示を出し，そして厳しい統制を課すことを差し控えなければならないということを意味する．あなたは，自分のスクラムチームを信頼し，課題が自ら姿を現してくるときに，それらの課題を解決する，スクラムチームの能力を信頼せねばならない．スプリントゴールによってもたらされた意図に根差した謙虚な計画があれば，スクラムチームは，そのときに適切な決断を下せる．

もしも，スクラムチームが自ら姿を現してくる課題を解決することをあなたが信頼しないのであれば，あなたは，その問題の解決に取り組むべきである．そのチームは，適切な専門性，あるいは経験が不足しているのか？　あるいは，本当の問題は，あなたがマイクロマネジメントに付随する統制の感覚を好むことにあるのか？　あるいは，自由にすることへの不安が，チームにより多くの主導権をあなたが与えることを妨げるのか？

過剰な計画策定，指示，そして統制は，チームが最善の決断を下すことを妨げ，視界を奪う霧をつくる．それらの計画，指示，そして統制に従うことが，新たな現実が自ら姿を現してくるときに，最善のやり方で反応することよりも，より重要になるのである．

障害に対処するスキルをもつ，柔軟で適応的なチームを築くことは，決して統制できないことを統制しようとすることよりも，はるかに多くの効果を上げる．これが，スクラムの本質が非常に柔軟で適応的な人々からなる小さなチームである理由である．そのメンバーは，障害が姿を現すときに，一つのチームとして行動して，その障害に対処し，そのときに適切な決断を下す．

自分が決して予測できない環境を予測しようとして時間を無駄にしないようにしよう．より適応的で柔軟になるための練習は，避けられない，対処が難しいことがあなたを驚かせて，自分の計画を過去のものにするときに，おそらくより大きな成功をもたらすだろう．自分のチームにおいて，変化に反応し，すぐに決断を下せる能力を育むことを試みよう．以下のように作家のウィリアム・アーサー・ウォード（William Arthur Ward）が見事に表現している．

悲観主義者は，風にうらみをいう．楽観主義者は，風が変わるのを待つ．現実

主義者は，帆を調整する．

自分が決して予測も制御もできない風に怒るのではなく，自分の帆を調整しよう．あなたは，見積もりを正確に行ったり，あるいは自分が予定通りに提供することを保証したりすることはできない．あなたが何をしようと，あなたの計画は不完全であり，実行に間違いがあり，そして結果は予測できない．

自分のチームが直面する，予測できず，制御もできない風に，チームが対処する最善の方法は，チームに意図と，その意図に沿って決断を調整する自由を提供することである．意図に基づいて行動することは，統制の究極的な形であるが，統制は**あなたの手**ではなく，**チームの手**にあるのである．

それが，スクラムをリーダーにとって怖いものにすることが多い．というのは，リーダーが統制を失うように感じるからである．リーダーとして，自分自身に次のように問いかけよう．紙上では素晴らしく見えるが，自分のスピードを落とす計画を伴った統制の幻想に自分はしがみつきたいのだろうか，あるいは栄光あるものになる可能性のある，詳細を見せない謙虚な計画で始めることで，可能なかぎり多くの価値を提供したいのだろうか？　と問いかけるのだ．

あなたが複雑な仕事をしているならば，その答えは明らかなはずである．

訳者あとがき

本書をまずお薦めしたいのは，新たな価値を提供するプロダクト開発に取り組んでいるスクラムチームの人達，特にその中でプロダクト開発をリードするプロダクトオーナー（PO），さらにはスクラムマスターやコーチ，そしてそのチームの管理職の方々である．また，同様な取組みをウォーターフォール手法で実践しているチームの方々にとっても自分たちのやり方の弱点を知るために参考になると思う．

本書の内容で，私が興味深いと思ったのは以下の4点である．

A) スクラムを適用すべき状況とその理由
B) スプリントゴールを中心としたスクラムの柔軟な適用
C) プロダクトオーナーやコーチとして体験談
D) プロダクト管理の基本概念の解説

A) は，さまざまな仕事はその性質にあった仕事の進め方が必要であり，プロダクト開発は何を行えばどのような結果が得られるか（因果関係）が明確ではない，いわゆる「複雑な仕事」であるということが出発点となる．本書では，スクラムは，そのような複雑な仕事に取り組むための方法として最適だと論じている．また，このことを歴史，マネジメントのあり方などを通じて説明している．

B) は，スクラムはプロダクトの価値の探索という目的の手段であり，教科書的なスクラムの実践にこだわると真の目的から遠ざかってしまうということである．それを防ぐために，価値の探索という目的に根差したスプリントゴールを中心にして，柔軟にスクラムを実践することを勧めている．

この部分を読んで，訳者自身も教科書的にスクラムを教えてきており，その結果プロセスへのこだわりが大きすぎて，価値の探索への焦点がぼけてしまったのではないかという気づきを得ることができた．

C) は，著者自身のPOやコーチとしての体験を世の中の一般的なスクラムの実践におけるアンチパータンとして整理し，それらの克服にB) で説明したスプリントゴール

を中心にした柔軟なスクラムの適用が有効なことを説明している.

　この部分では,著者自身が PO として成長するにつれて,ステークホルダーとの関係がどのように変化したのかという体験談が非常に興味深かった.

　D)は,スプリントを超えたプロダクトの目指す場所を共有するためのビジョン,プロダクト開発において勝つための戦略,ユーザー価値が提供できているかを定量化するためのノーススターメトリックなど,スプリントゴールを導くために PO として身に付けるべきプロダクト管理の基本が説明されていることである.

　本書は,これらの A–D を非常にシンプルに説明していることにより,読者がプロダクト管理とスクラムの組み合わせでの価値探索の進め方の基本を理解することに役立つと期待できる.

邦訳の謝辞

　本書のゲラ原稿の査読にご協力くださった,案浦浩二,小川清,落合一真,木村正浩,笹健太,高橋陽太郎,中原慶,野村俊介,松永広明,山内奈央子(敬称略)には,ゲラ原稿段階の訳文などの間違いや意味の理解が困難な個所をご指摘いただき,訳の大きな問題を減らすことができました.この場を借りて感謝いたします.また,時間的な制約ですべてのご指摘を反映できなかった点をお詫びいたします.

　原著者の Maarten Dalmijn 氏は,お名前の発音から,内容に関する質問に至るまで親切に回答してくださいました.

　最後に,丸善出版の小西孝幸さんからは,企画段階で本書を読んで評価を求められ,本書はスクラムチームと一緒にプロダクト開発をする PO にとって非常に参考になる本であるが,同時に世の中の多くのスクラムの実践に対して疑義を呈する問題作でもある旨をお伝えしました.その後,1 か月も経たないうちに,本書の翻訳を依頼され,少し驚きましたが,スクラムの良さと課題について考えてきた私が問題作を担当するのに適任かもしれないと思い直して,本書の翻訳をお引き受けすることにしました.小西さんには,本書の翻訳についてお声がけしてくださったこと,さらには原稿を推敲する過程で様々なアドバイスをくださったことに感謝したいと思います.

　最後に,個人的に現在はスクラムのハウツーの時代は終わり,過剰な期待が収まってきている状況ではないかと感じていますが,その中でスクラムをプロダクトの価値探索に用いるという本筋の使い方への理解や実践が広がることを切に願っています.この邦訳が,そのような広がりに貢献できたら幸いです.

2024 年 11 月

藤井　拓

索　引

藤井　拓（ふじい・たく）
1984 年京都大学理学研究科博士前期課程修了，2002 年京都大学情報学研究科博士後期課程指導認定退学．電機メーカーでの研究開発を経て，ソフトウェアの世界に転職．モデリングや開発手法，プロジェクト測定などに研究者や管理職として携わる．現在はアジャイルアドバイザー，トレーナー，研究に従事．主な研究テーマは，要求を含むアジャイルモデリング，アジャイルなマネジメント，組織の変革．認定スクラムマスター，技術士（情報工学部門），博士（情報学）．主な訳書に『マネジメント 3.0 ―適応力の高いチームを育むための 6 つの視点』（丸善出版，2022 年），『改訂新版 エンタープライズアジャイルの可能性と実現への提言』（インプレス R&D，2019）など多数．

スプリントゴールで価値を駆動しよう
　―価値探索に焦点を合わせたスクラムの実践

令和 7 年 1 月 30 日　　発　　行

訳　者　　藤　井　　　拓

発行者　　池　田　和　博

発行所　　丸善出版株式会社
〒101-0051 東京都千代田区神田神保町二丁目17番
編集：電話（03）3512-3266／FAX（03）3512-3272
営業：電話（03）3512-3256／FAX（03）3512-3270
https://www.maruzen-publishing.co.jp

© FUJII Taku, 2025

組版印刷／製本・藤原印刷株式会社

ISBN 978-4-621-31031-1 C 3055　　　　　　Printed in Japan